Peter J. Plath

Jenseits des Moleküls

Peter J. Plath

Jenseits des Moleküls

Raum und Zeit in der Chemie

Mit 16 Farbtafeln

Facetten

Umschlaggestaltung: Schrimpf und Partner, Wiesbaden
Gedruckt auf säurefreiem Papier

ISSN 0949-1295
ISBN-13: 978-3-642-93594-7   e-ISBN-13: 978-3-642-93593-0
DOI: 10.1007/978-3-642-93593-0

Für Elisabeth

Danksagung

Die Chemie von dem überholt scheinenden Standpunkt einer nicht-molekularen Beschreibung her zu betrachten, ist heute ein gewagtes Unterfangen, wo doch selbst alle Lebensprozesse auf das Wirken einzelner Moleküle zurückgeführt werden.

Nachdem ich mich viele Jahre mit der molekularen Struktur chemischer Reaktionen beschäftigt hatte, wollte ich die Chemie einmal aus einer ganz anderen Perspektive beleuchten. Dazu mußte ich auf alte Vorstellungen zurückgreifen, die als längst überholt gelten, mit denen ich mir aber eine ganz neue chemische Welt erschloß.

Der Anlaß, diesen neuen Weg im Verständnis der Chemie zu beschreiten, war das Wiederaufkommen alter wissenschaftlicher Ideen in einem neuen, mathematischen, für den Naturwissenschaftler verständlichem Gewand, wie z.B. der Katastrophentheorie, der Synergetik, der Selbstorganisation, der dissipativen Strukturbildung und des Chaos. Zusammen mit N. I. Jaeger hatte ich das Glück, fast von Anfang an an dieser Entwicklung mit beteiligt zu sein und so die Bekanntschaft von H. Haken, W. Ebeling, O. E. Rössler, A. Dress, F. Schneider, P. Gray, D. Avenir und R. Noyes zu machen und die gemeinsamen Diskussionen mit großer Freude erleben zu können.

Insbesondere ermöglichten die Winterseminare auf dem Zeinisjoch intensive Diskussionen dieser neuen Entwicklung in den Naturwissenschaften, von denen ich die Gespräche mit A. Wunderlin, R. Friedrich, H. Engel, R. Imbihl, M. Eiswirth, K. Krischer, B. Schapiro, W. Gontar und P. Hanusse hervorheben möchte.

All denen, mit denen ich die tiefe Freude der gemeinsamen Diskussion hatte, möchte ich danken, denn sie ermöglichten mir, den neuen Weg der nicht-molekularen Betrachtung der Chemie weiter voranzuschreiten.

Mit N. Jaeger zusammen bauten wir in Bremen gemeinsam die Forschung zu den oszillierenden heterogen katalysierten und elektrochemischen Systemen auf. Sie bildet das notwendige Rückgrat für meine Lehre und auch für dieses Buch. Ihm möchte ich besonders auch für die aktive, tagtägliche Unterstützung danken und für die Möglichkeit, meine Lehrveranstaltungen im Studienplan der Chemie in Bremen zu verankern.

Dank gebührt auch meinen Mitarbeitern, mit denen zusammen wir im Laufe vieler Jahre uns diese neue Welt eroberten. Es sind dies insbesondere Edith van Raaij, Anna Haberditzl, Karin Möller, Jürgen Schweckendiek, Helmut Weigel, Heike Schuster, Martin Gerhardt, Erwin Ignatzek, Heinrich Prüfer, Ralph Ottensmeyer, Peter Svensson, Claudia Müller, Jürgen Schietering, Uwe Sydow, Carsten Ballandis, Ralph Otterstedt und Karsten Koblitz, die praktische Seele des Instituts.

Auch all den Studenten, die mit mir in den Praktika die vielen neuen Versuche erprobten, möchte ich auf diesem Wege meinen Dank sagen.

Ganz besonders möchte ich mich auch bei der Wissenschaftsjournalistin H. Schuster bedanken, die dieses Buch initiiert und sich im Auftrag des Vieweg Verlages mit vielen sehr kritischen Bemerkungen um seine Entwicklung einen großen Verdienst erwarb. Die Strenge ihrer Kontrolle hat viel dazu beigetragen, die Anzahl der Mängel weitgehend zu verringern.

Daverden, September 1996

Inhaltsverzeichnis

Kapitel 1
Chemie jenseits des Molekülbegriffes

1.1 Jahrmarktschemie – aus der Trickkiste der Gaukler

Und sieh! und sieh! an weißer Wand,
Da kam's hervor wie Menschenhand;
Und Schrieb, und schrieb an weißer Wand
Buchstaben aus Feuer, und schrieb und schwand.

...

Die Magier kamen, doch keiner verstand
zu deuten die Flammenschrift an der Wand.
(aus: Belsazar, von Heinrich Heine; Buch der Lieder, Junge Leiden, 1817–
1822)
vgl. Altes Testament, Daniel 5

Wir meinen heute, oft vorschnell urteilend, die Chemie habe erst mit ihrer Weise, die Welt als aus Atomen und Molekülen zusammengesetzt zu betrachten, ihre Wissenschaftlichkeit erworben, und blicken leicht überlegen lächelnd auf die unbekannte Zeit „davor" zurück. Es ist unbestreitbar, daß sich die Chemie mit den Entdeckungen Daltons (1807, Atomhypothese; Gesetz vom Partialdruck der Gase), Gay-Lussacs (1808, Gesetz von den ganzzahligen und einfachen Proportionen für Gase und ihre Verbrennungsprodukte) und Avogadros (1811, Entwicklung der Molekularhypothese; gleiche Volumina idealer Gase enthalten bei gleichem Druck und gleicher Temperatur gleich viele Moleküle) auf der Basis des Atom- und Molekülbegriffes zu einer allseits anerkannten und erfolgreichen Wissenschaft entwickelt hat. Wir dürfen aber über den historischen Streit, mit der sie sich aus der alchemistischen Phlogistontheorie löste, nicht vergessen, auf welchen Grundlagen unsere Chemie fußt.

Es gab eine Chemie – und zwar eine durchaus recht erfolgreiche Chemie –
noch bevor man die Existenz der Moleküle auch nur ahnte. Es gab die Chemie des Bergbaus, der Verhüttung von Erzen, es gab die Salpetersiederei, die
Gerberei, die Brennerei (Destillation von Alkohol), die Heilmittelherstellung
und vieles, vieles mehr. Es gab die umfangreichen Bücher der Alchemie des
Jungius und des Libavius, und es gab vor allen Dingen die Bücher des Paracelsus, Agrippa und des Agricola. Die Geburt dieser Chemie war mit ebensolchen
Schwierigkeiten und Gefahren für ihre Vertreter – die Renaissancemagier –
verbunden, wie es die Herausbildung der Physik für die damalige Astronomen
war. Auch die literarische Widerspiegelung dieser Entwicklung der Chemie
stand, wie Goethes Faust bezeugt, der literarischen Verarbeitung der großen
Entdeckungen der Physik keinesfalls nach.

In Heidelberg, wo Agricola, Celtis, Reuchlin und Dahlberg lehrten und sich
für die Einführung der Mathematik, der Zahlenlehre und der Astronomie an
der Universität einsetzten, studierte damals auch *Georg von Helmstadt*, der uns
später unter dem Humanistennamen *Magister Georgius Sabellicus Faustus* –
oder einfacher unter „Doktor Faustus" – bekannt wurde und 1497 in Heidelberg seinen Magister machte. Im damaligen Heidelberg fanden sich Vertreter
der indexneuplatonische Schule neuplatonischen Schule der Wissenschaften
zusammen, die um die Gefahr wußten, die Wahrheit der Wissenschaft öffent-
lich zu preisen, und darum auch ihre tiefen Geheimnisse – gerade auch die
Alchemie – verbargen.

Zwei berühmte deutsche Renaissancemagier, Agrippa von Nettesheim (1486–
1535) und Theophrastus Paracelsus (1493–1541), haben die *mantischen Künste*, die auch Faustus vertrat, als würdiges Mittel zur Erforschung der Natur
betrachtet: die *Geomantie*, die aus der Betrachtung der Planeten und Sterne
des Tierkreises hervorgeht, die *pyromantische Kunst*, die kluge und wahrhaf-
tige Wahrsagerin aus dem Feuer, die *Hydromantie*, die Künderin der Zukunft
aus den Linien des Wassers, die *Astrologie*, die *Chiromantie*, die *Nekromanie*,
die Bezwingerin der Geister durch Totenfinger und Siegel, sowie die *Alchemie*,
die seltsame Verwandlung der Metalle.

Ich will hier gewiß nicht behaupten, daß Georgius Faustus ein großer, be-
deutender Chemiker war, der vergleichbare Leistungen wie Agrippa, Agricola
oder Paracelsus hervorbrachte. Ich will aber betonen, daß er, soweit er Wissen-
schaftler war, zu den Chemikern gehörte, die als Renaissancemagier bewußt in
der Tradition der Humanisten standen. Faustus hat, soweit man weiß, nichts
veröffentlicht, so daß wir über sein eigentliches Wissen und seine Arbeits-
weise heute nur schwer urteilen können. Überdies verfiel seine der Sage und
den Quellen nach bekanntlich große Bibliothek nach seiner Ermordung (wahr-

Bild 1.1 Der alternde Faust – eine Radierung des Rembrandt-Schülers Jan Joris van Vliet

scheinlich 1541) in Staufen im Breisgau an den Freiherrn Anton zu Staufen, für den er (auf Empfehlung von Frantz Conrad von Sickingen) Gold machen sollte, um diesen von seinen hohen Schulden zu befreien.

Aber Faust wurde nicht nur von bedeutenden Persönlichkeiten seiner Zeit wie Franz von Sickingen, Johannes Virdung, Georg Schenk von Limpurg, dem Bischof von Bamberg, und Philipp von Hutten geachtet, sondern er fand darüber hinaus Anerkennung auf den Märkten. So schreibt der Wormser Arzt Philipp Begardi (1539):

> „Dann (Faustus) ist vor etlichen jaren vast durch alle landschaft, Fürstenthoumb und Königreich gezogen, sein Name jedermann selbs bekannt gemacht und seine grosse kunst, nit alleyn der artznei, sonder auch Chiromannei, Nigromancei, Visionomei, Visiones in Crystall und dergleichen mer künst, sich hochlich berümpt. Und auch nit alleyn berümpt, sondern

sich auch eynen berümpten und erfarnen mayster bekant und geschriben. Hat auch selbs bekant und nit geleugknet, daß er sei und heyß Faustus, domit sich geschriben Philosophum Philosophorum etc."

Solcher Art fand die Chemie in ihren Magiern und in den Gauklern Verbreitung auf den Märkten und unter dem einfachen Volk. Es war eine Chemie, die wohlfeil und interessant für jedermann dargeboten werden mußte, vorgetragen auch von begabten Leuten wie Faustus, die viel mehr wußten, als sie sich selbst zu sagen erlaubten. Auf diese Weise konnte sich ein Chemiker wie Faust zumindestens eine Zeit lang schützen. Die Beschäftigung mit der Magie und Wahrsagekunst war gerade zu jener Zeit besonders stark dem Verdacht der Zauberei ausgesetzt, und dieser Verdacht steigerte sich in der Mitte des 16. Jahrhunderts zur Hysterie. In dem Teufelstraktat *Sorgeteufel* schreibt Andreas Lang u.a. in Bezug auf Faustus:

> „...etliche verfallen gar in Verzweiflung, verlassen jr Tauffgelübde und verbinden sich mit dem Teuffel, wie Faustus, Schrammhans und all Zäuberer, auch ander thun, die vom Teuffel grosse Kunst lehrnen, daß sie dadurch zu grossem Ruhm, Ehren und Gütern kommen."

So berichtet Luther bei Tisch am 28. Juli 1537 aus Anlaß eines Vorfalls, der sich in Erfurt ereignete, über ein probates Verfahren, mit Leuten, die einen Pakt mit dem Teufel geschlossen haben, umzugehen. Dabei ging es darum, die Seele dieser Leute noch für Christus zu retten, wenngleich ihnen die Todestrafe zuzumessen sei.

> „Zu E. ward ein Wahrsager und Schwarzkunstiger verbrannt, ...Da begegnete ihm ein Mal der Teufel in einer sichtlichen Gestalt und verhieß ihm Grosses; ...Der Arme nahm solches an; da gab ihm der Teufel von Stund an ein Krystall, daraus er konnte Wahrsagen, dadurch bekam er einen großen Namen und ein groß Zulaufe, daß er reich drüber ward, ...Thät rechtschaffende Buße und brachte mit seinem Exempel viel Leut zu Gottesfurcht, und starb mit fröhlichem Herzen in seiner Leibesstrafe. Also hat sich der Teufel mit seiner eigenen Kunst beschmissen und in seinen bösen Anschlägen und Tücken offenbart."

Die sichtliche Form, in der der Teufel bei Faustus aufgetreten sein soll, ist die des *teuflischen, schwarzen Hundes des Agrippa*, den Faustus erbte. Nicht nur Faustus wird verdächtigt, mit dem Teufel einen Pakt abgeschlossen zu haben. Auch andere Chemiker dieser Zeit werden verteufelt. So schreibt Agrippa:

„Es wird manche bösartige, dumme und übelwollende Menschen geben, die aus großer Unwissenheit den Namen der Magie, ohne viel nach-
zudenken, in einem schlechten Sinn deuten und sofort schreien werden,
ich lehre verbotene Künste, streue den Samen der Häresie aus, kränke
fromme Ohren, beleidige gebildete Leute, ich, der Magier, treibe Hexerei,
sei abergläubig und habe mit Dämonen zu tun. Denen könnte ich antworten, für gebildete Leute bedeute Magier weder Zauberer, noch Abergläu-
bischen, noch Teufelsbesessenen, sondern Weisen, Priester oder Prophe-
ten, ...“

Auch Paracelsus klagt über im Umlauf befindliche Gerüchte:

„...ich sei ein Verführer des Volkes, ich habe den Teufel, ich sei be-
sessen, ich sei aus der Nigromantie gelehrt worden; ich sei magus; ...“

Mit Anleihen aus dem *Hexenhammer* und insbesondere unter Bezug auf Faustus wird in der Teufelsliteratur zur Zeit Luthers und Melanchthons sowie in
der später erscheinenden *Historia* gegen diese „gelehrten Zauberer“ Stellung
genommen. Das damalige Bild eines solchen Gelehrten wurde zusammengesetzt aus Geschichten, die über die berühmtesten Renaissancemagier überliefert wurden, und das damit verbundene Vorurteil trug die verzerrten Züge des
historischen Faustus, des Trithemius, Agrippa und Paracelsus. So schreibt Kon-
rad Gessner 1561, sich auf einen ehemaligen Schüler von Paracelsus berufend:

„...Solche Männer üben die nutzlose Astrologie, Geomantie, Nekro-
mantie und ähnliche Künste. Ich vermute, daß sie sie Nachfahren der
Druiden sind, die bei den Kelten mehrere Jahre von Dämonen unterrich-
tet wurden, was noch bis heute in der Stadt Salamanca in Spanien getan
wird. Aus dieser Schule stammen die sogenannten vaganten Scholaren,
von denen der vor kurzem gestorbene Faustus sehr berühmt ist.“

Was aber war das für eine Chemie? Es mußte sich um chemische Versuche
handeln, bei denen deutlich etwas Unerwartetes, nicht Alltägliches geschah.
Es mußten sich z.B. vor den Augen der Zuschauer fantastische – heute würde man sagen *fraktale* – Strukturen bilden, Licht ohne Feuer erscheinen, usw.
Man führte dem Besucher des Marktes eine Chemie vor, die sich *„weitab vom
chemischen Gleichgewicht“* zutrug. Aus heutiger Sicht gehört die *Hydromantie*
und die *Visiones in Crystall* sicherlich zu dem Bereich der mantischen Wissenschaften, aus dem die Versuche, die auf den Jahrmärkten zelebriert wurden,
stammten. So ist noch vom Ende des 18. Jahrhunderts überliefert, daß man
besonders zahlungskräftige Kunden in das Innere der Jahrmarktsbuden bat,

5

um ihnen dort besondere Dinge vorzuführen. Beispielsweise zeigte man ihnen *künstliches Leben*, wundersam erscheinende *Vegetation*, wobei es sich um Kristallisationsversuche handelte (Tafel 1).

Wir können einen solchen Jahrmarktsversuch leicht nachmachen. Zu diesem Zweck verdünnt man Natronwasserglas mit der gleichen Menge destillierten Wassers und gibt etwa einen Liter davon in ein Glas. Nun fügt man einzelne Kristalle von Nickelnitrat, Kobaltnitrat, Eisen-III-chlorid, Mangan-II-chlorid, Eisen-II-sulfat, Kupfer-II-nitrat und Kalziumchlorid hinzu, so daß der Boden gleichmäßig mit den verschiedensten Kristallen bedeckt ist. Nach kurzer Zeit bildet sich ein farbiger Garten mit einer „üppigen Vegetation" heraus.

Das *chemische Wetterglas* war ein ähnlicher Versuch, der am Anfang des 18. Jahrhunderts eine sehr große Verbreitung fand, „erlaubte" er es dem Magier doch, das Wetter vorauszusagen. Es ist überliefert, daß auch Faustus auf den Jahrmärkten Wetterprognosen erstellte.

„Man vermischet drey Drachmen Kampfer, Salpeter, und Salmiak von jedem eine halbe Drachme wohl zerrieben miteinander, schüttet das Pulver in ein langes cylindrisches Riechfläschgen von weißem Glase, das ohngefehr 1 bis 1 1/2 Unzen an Maaße enthält, und füllet solches bis an den Hals mit gemeinem Fruchtbranntwein an. Die Öffnung wird am besten mit einer Blase verschlossen, worein man erforderlichen Falls eine Nadel stecken kann. Sobald man dieses Glas an einen ruhigen Ort der freyen Luft aussetzt, so wird die darin enthaltene Flüssigkeit bald durch die Entstehung und Emporsteigung verschiedener Kristallisationen, von unten ganz wolkigt und undurchsichtig, bald fallen alle diese Salzfiguren wieder in einem weißen Klumpen zusammen, und das Glas wird alsdann wieder hell. Auch die Bildung dieser Kristallisationen ist ebenso verschieden, als jene, die man bei gefrohrenen Fensterscheiben findet. Manchmal thürmen sich lauter Sterngen, manchmal lauter kleine Bäumgen in die Höhe. Manchmal aber sind es bloß unregelmäßige wolkigte Flokken, den Schneeflocken ähnlich. Bisweilen reißt sich ein großer Theil solcher Flocken los, und schwimmt oben auf. So bald es schönes, trockenes und beständiges Wetter wird, fällt alles wieder zu Boden. Windstürme haben den meisten Einfluß darauf.

Beobachtungen über das chemische Wetterglas.

Ueberhaupt:

1. Je heller die Flüssigkeit in dem Glase, desto heiterer ist auch der Tag.

2. Je mehr „Eis" sich auf dem Boden zeigt, und je schöner es steigt, desto dichter ist die Luft, folglich desto größer ist auch die Kälte.

Es kann also das Glas statt eines förmlichen Kältemessers dienen.

Insbesondere:

1. Aufsteigende und oben hängende Federn zeigen gemeiniglich Winde

in der obern Atmosphäre an.

2. Kleine oft nicht sichtbare Tüpfchen kündigen Regen, Nebel, oder auch Schneeflocken an, je nachdem die Jahreszeit ist.

3. Ist die Flüssigkeit trüb und sind Sterne in demselben zu sehen, so darf man an diesem Tage sicher auf ein Donnerwetter schließen, und sollte es auch von uns einige Stunden entfernt seyn. ..."

Gelegentlich zeigte man den Leuten auch den *„Stein der Weisen"*, ein im Dunkeln leuchtendes Stück weißen Phosphors. Überhaupt schien die *pyromantische Kunst* die Menschen besonders zu faszinieren, wie man es auch heute noch auf den Jahrmärkten sehen kann, wenn z.B. die Feuerschlucker auftreten.

Auf der Chemilumineszenz beruht ein schöner Versuch, „leuchtende Namen und andere Figuren im Dunkeln vorzustellen".

> „Man zeichne mit Phosphor Namen oder andere Figuren auf Papier, und lege diese zwischen zwei Platten aus dünnem weißen Glase. ...Sie sind zum Entzücken schön, und man hat hier sogleich den Vortheil, die phosphorischen Zeichnungen aller Orten hintragen zu können. Will sie verlöschen, – welches oft nach einer halben Stunde erst geschieht – ja, scheint sie schon ganz verloschen zu seyn, so stelle man die Tafeln gegen einen warmen Ofen, und man wird mit Vergnügen die Buchstaben von neuem entstehen sehen. ..."

Welche Bedeutung man der Chemilumineszenz beimaß, geht aus den Aufzeichnungen von G.W. Leibniz (1667) in Hannover hervor. Als Hofrat des Herzogs J. Friedrich von Braunschweig-Lüneburg-Hannover war er beauftragt worden, Henning Brand als Alchimist und Leibarzt zu gewinnen. Der Herzog versprach sich von der Universalmedizin des Brand, daß man damit den Teufel austreiben und im Harz größere Mengen Gold und Silber gewinnen könne. 1669 dampfte Brand Harn zur Trockne ein und glühte den Rückstand. Dabei erhielt er ein im Dunkeln leuchtendes Produkt, weil das im Harn enthaltene Phosphorsalz $NaNH_4HPO_4$ und die durch das Glühen der ebenfalls im Harn enthaltenen anderen organischen Bestandteile entstandene Kohle miteinander Phosphor bildeten. Dieses reagierte dann mit dem Sauerstoff zu Phosphortrioxid, welches unter Aussendung des typischen Phosphorlichtes (Chemilumineszenz) zu Phosphorpentoxid weiteroxidiert. Zu den *mantischen Künsten* gehörte vor allem aber auch die *Alchemie*, die als Lehre von der Transmutation – der Umwandlung der Metalle – vor allem für das Bergwerks- und Hüttenwesen von großer Bedeutung war.

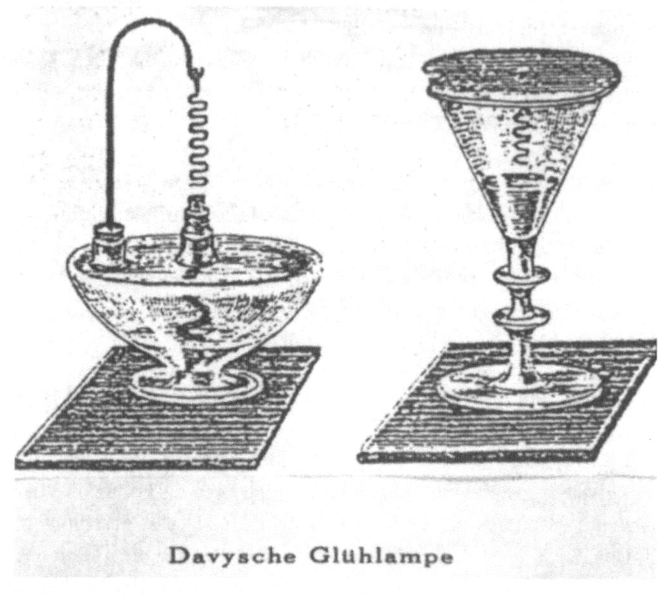

Bild 1.2 Davysche Glühlampe (O. Krätz, Historische chemische Versuche, Aulis Verlag Deubner & Co KG, Köln(1991), mit freundlicher Genehmigung des Verlages.)

Wenngleich bis zum Ende des 18. Jahrhunderts auf den Märkten vor allem Sublimations- und Transmutationsversuche mit Quecksilber und Schwefelverbindungen vorgetragen wurden, ist doch eine mit der Entdeckung des Platins (Ulloa, Madrid 1748) verbundene Geschichte besonders instruktiv hinsichtlich des Umgangs mit der Chemie zu einer Zeit, als die Alchemie sich ihrem Ende näherte. Der Jenenser Professor der Chemie, Johann Wolfgang Döbereiner, erhielt 1823 durch die Vermittlung der Großfürstin M. Paulowna große Mengen russischen Platinerzes. Ausgehend von den Beobachtungen der Gebrüder Davy fand Döbereiner, daß schwamm- und pulverförmiges Platin die Eigenschaft hat, ein Gemenge von Wasserstoff und Sauerstoff bei gewöhnlicher Temperatur zu entzünden. Aus dieser Beobachtung entwickelte Döbereiner das nach ihm benannte Feuerzeug, das zu seiner Zeit ungeheuer populär wurde. Die von den Gebrüdern Davy konstruierte Glühlampe jedoch, die aus einem kleinen, mit einem Gemisch aus Äther und Alkohol gefüllten Lämpchen besteht, über dessen Docht eine eng gewundene Platin-Spirale zur katalytischen Verbrennung

aufgehängt war, „veredelte" Döbereiner, indem er sie mit „Kölnisch Wasser"
bzw. mit parfümiertem Alkohol füllte und dann als „Duft- und Räucherlampe"
propagierte.

Hört man heute Vorträgen zu, die einen allgemeinen, naturwissenschaftlichen Inhalt haben, dann wird einem häufig die *Chemische Uhr* vorgeführt. Der
Vortragende, der oftmals kein Chemiker, aber durchaus ein Meister des Expe-
rimentalvortrages ist, kippt zwei farblose Flüssigkeiten zusammen und – der
modernen Vortragstechnik Rechnung tragend – erlebt man mit dem Overhead-
projektor auf die Leinwand projiziert einen mehr oder weniger periodischen
Farbumschlag von Rot nach Blau. Auch in vielen Vorlesungen der experimentellen, allgemeinen Chemie wird dem Studenten diese, auch als *Beloussow-
Zhabotinskii-Reaktion* bekannte, durch Ferroin katalysierte Bromierung von
Malonsäure vorgeführt.

Historisch interessant ist in diesem Zusammenhang, daß Beloussow diese bzw. eine damit eng verwandte oszillierende Reaktion 1950 fand und in
der Sowjetunion publizieren wollte. Über viele Jahre hinweg lehnte man jedoch die Veröffentlichung ab, weil seine „vermeintlich gefundene Entdeckung"
gänzlich unmöglich und nur dann wert sei, publiziert zu werden, wenn eine begleitende Demonstration zeige, daß die existierende Theorie falsch ist.
Erst 1958/59 konnte Beloussow in einem Tagungsband des Sibirischen Re-
ferateorgans für Strahlenmedizin eine Kurzfassung seiner Arbeit skizzenhaft
abdrucken lassen; die Originalfassung seines Artikels wurde erst 1981/82 –
lange nach seinem Tode (1970) – publiziert. Auf Veranlassung von S.E. Scholl
griff Zhabotinskii 1961 noch als Student die Arbeit von Beloussov über die
Bromierung von schwefelsäurehaltiger Zitronensäure durch Kaliumbromat in
Anwesenheit eines Cersalzes auf und reproduzierte Beloussows fundamenta-
le Ergebnisse. Es dauerte aber noch bis 1967/68 ehe man im nicht-russischen
Sprachraum von diesen Arbeiten – es waren bis dahin bereits 10 Arbeiten in
russischer Sprache erschienen – Kenntnis nahm.

Nicht viel anders als diese in der Sowjetunion in den fünfziger und sechzi-
ger Jahren spielende Geschichte verlief bei uns die Veröffentlichung der Entdeckung der oszillierenden, durch Palladium katalysierten Verbrennung von
Methanol. Als ich zusammen mit N.I. Jaeger und E.v. Raaij unsere Arbeit
zur Publikation einreichte, wies der Herausgeber einer angesehenen Fachzeit-
schrift den Artikel u.a. mit der Begründung zurück, sie ließe sich „zur Konstruktion eines Perpetuum mobile verwenden". Zu Ehren der deutschen Physikochemiker muß aber gesagt werden, daß der Artikel dann später im wesentlichen unverändert doch noch in einer anderen deutschen Zeitschrift veröf-

fentlicht wurde. Die Entwicklung dieses Forschungsgebietes war 1980 schon so weit fortgeschritten, daß man es durch Leugnung nicht mehr unterbinden konnte.

Wenige Jahre später beschreiben I. Epstein, V. Kustin, P. De Kepper und M. Orban in ihrem Übersichtsartikel im „Scientific American" die Erfahrungen, die sie in ähnlichen Fragen im internationalen Raum gemacht haben:

> „Das Widerstreben der Chemiker, die Existenz oszillierender Reaktionen anzuerkennen, hat seine Ursache im zweiten Hauptsatz der Thermodynamik – *richtiger: in einem zu engen Verständnis desselben; Anmerkung des Autors.* In seiner bekanntesten Formulierung, geprägt durch den deutschen Physiker Rudolf Clausius, besagt dieser Satz, daß die Entropie oder Unordnung des Universums ständig zunehme. Chemische Reaktionen mußten mithin, solange weder Energie noch Materie von außen zugeführt wurde, kontinuierlich auf den Gleichgewichtszustand zustreben. Geht also A nach B über, so muß es das stetig tun, d.h. ohne zwischenzeitliche Kehrtwendung zurück nach A. Wenn Reaktionen diese Regel scheinbar verletzten, mußten, so nahm man an, schlecht kontrollierte experimentelle Bedingungen oder sogar bewußte Täuschung dahinterstecken; solche Reaktionen, hätte es sie gegeben, wären schließlich eine Art chemisches Perpetuum mobile gewesen."

Das alles geschah, obwohl schon 1911 Lotka in der damals angesehenen „Zeitschrift für physikalische Chemie" eine theoretische Abhandlung zur Möglichkeit der Oszillation von homogen ablaufenden chemischen Reaktionen veröffentlicht hatte, und Bonhoeffer und Franck in den vierziger Jahren in der „Zeitschrift für Elektrochemie" eine Reihe experimenteller und theoretischer Arbeiten zu Oszillationen und Wellen in elektrochemischen Systemen – der Auflösung von Eisen in verschiedenen sauren Medien – vorgelegt hatten. Chemische Oszillationen, sie wurden bereits zu Beginn des 19. Jahrhunderts beobachtet und beschrieben, gehören wie auch die eingangs beschriebenen Kristallisationen, die noch zu beschreibenden Versuche von R. Liesegang (siehe Kapitel 5) oder die Verbrennungen an der Platinspirale zu einer großen Gruppe von chemischen Systemen, bei denen die Reaktion „fernab vom Gleichgewicht" abläuft.

Solche Reaktionen sind demzufolge in der Lage, Entropie an ihre Umwelt zu exportieren, so daß ihre Ordnung zunimmt, indem sie neue Strukturen ausbilden, während die Unordnung in ihrer Umgebung zunimmt. Es sind diese oftmals auch makroskopisch sichtbaren Strukturen, die die Menschen faszinierte, deren Entstehung aber lange Zeit weitgehend unverstanden blieb. Zu Beginn der Neuzeit – also zur Zeit des Doktor Faustus – wurde eine solche Chemie als gesellschaftliche Bedrohung empfunden und verteufelt. In den beiden letzten Jahrhunderten wurde sie wissenschaftlich ignoriert und auf die Jahrmärkte oder in das „Kuriositätenkabinett" verbannt.

Die experimentelle Schulchemie bildet ein solches Kabinett, was ich an einem kleinen Beispiel verdeutlichen möchte. Als M. Tausch nach der Promotion meine Arbeitsgruppe verließ und als Chemiker an die Schule ging, traf er dort mit D. Paterkievic auf einen aufgeschlossenen und begeisterungsfähigen Rektor, der ihm einen faszinierenden Schulversuch zur katalytischen Verbrennung von Alkoholen vorstellte. In einen Erlenmeyer-Weithalskolben (250 ml) gab er einige Milliliter des gewünschten Alkohols (Methanol, Äthanol oder Propanol) und erwärmte diesen kurz über dem Bunsenbrenner. Dann hing er eine Spiralfeder aus einem dünnen Platindraht in den Erlenmeyerkolben, so daß sich ihre Spitze kurz oberhalb des Alkohols befand. Die Platinspirale wurde zuvor im Bunsenbrenner kurz geglüht (Tafel 2).

Periodisch wiederkehrend leuchtet dann die Platinspirale hellglühend auf. Das Alkohol-Luft-Gemisch im Erlenmeyerkolben kann sich dabei entzünden und verpufft dann mit einer bläulich leuchtenden Flamme. Je nach der Alkoholmenge dauert diese periodische Feuererscheinung eine halbe bis eine Stunde an, bis der ganze Alkohol verbrannt ist. Nicht nur reiner Alkohol, sondern auch so mancher hochprozentige Schnaps eignet sich vortrefflich für diesen Versuch. Anläßlich der von mir organisierten Winterseminare auf dem Zeinisjoch zu aktuellen Fragen der Forschung auf dem Gebiet der Selbstorganisation in den verschiedensten Systemen habe ich diesen Versuch zur Freude der Seminarteilnehmer des Abends oft vorgeführt. Es ist die alte Davysche Lampe, ein wenig modifiziert, die auf diese Weise in der Schulchemie als wundersamer Versuch überlebte.

1.2 Moderne Erweiterung der „Trickkiste"

1.2.1 Sich selbst malende Bilder – ein erstes Erstaunen

Aquarellbilder sind oft von einer bezaubernden Schönheit, weil beim Malen auf dem nassen Papier durch das Zerlaufen und Ineinanderlaufen der Farben eine zerfließende Farbgebung erzeugt wird, die durch „trockene Auftragung" nicht erzielt wird. Vorausgesetzt wird aber bei dieser Aquarellmalerei, daß die

Bild 1.3 Friedlieb Ferdinand Runge

verwendeten Farben chemisch nicht miteinander reagieren. Malen, das bedeutet ja, Farben und Formen in der gewünschten Weise auf ein Trägerobjekt – z.B, das Papier oder die Leinwand – aufzutragen, das ist Sache des Menschen, auch wenn er sich dabei manchmal des Zufalls, oder wie bei den Aquarellen des Diffusionsprozesses der Farben im nassen Papier bedient.

Es war der Chemiker F.F. Runge (1794–1867), der in seinen „Musterbildern" zum ersten Mal Reaktionen zwischen wasserlöslichen Reaktanden im Fließpapier durchführte. Er war wahrhaftig ein moderner Magier des 19. Jahrhunderts, der von Goethes Faust begeistert – er kannte ihn nach eigenem Bekunden auswendig – im Jahre 1819 Goethe besuchte, der 1833 das Phenol und das Anilin

im Steinkohlenteer entdeckte, der bei Döbereiner in Jena Chemie studierte, der
1822 in Berlin als Doktor der Medizin zum zweiten Mal promovierte und dabei u.a. von G.W.F. Hegel geprüft wurde. Hoffmann von Fallersleben, der mit
Hegel befreundet war, berichtet über diese Doktorprüfung in Berlin, daß „sie
eine der komischsten gewesen sei, die je an einer deutschen Hochschule vorgekommen ist".

Er gab seinen „Musterbildern" den bezeichnenden Untertitel: „Für Freunde des Schönen und zum Gebrauch für Zeichner, Maler, Verzierer und Zeugdrucker". Diese Rungeschen Arbeiten sind ein bedeutsamer Beitrag gewesen
zur Entwicklung einer sehr effizienten und heute vielfach angewendeten Analysenmethode, der Chromatographie, insbesondere der Papierchromatographie.

In seinem Buch „Der Bildungstrieb der Stoffe" (1855) untertitelt er bereits
„veranschaulicht in selbständig gewachsenen Bildern". Als Anekdote, die damalige Zeit vielleicht charakterisierend, sei angemerkt, daß er dieses Buch anläßlich der Feiern zum 200-jährigen Bestehen der Stadt Oranienburg bei Berlin
dem damaligen preußischen König Friedrich Wilhelm IV. widmete.

In diesen Bildern, die sich auf Fließpapier „selber malen" läuft einerseits der
die Chromatographie kennzeichnende Diffusionsprozeß ab, andererseits aber
entstehen durch die Reaktion aus den zuvor wasserlöslichen Reaktionspartnern
große, im porösen Papier langsam diffundierende, chemische Komplexe oder
schwerlösliche Niederschläge (Tafel 3). Wir haben es hier, historisch gesehen,
zum ersten Mal mit der Anwendung von chemischen Reaktions-Diffusions-
Systemen zu tun. Diese Klasse chemischer Systeme kann ein sehr reichhaltiges dynamisches Verhalten aufweisen, worauf ich im Kapitel 5 noch näher
eingehen werde. Wer aber jetzt schon einmal selbst mit diesen dynamischen
Strukturen in den Fließpapierbildern experimentieren möchte, der möge die
folgende Versuchsanleitung zu Rate ziehen.

Tränkt man zum Beispiel Fließpapier mit Kaliumdichromat (15%ige wässerige Lösung), trocknet dann das so imprägnierte Papier für fünf Minuten bei
95°C im Trockenschrank und läßt eine wässerige Lösung von Mangansulfat-
tetrahydrat ($MnSO_4 \cdot 4H_2O$; 15%ig und Kaliumsulfat (K_2SO_4; 8%ig) langsam
aber kontinuierlich durch eine Kapillare in das imprägnierte und dann getrocknete Papier fließen, so bildet sich eine Folge zickzack-förmiger Fällungsfronten von schwerlöslichem Braunstein (MnO_2) rings um die Eintragsstelle heraus (Tafel 4). Dieses „periodische" Runge-Bild wurde erstmals von E. Dreiß
(1939) beobachtet.

1.2.2 Wechselstrombatterie

Es ist eine wunderschöne Geschichte, die in allen lesbaren Lehrbüchern der physikalischen Chemie erzählt wird: die Geschichte der zuckenden Froschschenkel, mit denen L.A. Galvani (1737–1798) die „animalische Elektrizität" zeigen wollte. Galvani hatte beobachtet, daß Froschschenkel, die mit Kupferhaken am eisernen Fensterhaken aufgehängt sind, zucken, wenn sie zufällig das Eisengitter berühren.

> „Dann brachte ich aber das Tier in einen geschlossenen Raum und legte es dort auf eine Eisenplatte; und als ich die Platte mit dem in das Rückenmark eingeführten Kupferhaken berührte, beobachtete ich dasselbe krampfartige Zucken wie vorher. Versuche mit anderen Metallen zu verschiedenen Stunden und an verschiedenen Tagen ergaben ähnliche Ergebnisse. Versuche mit Nichtleitern, wie z.B. Glas, Harz, Steinen und trockenem Holz ergaben keine Wirkung. Das war ziemlich überraschend und erweckte in mir den Verdacht, es könnte die Elektrizität im Tier selbst vorhanden sein. " (L.A. Galvani 1791; zitiert nach K.Simonyi *Kulturgeschichte der Physik (1990)*).

A. Volta konnte zeigen, daß der Froschschenkel in den Versuchen Galvanis keine andere Funktion hatte, als die Elektrizität durch sein Zucken nachzuweisen, und daß das Wesentliche in der durch den Elektrolyt im Froschschenkel vermittelten Berührung der beiden Metalle besteht. So hat Volta (1793) gezeigt, daß man kein Zucken im Froschschenkel beobachtet, wenn man darauf achtet, daß nur ein Metall am Versuch beteiligt ist. Überdies konstruierte Volta (1794) eine Säule bestehend aus aufeinanderfolgenden Schichten von z.B. Kupfer, Elektrolyt, Zink, Kupfer, Elektrolyt,..., die eine hohe Spannung lieferte. Diese Säule zur Erzeugung von Elektrizität führte er auch Napoleon Bonaparte vor.

> „Ja der Apparat von dem ich rede, und welcher Sie zweifellos in Erstaunen versetzen wird, ist nichts als die Anordnung einer Anzahl von guten Leitern verschiedener Art, die in bestimmter Weise aufeinander folgen. Dreißig, vierzig, sechzig oder mehr Stücke von Kupfer oder besser Silber, von denen jedes auf ein Stück Zinn, oder viel besser Zink gelegt ist, und eine gleichgroße Anzahl von Schichten Wasser oder irgendeiner anderen Flüssigkeit, welche besser leitet als gewöhnliches Wasser, wie Salzwasser, Lauge, usw. oder Stücke von Pappe, Leder usw., die mit dieser Flüssigkeit durchtränkt sind, diese Stücke zwischen jedes Paar oder jede Verbindung von zwei verschiedenen Metallen geschaltet; das ist alles woraus mein neues Instrument besteht. ..."

„Es gleicht nur bezüglich der Wirkung einer sehr schwach geladenen
Batterie, die jedoch eine außerordentliche Kapazität besitzt, übertrifft aber
die Kraft und das Vermögen dieser Batterie unendlich darin, daß es nicht
wie diese vorher durch fremde Elektrizität geladen zu werden braucht,
und daß es Schlag zu geben fähig ist, jedesmal, wenn man es passend
berührt, wie oft auch diese Berührung erfolgen möge." (Brief von A. Volta an Sir J. Banks (1800); zitiert nach K. Simonyi *Kulturgeschichte der
Physik (1990)*).

Volta erkannte, daß die Spannung seiner Säule nicht von der Größe der Metalle,
sondern nur von ihrer Art und der Anzahl der *„Elementarpaarungen"* abhängt.

Man fand bald noch eine Reihe ähnlicher Reaktionen, u.a. auch solche, die
sich zur praktischen Verwendung als Gleichstromquelle eigneten, wie z.B. das
Daniel-Element, bei dem man in eine Lösung von konzentriertem Kupfersulfat
($CuSO_4$) einen Kupferstab und in eine verdünnte Zinksulfatlösung ($ZnSO_4$)
einen Zinkstab eintaucht. Die beiden Elektrolytlösungen sind durch ein Dia-
phragma getrennt, oder aber die Kupfersulfatlösung wird vorsichtig mit der
weniger dichteren Zinksulfatlösung überschichtet. Verbindet man nun die beiden als Elektroden dienenden Metalle außerhalb des Elektrolyten durch einen
Leiter, so fließt in dem System ein Gleichstrom.

G.Th. Fechner untersuchte 1828 die ihm zugänglichen Metalle systematisch
auf ihre Eignung als elektrochemische Stromquellen. Dabei stieß er auch auf
das Paar Eisen/Silber, das er in eine salpetersaure Silbernitratlösung tauchte.
Um den Stromfluß zu beobachten, verwendete er ein Galvanometer. Während
bei vielen der von ihm untersuchten Paarungen der anfängliche Stromfluß sich
nach einer Weile umkehrte (Polarisationsumkehr) oder zum Erliegen kam, beobachtete er bei dem Paar Eisen/Silber eine mehrfach erfolgende Polarisationsumkehr. Damit hatte er als erster eine oszillierende, elektrochemische Reaktion
gefunden und beschrieben.

„. . . so daß, wenn ich frisches Eisen und Silber hineintauchte, das Eisen sich sofort aufzulösen begann und positiv verhielt, es blieb nicht nur
das Eisen blank, sondern auch seine negative Ablenkung dauerte eine ge-
raume Zeit fort, bis plötzlich ein heftiges Auflösen des Eisens, Fällung
von Silber und damit sogleich Überspringen der negativen Ablenkung in
die positive erfolgte, ganz in Übereinstimmung mit Wetzlars (1827) Versuch und Ansicht. Bald verschwand das gefällte Silber wieder, das Eisen
wurde wieder blank und wirkungslos und in demselben Augenblicke, wo
dies geschah, war auch die negative Ablenkung des Eisens wieder da. Ich
habe jedoch bei wiederholten Versuchen bemerkt, daß diese Erscheinung
hierbei gewöhnlich noch nicht stehen blieb, vielmehr das Auflösen des

Eisens und sein Wiederblankwerden nebst Auflösung des gefällten Silbers wohl 4 bis 6 mal, oft sehr schnell hintereinander abwechselte, wobei jedesmal die Ablenkung der Magnetnadel auf das Entgegengesetzte übersprang, bis das Eisenstäbchen zuletzt jedesmal unwirksam liegen blieb. ..."

„All diese Versuche, welche bloß einen richtig getroffenen Verdünnungsgrad der Silberauflösung mit Säure erfordert, gelingen, wie ich mich selbst überzeugt habe, auch ebensogut außer der Kette, so daß man nämlich bloß Eisen in die salpetersaure Silberauflösung taucht, wie dies nach Wetztlars Art ist, den Versuch anzustellen."

In der ersten Hälfte des 19. Jahrhunderts erlebt die Untersuchung der Dynamik elektrochemischer Prozesse eine wahre Blütezeit, angeregt und ermöglicht durch das neue stromerzeugende System der *Voltaschen Säule*.

Herschel berichtet 1833 über ganz ähnliche Beobachtungen wie Fechner an dem System Eisen in Salpetersäure und entdeckt dabei erstmals *Passivierungswellen* auf einem Eisendraht:

„Sind sie langsam, so sieht man deutlich, dass das Aufhören der Wirkung sich von einem Ende des Drahtes zum anderen fortpflanzt, ohne dass man sagen könnte, warum sie an dem einen Ende früher aufhört, als an dem anderen."

Schon drei Jahre später berichtet C.F. Schönbein (1836) über seine neuen Experimente mit der Voltaschen Säule. Er passiviert ebenfalls einen Eisendraht in Salpetersäure und aktiviert den Drahte anschließend aber „vermittels eines in dieselbe" Lösung „tauchenden Kupfer- oder Messingdrahtes", indem er damit das eine Ende des Eisendrahtes berührt.

„...so werden gemäss meiner früheren Angabe beide gleichzeitig, und zwar im vorliegenden Falle langsam aktiv. Diese Thätigkeit ist jedoch nicht, wie man erwarten sollte, eine stetige, sondern sie findet stossweise statt; mit anderen Worten, es wird unter diesen Umständen der Eisendraht abwechselnd passiv und aktiv, und es geschieht dies anfänglich in Intervallen von etwa einer Zeitsekunde, welche jedoch im Verlaufe der Aktion immer kürzer werden, bis endlich die rasche Wirkung eintritt."

Er war der erste, der oszillierende elektrochemische Systeme bewußt koppelte.

„Veranlaßt man in der nämlichen Säure an mehreren, untereinander
nicht verbundenen Drähten gedachte Pulsationen, so finden an denselben
die Stösse nicht ganz gleichzeitig statt; immer erfolgen sie an einem Draht
etwas rascher als an dem anderen, jedoch ist die Differenz nie sehr groß;
bringt man aber die Drähte entweder innerhalb oder ausserhalb der Säure
in leitende Verbindung, so findet an dem ganzen Drahtsystem die Pulsa-
tion gleichzeitig statt, und tritt dauernde Indifferenz (Aufhören der Oszillationen durch Übergang in den vollständig passiven Zustand; der Autor)
an einem Draht ein, so erfolgt die nämliche in demselben Augenblicke an
allen übrigen Drähten, so groß deren Anzahl auch sein mag."

In Folge seiner ausgedehnten elektrochemischen Untersuchungen entdeckt
Schönbein (1839) im „elektrolytisch ausgeschiedenen Sauerstoff" Ozon als ein
anderes „Isomere des Sauerstoffes". Schönbein war in seinen Arbeiten stark
von der Philosophie Schellings geprägt, die für ihn wesentliche Triebkraft seines eigenen theoretischen Denkens wurde. So war er der Meinung, daß die
bloße Berührung der verschiedenen Metalle mit der wässerigen Lösung und
miteinander die elektrische Spannung erzeugen sollte. In diesem Sinn nahm er
Veränderungen an, die im Innern der Metalle als Einleitung zu der wirklichen
chemischen Reaktion geschehen. Die Berührung zwischen für sich genommen
stabilen Stoffen errege in ihnen einen neuen Zustand, der sich bei geeigneter Versuchsanordnung in der Entstehung eines elektrischen Stromes äußert.
Chemie ist für Schönbein die Lehre von den Qualitäten, und in seinen elektrochemischen Arbeiten über den pulsierenden aktiv-passiv-Übergang der beiden
„Isomeren des Eisens" findet seine Anschauung für ihn eine glänzende Bestätigung. Die Begriffe der *elektromotorischen Kraft* und der *elektrochemischen
Spannungsreihe* spiegeln diesen gedanklichen Ansatz auch heute noch wider.
J.P. Joule (1844) setzte die Versuche Schönbeins zur Kopplung oszillierender, elektrochemischer Systeme fort. Er verwendete jedoch eine Kathode aus
amalgamiertem Zinn und einen starken Eisendraht als Anode. Seine Stromquelle bestand aus maximal sechs *Daniellelementen* mit einer Spannung von
höchsten 6,7 Volt. Bei nur drei Daniellelementen erhielt er regelmäßige Oszillationen, die er noch als „Intermittenzen" bezeichnete.

„Nachdem ich diese merkwürdige Erscheinung einige Zeit beobachtet hatte, fiel mir ein, zu versuchen, was geschehen würde, wenn ich
zwei Zersetzungszellen mit der Batterie verbinden würde, so dass sich
der Strom zwischen den beiden positiven Elektroden des Eisens teilen

musste. Als ich den Versuch machte, ergab sich, daß die Wirkung in beiden Zellen intermittierte, und dass merkwürdigerweise der Zustand beider Eisendrähte sich gleichzeitig veränderte. Sie begannen, immer Sauerstoff ungefähr zu derselben Zeit zu entwickeln, und wenn eine von ihnen aufhörte, Sauerstoff zu entwickeln, und oxydiert und aufgelöst wurde, so geschah das gleiche mit der anderen in demselben Augenblicke."

Für die im weiteren Verlauf dieses Buches geschilderten Experimente zur Auflösung von Metallen (siehe Kapitel 3) ist es von Interesse, daß Joule auch verschiedene Eisenarten untersuchte:

"Mit gewissen Proben von Eisen und Stahl gelang es mir überhaupt nicht, während ich mit einem Stück rechtwinklig gezogenen Eisens von 1/4 Zoll Breite und 1/8 Zoll Dicke die Intermittenzen mit zwei, drei, vier und sogar mit fünf Daniellschen Zellen erhalten konnte."

Obwohl Joule im wesentlichen die gleiche Erklärung wie Schönbein für das Auftreten der Oszillationen gibt, ist seine Weise des elektrochemischen Experimentierens doch stark auf die quantitativen Momente bezogen. Es war Joule (1841), der das nach ihm benannte *Joulesche Gesetz* aufstellte, nach dem in einem stromdurchflossenen Ohmschen Widerstand durch irreversible Energieumwandlung Wärme produziert wird. Enthält der Widerstand keine elektromotorischen Kräfte, so ist die in ihm vom Strom erzeugte Wärmemenge W_J:

$$W_J = \int_0^t UI\,dt \tag{1.1}$$

und im Fall eines stationären Stromes:

$$W_J = UIt = I^2Rt = \frac{U^2t}{R}\,, \tag{1.2}$$

wobei U/I der bekannte Ohmsche Widerstand R ist.

Ein halbes Jahrhundert später ist es W. Ostwald (1900), der in einer sehr ausführlichen experimentellen Arbeit über „Periodische Erscheinungen bei der Auflösung des Chroms in Säuren" diese erste Epoche der weitgehend qualitativen Beschreibung der elektrochemischen Dynamik meisterhaft vollendet, sich dabei auf eine großartig verlaufende Entwicklung der Physikalischen Chemie und ihrer Meßtechnik stützend.

1.2.3 Das Blaue Wunder

Unter dieser suggestiven Überschrift berichtet H.W. Roesky (1984) über die katalytische Oxidation von Glucose-Zucker in stark alkalischer Lösung zu Gluconsäure. Als Katalysator diente ihm dabei Methylenblau, das während der Reaktion in Leukomethylenblau überführt wird.

Methylenblau ist ein sehr wichtiger blauer Farbstoff aus der Thiazinfarbstoffgruppe und wurde erstmals 1876 von H. Caro (1834–1910) durch Oxydation von p-Aminodimethylanilin hergestellt. Wegen seiner reinen Farbe und der hervorragenden Wasch- und Kochechtheit wird Methylenblau trotz seiner nur mäßigen Lichtechtheit zum Färben und zum Drucken von Seide und Baumwolle verwendet. Außerdem besitzt es die Fähigkeit, die graue Substanz im peripheren Nervensystem selektiv anzufärben, wie P. Ehrlich 1865 zeigen konnte.

Löst man nun ein wenig dieses sehr interessanten blauen Stoffes in Wasser und gibt dazu eine stark alkalische Glucoselösung, verschließt das Gefäß mit einem Stopfen und läßt das Ganze ruhig stehen, dann entfärbt sich die Lösung nach einiger Zeit.

Schüttelt man die Lösung im Gefäß nach einer Weile kräftig durch, dann wird die Lösung wieder blau. Nach einigen Minuten ist die blaue Farbe aber wieder verschwunden. Man kann diesen verblüffenden Schüttelversuch noch etliche Male erfolgreich ausführen, bis der Luftsauerstoff im Gefäß verbraucht ist, was aber ziemlich lange dauern kann.

Das Sonderbare an diesem Versuch, den Roesky zu recht in die Reihe der beeindruckenden chemischen Kabinettstücke einreiht, ist, daß das System nicht von alleine ununterbrochen reagiert, bis schießlich der Gleichgewichtszustand erreicht ist, sondern daß es dazu immer wieder des Untermischens von Sauerstoff durch das Schütteln bedarf.

Wenn man das augenfällige chemische Geschehen während der Reaktion mit Hilfe der eingesetzten bzw. schließlich entstehenden Stoffe beschreibt, dann stellt das System von Reaktionsgleichungen

$$(R - CHO)\text{Glucose} + (OH^-)\text{alkalisches Wasser}$$
$$+(MB^+)\text{Methylenblau} \rightleftharpoons$$
$$(R - COOH)\text{Gluconsäure}$$
$$+(H - MB)\text{Leukomethylenblau}$$

$$(H - MB)\text{Leukomethylenblau} + (\tfrac{1}{2}O_2)\text{Sauerstoff} \rightleftharpoons$$

$$(MB^+)\text{Methylenblau} + (OH^-)\text{alkalisches Wasser}$$

bzw. in verkürzter Schreibweise:

$$A + C + X \quad \rightleftharpoons \quad P + Y$$
$$Y + \tfrac{1}{2}B \quad \rightleftharpoons \quad X + C \tag{1.3}$$

einen *katalytischen Zyklus* dar, der bei der Zusammenfassung der beiden Teilgleichungen die Bruttoreaktion

$$(R - CHO)\text{Glucose} + (\tfrac{1}{2}O_2)\text{Sauerstoff} \rightleftharpoons$$

$$(R - COOH)\text{Gluconsäure} \tag{1.4}$$

bzw.

$$A + \tfrac{1}{2}B \quad \rightleftharpoons \quad P \tag{1.5}$$

ergibt. Schreibt man für die Bruttoreaktion die kinetische Gleichung auf, so ergibt sich für die zeitliche Änderung der Konzentration des Produktes Gluconsäure bzw. P die Differentialgleichung

$$\frac{dP}{dt} = kAB^{1/2} \tag{1.6}$$

wobei A und B die Konzentrationen der Ausgangssubstanzen Glucose und des Oxydationsmittels Sauerstoff in der wässerigen Lösung sind und k die Reaktionsgeschwindigkeitskonstante darstellt.

Ich muß mich eigentlich an dieser Stelle dafür entschuldigen, daß ich mir hier mit der Verwendung der Begriffe der *chemischen Kinetik* einen Vorgriff auf das spätere Kapitel 3 gestatte. Es geschieht der Klarheit des Gedankenganges wegen, aber ich werde mich dabei auf das Allernötigste beschränken.

Wir würden, wenn diese Differentialgleichung die Kinetik der Reaktion in einem geschlossenen System beschriebe, eine mit der Zeit stetig, bis zu einem Grenzwert steigende Produktkonzentration an Gluconsäure und ebenso eine stetig fallende Konzentration des eingesetzten Ausgangsstoffes (Glucose) sowie des Reaktionspartners Sauerstoff erhalten, wie es im Bild 1.4 dargestellt ist.

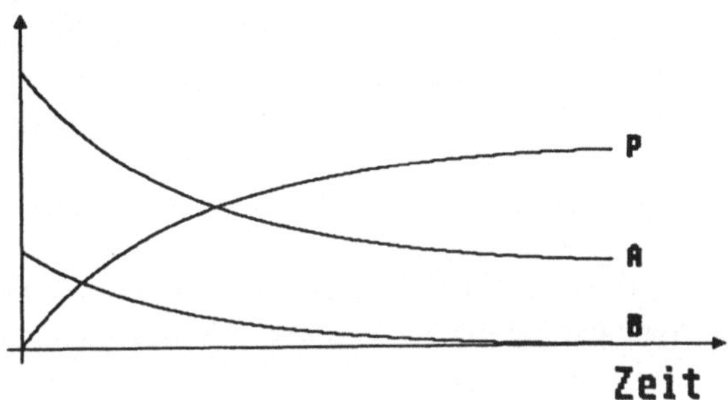

Bild 1.4 Konzentrationsverlauf entsprechend der Bruttogleichung (1.5)

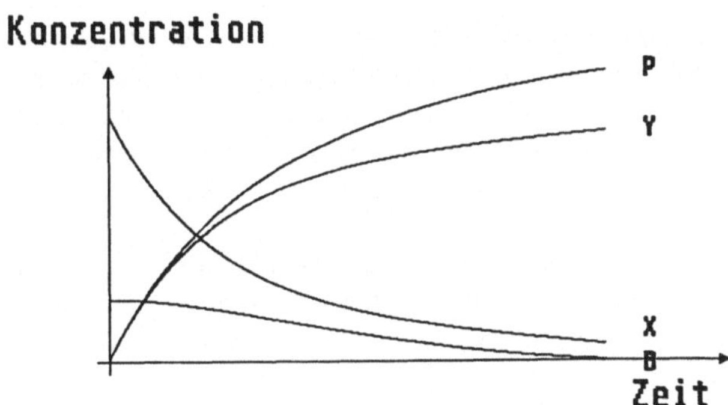

Bild 1.5 Zeitlicher Konzentrationsverlauf des Eduktes B, des Produktes P und der Zwischenprodukte X und Y. Die Konzentration von A wurde dabei konstant gehalten.

Auch eine ständige Nachdiffusion des Sauerstoffes aus der Luft in die Lösung hinein – wobei maximal die Sättigungskonzentration des Sauerstoffes erreicht werden kann – ändert an dem monotonen Verschwinden der Glucose und dem monotonen Anstieg der Gluconsäure nichts.

Wohl ist es richtig, daß die Gluconsäure stetig gebildet wird, aber dennoch beschreibt diese Bruttoreaktion die Reaktion eben nicht richtig! In ihr wird völlig außer Acht gelassen, daß während der Reaktion Methylenblau verbraucht wird, und es wird auch keine Rücksicht auf die Tatsache genommen, daß die Reaktion im alkalischen Milieu abläuft.

Für eine vollständigere Beschreibung müßte zumindestens der oben bereits formulierte *katalytische Zyklus* in die Form eines *Systems von Differentialgleichungen* gebracht werden. Dabei soll das Augenmerk vor allem auf die leicht beobachtbare zeitliche Veränderung der Konzentration Y des Methylenblaus gelegt werden.

$$
\begin{aligned}
\frac{dX}{dt} &= -k_1 ACX + k_2 PY + k_3 y B^{1/2} \\
\frac{dY}{dt} &= k_1 ACX - k_2 PY - k_3 YB^{1/2} \\
\frac{dP}{dt} &= k_1 ACX - k_2 PY \\
\frac{dB}{dt} &= -2k_3 YB^{1/2}
\end{aligned}
\tag{1.7}
$$

In Bild 1.5 ist für eine geeignete Wahl der Anfangsbedingungen und der Reaktionsgeschwindigkeitskonstanten die zeitliche Entwicklung dieses Gleichungssystems dargestellt, wobei davon ausgegangen wurde, daß der stark alkalische Charakter durch eine fortwährend konstante Hydroxidionenkonzentration (OH^-) wiedergegeben werden kann, was experimentell durchaus gerechtfertigt ist.

Nun zeigt aber die photometrisch ermittelte Methylenblaukonzentration einen ganz anderen zeitlichen Verlauf (siehe Bild 1.6). Man kann also auch nicht davon ausgehen, daß der katalytische Zyklus eine vollständige Beschreibung des Reaktionssystems ist.

1.2.4 Das katalytische Gedächtnis

Es mag merkwürdig erscheinen, zu fragen, ob sich eine längst ruhende Lösung daran erinnern kann, daß sie einst einmal zwecks guter Durchmischung

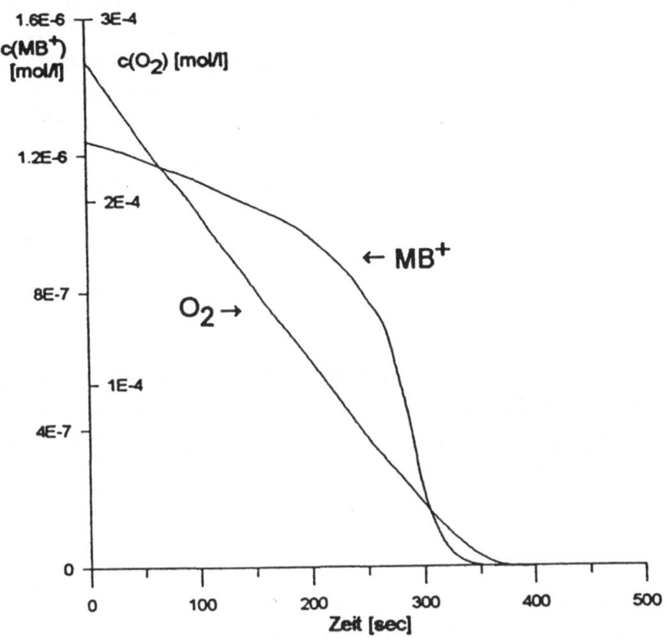

Bild 1.6 Typischer Verlauf einer simultanen O_2 und MB^+-Konzentrationsmessung *(Versuch: T. Ueckert et al.)*

gerührt wurde. Sollte diese Frage bezüglich des Gedächtnisses ernst gemeint sein, so muß sie natürlich verneint werden, denn ein Erinnerungsprozeß wie er im Gehirn stattfindet, ja selbst ein einfacher assoziativer Lernvorgang, setzt eine wesentlich höhere Komplexität voraus, als sie üblicherweise in einer Lösung vorhanden ist. Aber dennoch sollten wir nicht allzu schnell mit unserer Antwort auch das Problem verwerfen, das mit dieser Frage aufgeworfen wird.

Unter dem Begriff des „Phasengedächtnisses atomarer Systeme" ist ein sehr interessanter Versuch bekannt geworden. R.G. Brewer und E.L. Hahn (1985) sowie J.M. Ottino (1989) haben diese eindrucksvollen Experimente durchgeführt und beschrieben. Dabei wird eine zähe Flüssigkeit wie z.B. Glycerin zwischen zwei konzentrische Zylinder gefüllt, wobei der innere Zylinder sich gegenüber dem äußeren Zylinder um seine Längsachse drehen läßt. Gibt man nun mit einer zu einer Kapillare ausgezogenen Pipette einen kleinen Tropfen eines

Farbstoffes in das Glycerin, dann wird durch Drehen des inneren Zylinders in eine Richtung dieser Farbfleck langsam über den ganzen Zylindermantel verteilt (Tafel 5). Entsprechend der „Höhe" des Fleckes entsteht ein gleichmäßig gefärbtes Band, das wie eine Schärpe um den Zylindermantel liegt. Dreht man nun den inneren Zylinder ebenso langsam und gleichmäßig wieder zurück, dann „entmischt" sich das Glycerin und der Farbstoff wieder, und wir erhalten, am Ausgangspunkt der Drehung angekommen, den ursprünglichen Farbfleck wieder zurück.

Dieses Ergebnis scheint dem von L. Boltzmann (1872) formulierten Prinzip zu widersprechen, das besagt, daß die *Entropie* oder *Unordnung* in einem isolierten System mit der Zeit *irreversibel* zunehmen muß. Ein Mischungsvorgang stellt eine solche irreversible Entropiezunahme des Systems dar. Eine Umkehr des Mischungsprozesses durch die Umkehr der Zeit bzw. der Drehrichtung wie in diesem Experiment ist demnach ausgeschlossen. Andererseits entspricht das Ergebnis des Experimentes aber dem Einwand des österreichischen Physikers J. Loschmidt (1876), der anders als Boltzmann darauf beharrte, daß die physikalischen Gesetze, welche die Teilchenbewegung beschreiben, in Bezug auf die Zeit symmetrisch seien.

Bei unserem Glycerin-Versuch hat es geklappt; wir haben den „Mischungsprozeß" wieder rückgängig machen können, indem wir die Drehung weitgehend exakt umkehrbar machen konnten. Hat also Loschmidt recht? Man kann jedoch seine Zweifel daran haben, daß man auf ähnliche Weise einen gut gerührten Kuchenteig wieder bis zum Eigelb und dem Haufen Mehl „zurückrühren" kann. Auch beim Marmorkuchen wird es wohl nicht klappen! Wäre das Rühren und Kneten eines Kuchenteiges nun eine Bestätigung von Boltzmann?

Führt man den Versuch des „blauen Wunders" in einer offenen Petrischale durch, rührt nach dem Zusammenschütten der Komponenten die blaue Lösung mit einem Glasstab und läßt sie danach zur Ruhe kommen, so beginnt sie sich langsam zu entfärben. Dies geschieht aber nicht gleichmäßig. An einigen Stellen und Linien bleibt die Lösung weiterhin stark blau gefärbt (Tafel 6). Diese blauen Linien repräsentieren das alte Stömungsmuster des Rührens der längst nicht mehr in dieser Weise strömenden Lösung. Für fast eine viertel Stunde bleibt dieses Muster scharfer blauer Linien bestehen. Entlang der blauen Linien wird das sonst entstehende Leukomethylenblau immer wieder neu durch Sauerstoff zu Methylenblau oxidiert. Durch das Rühren entstehen in einer zähen Lösung sauerstoffreiche Bereiche und zwar gerade dort, wo Flüssigkeitsbereiche unterschiedlicher Dichte und Geschwindigkeit aneinander vorbeifließen. An diesen Stellen wird verstärkt Luftsauerstoff in die Flüssigkeit gebracht, so daß für lange Zeit diese Linien noch als Strömungsmuster durch die fortwährende katalytische Oxidation der Glucose zu erkennen sind. Es ist, als hätte die Lösung eine „Erinnerung" an das ehemalige Strömungsmuster.

Etwa eine halbe Stunde später ist jedoch der ganze in der Lösung vorhandene Sauerstoff verbraucht, und das Methylenblau ist vollständig zum farblosen Leukomethylenblau reduziert worden. Andererseits ist die Lösung ständig dem Sauerstoff der Luft ausgesetzt, der durch die Wasseroberfläche in die Lösung hineindiffundieren kann. Dies geschieht jedoch keineswegs gleichförmig in jedem beliebigen Teilstück der Oberfläche. Statt dessen bildet sich ein von der Geometrie des Reaktionsgefäßes abhängiges Konvektionsmuster in der Oberflächenschicht der Lösung heraus (Tafel 7). Entlang dieses feingliedrigen, blauen Netzwerkes wird durch eine lokale begrenzte Konvektion in der Oberflächenschicht der Luftsauerstoff in das Innere der Lösung transportiert. An den Stellen, an denen der Sauerstoff durch diese Strömung in die Lösung gelangt, kann das Leukomethylenblau wieder zu Methylenblau oxidiert werden, wodurch das Konvektionsmuster überhaupt erst sichtbar wird. An den weißen Stellen innerhalb des blauen Netzwerkes strömt die Lösung wieder an die Oberfläche zurück und ist dabei mit dem farblosen Leukomethylenblau angereichert.

Es handelt sich hier also um die Ausbildung eines Konvektionsmusters auf Grund einer chemischen Reaktion, und die sonst übliche Diffusion der Reaktionspartner wird dabei weitgehend durch die Konvektion ersetzt. Das Muster hat eine gewisse Ähnlichkeit mit den Mustern, die sich beim Bénard-Versuch bilden. Diese werden durch den Wärmetransport durch eine fluide Schicht hervorgerufen und sind eines der glanzvollsten Beispiele des insbesondere von H. Haken und seinen Mitarbeitern eingeführten Begriffes der *Synergetik*.

Kapitel 2
Der Molekülbegriff – die zeitfreie Beschreibung der chemischen Reaktion

2.1   Historische Anmerkungen

Der von A. Avogadro (1811) entwickelte Molekülbegriff ist eine der großen
Leistungen des theoretischen Denkens. Es waren insbesondere das Volumen-
gesetz J.L. Gay-Lussacs (1808):

> *„Das Volumenverhältnis gasförmiger, an einer chemischen Umset-
> zung beteiligter Stoffe läßt sich durch einfache ganz Zahlen wiedergeben"*

und das *Gesetz der multiplen Proportionen* J. Daltons (1808):

> *„Die Gewichtsverhältnisse zweier sich zu verschiedenen chemischen
> Verbindungen vereinigender Elemente stehen im Verhältnis einfacher gan-
> zer Zahlen zueinander"*

sowie die bereits im Jahr zuvor von J. Dalton (1807) aufgestellte *Atomhypothese*, nach der die chemischen Elemente nicht bis ins Unendliche teilbar seien,
sondern aus kleinsten, chemisch nicht weiter zerlegbaren Teilchen bestehen,
die den italienischen Physiker A. Avogadro (1811) zur Aufstellung seiner Molekülhypothese veranlaßten:

> *„ Gleiche Volumina idealer Gase enthalten bei gleichem Druck und
> gleicher Temperatur gleich viel Moleküle"*

Der damalige Gedankengang läßt sich an Hand der Chlorwasserstoffbildung
leicht nachvollziehen. Aus den Volumenverhältnissen bei der Reaktion der Gase Chlor und Wasserstoff zum Gas Chlorwasserstoff folgt nach Avogadro, daß
ein Molekül Wasserstoff oder Chlor eine durch zwei teilbare Anzahl von Atomen enthalten muß. Da es aber keine Reaktion gibt, bei der aus einem Volu-
men Wasserstoff mehr als zwei Volumina eines gasförmigen, Wasserstoff bzw.

Chlor enthaltenen Reaktionsproduktes gebildet werden, besteht kein Grund zu der Annahme, daß das Wasserstoff- oder Chlormolekül mehr als zwei Atome enthält.

Es ist heute kaum mehr vorstellbar, daß damals dieser so bestechend einfache Gedanke lange Zeit über einfach ignoriert, ja sogar von J.J. Berzelius abgelehnt wurde, der selbst die Daltonsche Atomhypothese mit vertrat und den Gebrauch des chemischen Elementsymbols durchzusetzen half.

In dieser Zeit der nicht-molekularen, stofflichen Chemie wurden die Stoffe zwar als Verbindungen von Mengenverhältnissen begriffen, doch wurde die Annahme, daß es kleinste Träger qualitativer Eigenschaften – die Moleküle – geben sollte, verworfen.

Aus heutiger Sicht ist an dem Gedankengang von Avogadro vor allem interessant, daß das *Molekül als kleinste repräsentative Einheit* der *reagierenden Stoffe* betrachtet wird. Es wird als kleinste reaktive Einheit durch das jeweilige Reaktionsgeschehen eingeführt. Die Reaktionen, die dabei betrachtet wurden, waren Gasphasenreaktionen und hierfür ist diese Annahme auch ohne größere Einschränkung gültig. Im Sinne Avogadros gestattet der Molekülbegriff demnach eine Beschreibung der Reaktion, aus der er unter Zuhilfenahme einer zusätzlichen Extremalbedingung abgeleitet wurde. Aber bei dieser Beschreibung der Reaktion tritt der Begriff der Zeit nicht in Erscheinung. Die zeitliche Entwicklung der Reaktion – die chemische Kinetik – ist für diese Begriffsbildung ohne jede Bedeutung. Die Reaktion wird also nur durch ihren Anfangs- und Endzustand beschrieben. Ein *„Dazwischen"* gibt es hierbei nicht. In diesem Sinn ist die molekulare Beschreibung der Reaktion eindeutig zeitdiskret mit den beiden einzigen Zeitwerten Null und Eins bzw. minus und plus Unendlich.

Es dauerte auch in der Chemie einige Zeit, ehe sich die Molekularhypothese allgemein durchsetzte und chemische Reaktionen durch Molekülformeln beschrieben wurden. Erst auf dem Chemikerkongreß in Karlsruhe (1860) wurden klare Konventionen über die Begriffe Atom, Molekül, Äquivalent, Wertigkeit u.a. vereinbart. Von entscheidender Bedeutung war dabei der Vortrag von S. Cannizzaro, mit dem dieser der Avogadroschen Molekülhypothese zum Durchbruch verhalf.

In der organischen Chemie setzte mit der Einführung des *Valenzstriches* durch D. Couper (1858) und A. Kekulé (1858) eine stürmische Entwicklung des Molekülbegriffes ein. Ein wenig am Rande dieser Entwicklung stehend, faßte A.M. Butlerow (1861) ihre theoretische Struktur in der *Strukturtheorie* zusammen und A. Cayley (1874) sowie J.J. Sylvester (1877/1878) suchten sie erstmals mit Hilfe der *Graphentheorie* mathematisch zu fassen. Damit war die *topologische Struktur* der chemischen Verbindungen – der Moleküle – zum ersten Mal herausgearbeitet.

J.H. van't Hoff ging (1874, 1875) mit seiner Arbeit „Chimie dans L'Espace" (Chemie im Raum, d. Autor), die noch in den gleichen Jahren (1875/1876) von einem Mitarbeiter von J. Wislecenus ins Deutsche übersetzt wurde, einen wesentlichen Schritt weiter. Diese Übersetzung erschien unter dem Titel *„Die Lagerung der Atome im Raum"*. Aus den Beobachtungen zur *optischen Aktivität* von Kohlenwasserstoffen schloß er, daß die Valenzrichtungen der Kohlenstoffatome nicht in einer Ebene, sondern räumlich angeordnet sein müssen. Danach befindet sich das C-Atom des Kohlenstoffes im Mittelpunkt eines Tetraeders, und die vier *Valenzen* sind in Richtung der vier Ecken orientiert. Mit dieser Annahme gelang es erstmals die *geometrische Struktur* der Moleküle zu erfassen. Es liegt wahrscheinlich im Wesen neuer chemischer Ideen, daß sie von den führenden Chemikern zur Zeit ihrer Entstehung in ihrer Bedeutung nicht erkannt werden. So findet man in der Fachliteratur eine recht üble Verleumdung dieser Arbeit aus der Feder des bedeutenden Chemikers F. Kolbe (1876), in der dieser denunzierend die Autoren und Übersetzer in die geistige Nähe der Spiritisten rückt.

Heute würde man als Chemiker sagen, die Valenzelektronen des C-Atoms in den aliphatischen Kohlenwasserstoffen sind durch einen sp^3-Hybrid-Zustand zu beschreiben, bei dem die vier gleich strukturierten Hybridorbitale tetraedrisch angeordnet sind.

Entscheidend ist jedoch, daß mit dem damaligen geometrischen Ansatz das *Gestaltkonzept* in Form der Idee eines *Kerngerüstes* der Atome in den Begriff des Moleküls eingeführt wurde. Durch Angabe der Winkel und Bindungslängen (Kernabstände) kann, sofern dies überhaupt möglich ist, auf dieser Basis die *Gestalt* des Moleküls vollkommen beschrieben werden. Wenn wir heute durch röntgenstrukturanalytische Untersuchungen die Kernabstände als Mittelwerte stets in Bewegung befindlicher Atome in einer Vielzahl von Molekülen auf $\frac{1}{100}$ Å genau bestimmen können, so ist diese Idee des Kerngerüstes bzw. der Gestalt des Moleküls in sehr vielen Fällen wohlbegründet.

Die aliphatischen Kohlenwasserstoffverbindungen ließen sich auf Grund der neuen Lehre von den Molekülen leicht systematisieren und beschreiben. Ganz anders war die Sachlage mit dem 1824 von M. Faraday im Leuchtgas entdeckten Benzol, dessen Molekulargewichtsbestimmung zu der Formel C_6H_6 führte. Seit der Entdeckung des ersten technisch brauchbaren Anilinfarbstoffes (Farbstoffe, bei denen das den Benzolring enthaltene Anilin als Ausgangsprodukt verwendet wurde) durch W.H. Perkin (1856) hatte das Benzol und seine Derivate große technische Bedeutung erlangt.

Das theoretische Problem bestand einerseits darin, daß man damals annahm, es würde sich beim Benzol um eine offenkettige Verbindung handeln. Bei dieser Annahme war die Anzahl der experimentell erhältlichen Substitutionsprodukte nicht zu verstehen. A. Kekulé postulierte (1865, 1866) das ringförmige Benzol und konnte damit die Zahl der beobachtbaren Substitutionsprodukte erklären, indem er annahm:

> *„Die sechs Kohlenstoffatome des Benzols sind untereinander in völlig symmetrischer Weise verbunden, ... sie bilden einen völlig symmetrischen Ring ... "*

Nach dieser Vorstellung mußte es aber zwei ortho-Disubstitutionsprodukte geben, je nachdem, ob die beiden Kohlenstoffatome einfach oder doppelt miteinander verbunden waren. Man fand aber nur ein ortho-Disubstitutionsprodukt! Diesen Widerspruch zwischen dem Experiment und den strukturtheoretischen Formeln für die ortho-Disubstitutionsprodukte behob Kekulé (1872), indem er die *„Oszillationshypothese"* zur Diskussion stellte, wonach durch ein äußerst rasches Umklappen der Doppelbindungen, bzw. ein Hin- und Herschwingen der Atome um ihre Gleichgewichtslagen, die völlig symmetrische Anordung auch der Doppelbindungen erreicht werden sollte.

Damit führte Kekulé die Dynamik in den Molekülbegriff ein und unterschied die *innere* Moleküldynamik von der chemischen, gewissermaßen *äußeren* Dynamik durch eine Zeitskalenseparation. Diese für das Benzol erstmals postulierte innere Moleküldynamik führt dann zum *Aromatizitätsbegriff* bei zyklischen Kohlenwasserstoffmolekülen mit zyklisch-konjugierten Doppelbindungen, bzw. allgemeiner zum *Mesomeriebegriff* konjugierter Doppelbindungen in organisch chemischen Verbindungen. Diesen Begriffen ist wesentlich, daß die durch sie charakterisierten Moleküle nicht durch nur eine einzige Strukturformel beschrieben werden können. Es sollte aber an dieser Stelle betont werden, daß das System der Doppelbindungen – das π-*Elektronensystem* – des Benzolmolekül in seinem *Grundzustand* quantenchemisch nur durch eine einzige Wellenfunktion beschrieben wird.

2.2 Gestalt der Moleküle

Im Lichte der heutigen Theorie dynamischer Systeme ist die Zeitskalenseparation von *innerer* Molekülbewegung und chemischer oder spektroskopischer, also *äußerer* Moleküldynamik von entscheidender Bedeutung. Begriffe wie

Konjugation und *Aromatizität* werden dann verwendet, wenn die ihnen zugrundeliegenden Prozesse wesentlich schneller sind als die Prozesse, in denen das betrachtete „*Molekül*" mit anderen Molekülen oder Photonen reagiert, bzw. sich in zeitlich veränderlichen Feldern orientiert.

Wenn aber molekülinterne Dynamik und äußere Dynamik in ihren Zeitskalen vergleichbar werden, dann spricht man in der Chemie von *Valenztautomerie, Tautomerie* und *Pseudorotation*. Erst wenn die molekülinterne Dynamik sehr viel langsamer geworden ist als die äußere chemische Dynamik, handelt es sich im eigentlichen Sinn um eine chemische Reaktion bzw. um eine Umlagerung, da dann die den verschiedenen Molekülzuständen entsprechenden Stoffe chemisch isoliert werden können.

Nun gibt es Moleküle, deren Kerngerüst sich als Folge der inneren Moleküldynamik sehr schnell ändert. Hierzu gehört z.B. das Ammoniakmolekül NH_3. Es besitzt nach klassisch-chemischer Auffassung einen pyramidalen Aufbau. Die Spitze der flachen Pyramide bildet das Stickstoffatom und die drei Wasserstoffatome sitzen an den drei Ecken der Basisfläche der Pyramide. Man kann aber noch ein zweites Kerngerüst angeben, das aus dem ersten durch eine Spiegelung der Pyramide an ihrer Basisfläche entsteht (Bild 2.1). Jedem dieser beiden Kerngerüste kann man eine Zustandsfunktion Ψ_L bzw. Ψ_R zuordnen.

Gemäß dem *Superpositionsprinzip* der Quantenmechanik sind die beiden *Linearkombinationen* $\Psi_+ = 2^{-1/2}(\Psi_L + \Psi_R)$ und $\Psi_- = 2^{-1/2}(\Psi_L - \Psi_R)$ ebenfalls Zustände des quantenmechanischen Systems. Für das Ammoniakmolekül NH_3 stimmt der Grundzustand mit dem superponierten Zustand Ψ_+ überein und der erste angeregte Zustand ist durch die Linearkombination Ψ_- gegeben. Beide Zustände Ψ_+ und Ψ_- sind also *stationär*. Der spektroskopische Übergang zwischen diesen beiden stationären Zuständen ist gerade der *Ammoniak-Maser-Übergang*. *Maser* ist die Abkürzung für den englischen Ausdruck *microwave amplification by stimulated emission of radiation*. Die Zustände Ψ_L und Ψ_R sind keine stationären Zustände, sie gehen durch einen *Tunnelprozeß* ineinander über.

Im klassisch-chemischen Denken wird dieser Übergang zwischen den beiden Kerngerüsten durch die Annahme beschrieben, daß das Stickstoffatom sehr schnell durch die Ebene der drei Wasserstoffatome H hindurchschwinge. Die jeweils minimale *potentielle Energie* des Moleküls ist dann eine Funktion der Position des Stickstoffatoms auf der Flächennormalen der anderen drei Atome. Berechnet man, die *Born-Oppenheimer Näherung* voraussetzend, den Potentialverlauf des Grundzustandes des Ammoniakmoleküls als Funktion dieser Position des Stickstoffatoms, so erhält man das typische *Doppelminimumpotential*, dessen Minima den beiden Zuständen Ψ_L und Ψ_R des NH_3 Moleküls

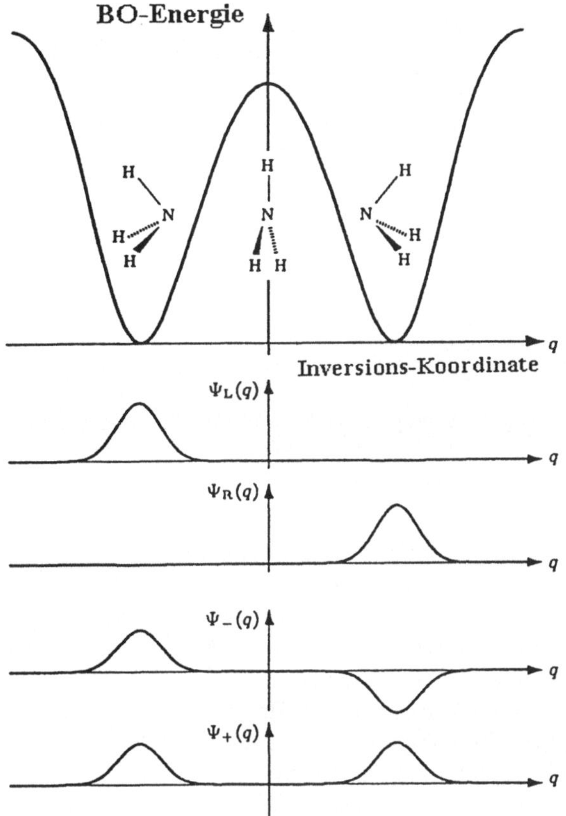

Bild 2.1 Doppelminimumpotential auf der Basis der *Born-Oppenheimer Näherung*. Darstellung des Superpositionsprinzips am Beispiel des Ammoniaks, seiner Derivate und chiraler Moleküle. (A. Amann, 1995)

entsprechen. In dem Bild 2.1 ist das Potential als Funktion der Höhe der Ammoniakpyramide dargestellt.

Die beiden gleich großen Maxima des Quadrats der superponierten Funktion Ψ_+ liegen in dem Bereich der beiden Minima des Doppelminimumpotentials. Die Wahrscheinlichkeit, das Stickstoffatom im linken bzw. rechten Energieminimum anzutreffen, ist also gleich groß und wesentlich größer als die Wahr-

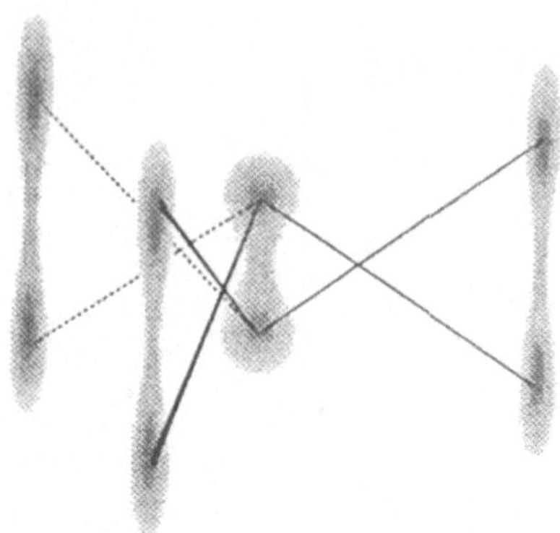

Bild 2.2 Darstellung der Superposition der Wellenfunktionen der Kerngerüste des Ammoniakmoleküls. In dieser Superposition gibt es kein Kerngerüst mehr. (A. Amann, 1995)

scheinlichkeit für das Auffinden des Stickstoffatoms in der planaren Situation in der Mitte zwischen beiden Maxima. Das bedeutet aber auch, daß die Zustandsfunktion *weder* dem einen Zustand mit dem Kerngerüst Ψ_L *noch* dem anderen Kerngerüst mit dem Zustand Ψ_R des Moleküls entspricht.

Andererseits haben die Betragsquadrate $|\Psi_L^2|$ und $|\Psi_R^2|$ dieser Zustandsfunktionen ihre jeweiligen Maxima nur im Bereich des linken oder rechten Minimums des Doppelminimumpotentials. A. Amann (1990,1992) zieht aus dieser Überlegung den Schluß, daß das Molekül in diesem stationären Superpositionszustand eben *kein* Kerngerüst mehr hat (Bild 2.2). Dieser Schluß impliziert natürlich ein völlig anderes Bild vom Molekül als es die klassisch-chemische Vorstellung vom schnellen Wechsel der Kerngerüste nahelegt.

Ammoniak gehört zu einer Klasse von Molekülen, an denen man durch gezielte Substitution einiger Atome oder auch von Atomgruppen die sukzessive Änderung der Verhältnisse bezüglich der Zeitskalenseparation gut beobachten kann.

Einen besonders interessanten Fall stellen die zweifach substituierten *Derivate* (Abkömmlinge) des Ammoniakmoleküls dar. Substituiert man im Ammoniak je ein Wasserstoffatom (H) durch ein Deuteriumatom (D) und ein Tritiumatom (T), so erhält man das Molekül NHDT. Ein solches Molekül sollte nach konventioneller, chemischer Vorstellung in zwei zueinander spiegelbildlichen molekularen Formen existieren. Die zugehörigen *Kerngerüste* dieser

Enantiomeren müßten also *chiral* sein, denn die betreffenden Atomkerne des Stickstoffs (N), Wasserstoffs (H), Deuterium (D) und Tritiums (T) befinden sich nach dieser Vorstellung auf klar definierten Orten. Allerdings gehen diese chiralen Zustände durch einen *Tunnelprozeß* sehr schnell ineinander über. Eine *Einzel-Molekül-Spektroskopie* müßte also sehr schnell sein, wollte man mit ihr die Chiralität des NHDT beobachten. Bei einer auf sehr vielen Molekülen basierenden *Chiralitätsbeobachtung*, wie es z.B. die Bestimmung der *optischen Aktivität* darstellt, würde man keine Chiralität finden.

Da die Isotopen des Wasserstoffs sehr klein sind, sollten sich auch nach klassisch-chemischer Auffassung die beiden zueinander chiralen Kerngerüste thermisch ineinander überführen lassen, wobei jedem der energetisch realisierbaren Übergangssituationen ein geometrisch darstellbares Kerngerüst entspräche. Die Folge eines solchen ständigen Wechsels zwischen den Kerngerüsten wäre die Bildung eines *racemischen Gemisches*, das beide Enantiomeren zu gleichen Anteilen enthält. In einem racemischen Gemisch kann man natürlich auch keine Chiralität feststellen.

Nun sollte aber gemäß den Regeln der Quantenmechanik das Superpositionsprinzip auch für diese Funktionen gültig sein. Dieses Prinzip besagt, *„daß mit zwei beliebigen Zuständen auch die Superposition auftreten kann"*. Es sollte demzufolge wie im Fall des Ammoniaks einen weiteren Zustand $\Psi_+ = 2^{-\frac{1}{2}}(\Psi_L + \Psi_R)$ – jedoch ohne Kerngerüst – geben. Der *Maserübergang* beim Ammoniak legt es nahe, die Existenz des Zustandes Ψ_+ auch für das NHDT anzunehmen. Es sollte demnach möglich sein, diesen superponierten Zustand auch im Fall des NHDT experimentell nachzuweisen. Für das NHDT ist es bisher jedoch nicht gelungen, den superponierten Zustand Ψ_+ nachzuweisen. Das gleiche gilt für alle im klassischen Sinn chiralen Moleküle. Statt der Superposition findet man die chiralen Molekülformen L oder R dort mit großer Wahrscheinlichkeit, wo das zugehörige Betragsquadrat $|\Psi_L^2|$ bzw. $|\Psi_R^2|$ besonders groß ist. Einerseits ist die Aufspaltung ($4{,}7\ \mathrm{Jmol^{-1}}$) zwischen den beiden von der Quantenmechanik geforderten Zustandsfunktionen Ψ_+ und Ψ_- beim NHDT bereits sehr klein und andererseits die Energiebarriere ($23{,}9\ \mathrm{kJmol^{-1}}$) zwischen den beiden Minima der Funktion Ψ_+ für ihre thermische Überwindung – nach einem *Racemerisierungsmechanismus* – so groß, daß die Wahrscheinlichkeit, diese zu *durchtunneln*, zu gering wird. Beim Ammoniak beträgt die aus dem Maserübergang berechenbare Aufspaltung zwischen den Zuständen Ψ_+ und Ψ_- immerhin $9{,}5\ \mathrm{Jmol^{-1}}$. Die klassische Eigenschaft der Chiralität eines Moleküls entstünde demnach als Folge einer kontinuierlichen Variation der Größe der Energiebarriere und der Niveauaufspaltung zwischen den superponierten Zuständen in einem quantenmechanischen System und stellt demzufolge keine eigene Qualität dar. Dies ist eine, wenn man an das klassisch-chemische Denken gewöhnt ist, nur schwer zu verstehende Argumentation.

Folgen wir deshalb besser der Argumentation A. Amanns (1995). Danach hat dieser Befund zur Konsequenz, daß der quantenmechanisch notwendig existierende superponierte Zustand chiraler Moleküle möglicherweise instabil ist. Wird er erzeugt, dann zerfällt er z.B. unter dem Einfluß der Umgebung wieder in die beiden chiralen Kerngerüste. Die Antwort auf die Frage, ob ein Zustand stabil oder instabil ist, beinhaltet die gewünschte qualitative Unterscheidung. Für molekulare Systeme, die im Sinne der traditionellen Chemie *chiral* sind, ist es bisher noch nicht gelungen, die Zustände Ψ_+ und Ψ_- experimentell zu beobachten, während für das nichtchirale Molekül Ammoniak und das „chirale" Monodeuteroanilin, wie S.G. Kukolich et al. (1973) gezeigt haben, alle vier Zustände Ψ_+, Ψ_-, Ψ_L und Ψ_R experimentell zugänglich sind.

Nun sind NHDT und NH_3 chemisch nicht so sehr verschieden, so daß es nicht verwundert, daß beim NHDT keine Chiralität in dem Sinn beobachtet wird, daß diese Subtanz in optische Antipoden zerlegbar wäre. Wohl aber gelang es V. Prelog und P. Wieland (1944) die racemische *Trögersche Base*, die zwei tertiäre Amine enthält, chromatographisch in ihre optischen Antipoden zu zerlegen. Es gibt also durchaus tertiäre Amine, die eine klassische, chirale Struktur aufweisen! Wie kann es dann möglich sein, daß einige tertiäre Amine klassische Eigenschaften wie eine chirale Gestalt besitzen, die das NHDT-Molekül nicht aufweist? Eine *heuristische* Erklärung dafür liefern P. Pfeifer (1980), U. Müller-Herold (1985) und A. Amann (1992). Danach wird die klassische, chirale Struktur durch die Kopplung des Moleküls an seine *Umwelt* erzeugt, und zwar dadurch, daß die im isolierten Molekül superponierten stationären Eigenzustände labil sind gegenüber externen Störungen.

Das ist im wesentlichen der Inhalt der Aussage der *Superauswahlregel* für den Übergang von Systemen, die durch klassische Variablen beschrieben werden müssen. Wäre die Chiralität eine rein klassische Eigenschaft, so würde für die *reinen*, chiralen Zustandsfunktionen Ψ_L und Ψ_R demnach gelten, daß ihre Superposition „*verboten*" ist. Die Superposition für klassische Zustandsfunktionen führt nur zu *gemischten* Zuständen, im Fall der Chiralität also zum *Racemat* und nicht zu *reinen* Zuständen Ψ_+ und Ψ_- wie beim Ammoniak. Nun ist die Chiralität aber nur eine *annähernd klassische Größe* eines Moleküls, so daß diese Aussage eingeschränkt werden muß.

Anders ausgedrückt, wenn es möglich ist, dem Molekül ein Kerngerüst zuzuordnen, dann verhält sich die Chiralität wie eine klassische Größe, wenn aber dem Molekül kein Kerngerüst mehr zugeordnet werden kann, dann verliert auch die Chiralität ihren klassischen Charakter.

In diesem Zusammenhang ist interessant, daß wie beim NHDT auch verschieden substituierte tertiäre Amine nicht in optische Antipoden spaltbar sind, sondern nur das *„optisch inaktive Racemat"* (50:50 Gemisch der beiden spiegelbildlichen Molekülstrukturen) beobachtet wird. Chemisch begründet man dies mit der *„schnellen Inversion"* der *„N-Pyramide"*. Beim Vorliegen einer schnellen *Inversion* kann man natürlich auch keine optische Aktivität feststellen! Es hat also den Anschein, als sei die Chiralität in diesen Molekülen noch keine reine klassische Größe. Eine Ausnahme bildet das bereits erwähnte zweifache tertiäre Amin, die Trögersche Base, bei der zwei Stickstoffatome durch den Einbau in ein aliphatisches Ringsystem in ihren chiralen Situationen *„festgehalten"* werden. V. Prelog und P. Wieland (1944) gelang es erstmals, diese Base chromatographisch in ihre *optischen Antipoden* zu zerlegen, d.h. die beiden spiegelbildlichen molekularen Strukturen als getrennte Substanzen zu isolieren.

Wenn aber nur das Racemat vorliegt, muß die Umwandlung der beiden auch isoliert als existent angenommenen optischen Antipoden so schnell vor sich gehen, daß die optischen Antipoden in diesem Fall chemisch nicht isoliert werden können. Dann fragt es sich, ob sie im chemischen Sinn eigentlich als isolierbare, optische Antipoden überhaupt existieren, oder ob sie nicht vielmehr nur, der Bequemlichkeit wegen, mit einem Kerngerüst versehene, angenommene Strukturen sind. Die *Händigkeit* (Chiralität) ist in diesen Molekülen also noch keine rein klassische Größe. Sollte man dann nicht in Analogie zum Ammoniakmolekül vielmehr sagen, daß diesen Verbindungen chemisch gesehen eigentlich keine Gestalt im Sinne geometrisch deutbarer Kerngerüste zugeordnet werden können? Andererseits aber lassen sich bei ihnen auch die superponierten Zustände nicht mehr experimentell nachweisen.

Nimmt man Kerngerüste jedoch an, wie es in der Chemie üblich ist, ohne sie jedoch als isolierte Substanzen voneinander scheiden zu können, dann sind diese Gerüste „untrennbar miteinander verwoben". Es liegt dann hier auf der Ebene der chemischen Beschreibung eine ähnliche Situation vor, wie sie für quantenmechanische Systeme durch die *EPR-Korrelation* beschrieben wird. Man könnte fast sagen, daß diese Kerngerüste „im chemischen Sinn *EPR-korreliert*" sind, oder besser, um Mißverständnisse zu vermeiden, „holistisch korreliert sind".

Diese auf die Arbeit von A. Einstein, B. Podolski und N. Rosen (1935) zurückgehende nicht-lokale Korrelation quantenchemischer Systeme – die *EPR-Korrelation* – ist eine der wesentlichen Grundlagen der Quantenmechanik. In bezug auf das hier diskutierte Problem bedeutet das Vorhandensein einer solchen Korrelation, daß die beiden chiralen Kerngerüste nicht eigentlich als reine

Zustände des Moleküls betrachtet werden können, die sich ständig ineinander umwandeln, sondern, daß es eine solche, eindeutige Zerlegung in chirale Strukturen hier nicht gibt. Das Molekül muß als eine nicht weiter in Teilstrukturen zerlegbare Einheit betrachtet werden; es stellt eine *holistische* Struktur dar.

Hier versagt also die klassisch geometrische Interpretation zumindestens teilweise, denn *molekulare Gestalt* im Sinne eines Kerngerüstes ist an eine rein klassische Größe geknüpft. Die Chiralität ist aber nur eine annähernd klassische Größe, und es gibt Fälle, wie die hier besprochenen, wo die klassischen Eigenschaften nur „schwach" ausgebildet sind.

In diesem Sinn ist auch das Phänomen der *Pseudorotation* vor allem in metallorganischen Verbindungen zu verstehen. Es bedarf auch hier der Annahme der chemischen Existenz mehrerer Kerngerüste, die sich in einem zyklischen Prozeß ständig sehr schell ineinander verwandeln, so daß die angenommenen Strukturen chemisch nicht voneinander getrennt werden können.

2.3 Das Konzept der topologischen Gestalt

Das, was hier für das auf van't Hoff zurückgehende geometrische Gestaltkonzept gesagt wurde, hat auch in dem Konzept der topologischen Gestalt der Moleküle – der *„chemischen Strukturtheorie"* und ihren *Konstitutionsformeln* – seine Entsprechung.

So findet man beim Benzol keine Substanz, die nur durch die eine oder andere der beiden Kekulé-Formeln repräsentiert wird. Man kann auch kaum sagen, daß das Benzolmolekül für eine gewisse Zeit in der einen oder anderen Kekulé-Form existiert. Diese Situation umschreibt man in der Chemie mit dem *Mesomerie-Begriff* und hat dafür auch ein eigenes Formelsymbol entwickelt (Bild 2.3). Der Mesomeriebegriff beschreibt also die holistische Struktur des topologischen Systems der Valenzbindungen. Die sich in der Konstitutionsformel ausdrückende topologische Struktur eines Moleküls ist ebenso eine klassische Größe wie dessen geometrische Gestalt. Es gibt aber Moleküle wie das Benzol, bei denen es nicht möglich ist, ihnen nur *eine* topologische Struktur im Sinne der Strukturtheorie, d.h. *eine* Konstitutionsformel, zuzuordnen. Diese strukturtheoretische Beschreibungsebene muß sorgfältig unterschieden werden von der quantenchemischen Ebene der Diskussion der chemischen Bindung. Quantenchemisch gesehen besitzt das Benzolmolekül nur eine einzige stationäre Wellenfunktion Ψ!

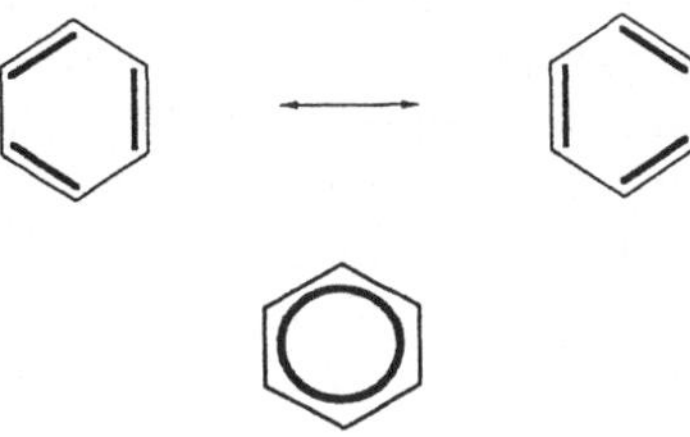

Bild 2.3 Darstellung des Benzolmoleküls durch zwei Kekulé-Formeln und den Mesomeriepfeil sowie das Kreissymbol im Sechseck

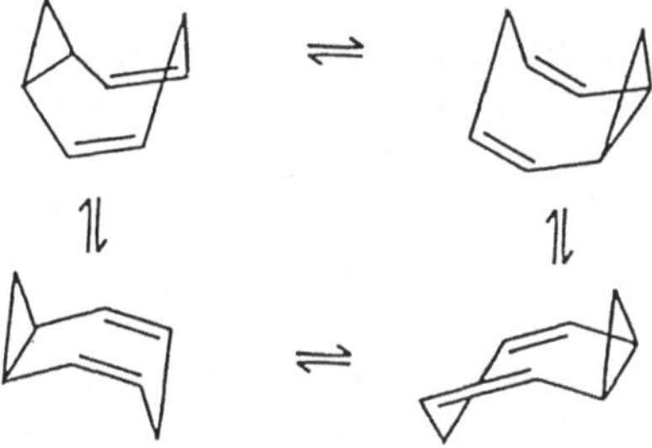

Bild 2.4 Homotropiliden mit *fluktuierender Bindung*

Dann aber gibt es wieder Verbindungen mit *zyklisch konjugierten* π-*Bindungen*, wie das *Cyclooktatetraen*, wo man keine Mesomerie beobachtet, sondern eine *entartete Valenzisomerisierung* bzw. eine *„Bindungsisomerie"*, wobei die beiden verschieden gewinkelten Kerngerüste über einen *„planaren Übergangszustand"* ineinander übergehen sollen. In der H-NMR-Spektroskopie wird dabei nur ein Protonensignal beobachtet, was besagt, daß gegenüber der Zeitskala dieser Spektroskopie die Protonen stets dieselbe Umgebung sehen, während bei der temperaturabhängigen ^{13}C-Sateliten-NMR-Spektroskopie eine Bindungsverschiebung nachgewiesen werden kann und damit die Existenz zweier verschiedener topologischer Strukturen, die sich sehr schnell ineinander umwandeln.

Würde eine Superposition der beiden Kekulé-Formeln des *Cyclooktatetraens* vorliegen, dann dürfte bei der temperaturabhängigen ^{13}C-Satteliten-NMR-Spektroskopie keine Bindungsverschiebung zu beobachten sein.

Noch interessanter ist die Situation beim Homotropiliden (Bild 2.4), das ähnlich wie das Benzol einer energetisch *entarteten Valenzisomerisierung* unterliegt. In Abhängigkeit von der Temperatur ändert sich bei dieser Verbindung das NMR-Spektrum. Bei $-50\,°C$ ist eine der beiden Strukturen eine sinnvolle Beschreibung des Moleküls, während bei $+180\,°C$ das NMR-Spektrum sich nach V.W. v. Doering (1963) – hält man an der strukturtheoretischen Beschreibungsebene der Chemie fest – nur durch eine *„fluktuierende Struktur"* deuten läßt, bei der die beiden Strukturen sich schneller ineinander umwandeln als die Wechselwirkung mit dem zeitlich veränderlichen magnetischen Feld stattfindet. Auch in einem solchen Fall kann man dem Molekül keine topologische Struktur im Sinne einer Konstitutionsformel mehr zuordnen. Aus Sicht der Quantenmechanik sind sowohl bei der Bindungsisomerie des Cyclooktatetraens als auch bei der Hochtemperaturumlagerung des Homotropilidens die holistischen Korrelationen nicht zu vernachlässigen.

Ist die Valenzisomerisierung energetisch jedoch nicht entartet, wie bei der Umlagerung des Bicyclo[4,2,0]oktadien zu Cyclooktatrien, und wandeln die beiden Isomeren sich zudem schon bei Raumtemperatur so schnell ineinander um, daß sie mit chemischen Methoden nicht mehr trennbar sind, dann spricht man von *Valenztautomerie*, wie analog dazu von der *racemischen Umlagerung* im Fall sich schnell ineinander umwandelnder geometrischer Strukturen.

Erst wenn die Valenzisomeren, wie beim Butadien-Cyclobuten-Übergang, auch chemisch getrennt werden können, und die gegenseitige Umwandlung nur noch unter besonderen Reaktionsbedingungen möglich ist, spricht man von der *Valenzisomerisierung* als einer eigentlich chemischen Reaktion bzw. Umwandlung.

Halten wir also fest: Das Molekül des Chemikers wird sowohl durch seine topologische Struktur (Konstitutionsformel) als auch durch seine geometrische Struktur – die Molekül-Gestalt – (Konfiguration und Konformation) beschrieben, also mit Hilfe klassischer Eigenschaften. Selbst dann, wenn es nicht möglich ist, das Molekül durch nur eine dieser klassischen Strukturen zu beschreiben, verbleibt man in der Chemie auf dieser Beschreibungsebene und verwendet eben mehrere klassische Strukturen zur Beschreibung des *einen Moleküls*. Um den damit verbundenen logischen Widerspruch zum *Satz vom ausgeschlossenen Dritten* zu entgehen, der besagt, daß *ein Ding eine gegebene Eigenschaft entweder besitzen oder nicht besitzen muß*, nimmt man – aus Sicht der Quantenmechanik i.a. in unkorrekter Weise (z.B. wie beim Ammoniakmolekül oder der Oszillationshypothese beim Benzol) – einen schnellen, ständigen Wechsel zwischen diesen Strukturen an.

Dieser angenommene schnelle Wechsel zwischen den klassischen Strukturen wird aber dennoch nicht eigentlich als zeitlicher Prozeß begriffen, bei dem die klassischen Strukturen kontinuierlich ineinander überführt werden, sondern vielmehr als zeitlich diskrete Folge klassischer Strukturen.

Dies gilt auch für die nicht-kinetische Beschreibung beliebiger chemischer Reaktionen, was I. Ugi (1970) dazu veranlaßte, den Molekülbegriff auf die minimale Menge aller Reaktanden bzw. Produkte einer Reaktion auszudehnen, so daß eine chemische Reaktion stets als eine intramolekulare Umlagerung in einem solchen *Hypermolekül* zu begreifen ist. Im einfachsten Fall besteht dann die Reaktion aus einer Folge von zwei Molekülzuständen.

Selbst wenn man in der Chemie molekulare „*Übergangskomplexe*" formuliert, denen man klassische Eigenschaften zuordnet, wird die Folge der Molekülzustände nur vergrößert, nicht aber eine kontinuierliche, zeitliche Dynamik eingeführt. Der *Übergangskomplex* entzieht sich jedoch auch dann einer klassischen Beschreibung wenn man ihm als *Übergangszustand* weitgehend willkürlich eine klassische Struktur zuordnet.

In diesem Sinn wird die chemische Reaktion in der Chemie molekular, mit Hilfe einer diskreten zeitlichen Folge klassischer Eigenschaften beschrieben. Treten quantenmechanisch nicht zu vernachlässigende holistische Korrelationen auf, dann führt man in der Regel zwar neue Begriffe ein, beschreibt diese Phänomene aber auf alle Fälle durch eine meist mehrgliedrige, zeitdiskrete Folge klassischer, geometrischer oder topologischer Molekülstrukturen.

Aus quantenmechanischer Sicht ist eine derartige Vorgehensweise i.a. sicherlich als inkorrekt zu bewerten, wie ich es am Beispiel des Ammoniakmoleküls skizziert habe. Aus chemischer Sicht aber spricht viel für eine solche „klassische Zerlegung" molekularer Vorgänge. Man muß sich dann aber bewußt sein, daß die geometrischen und topologischen Charakterisierungen der Molekülstrukturen nur „*annähernd klassisch*" sind. So wie man dem Ammoniak kein Kerngerüst zuordnen kann – auch nicht zwei im raschen Wechsel befindliche –, so kann man dem Benzol keine Kekulé-Struktur zuordnen – auch keine zwei sich rasch ineinander umwandelnde topologische Strukturen bzw. Strukturformeln. Hier versagt die klassische Beschreibung und macht deutlich, daß die klassichen Eigenschaften eben „nur annähernd klassisch" sind.

Da die Zeit in der Beschreibung der Reaktion durch chemische Reaktionsformeln bzw. in der Formulierung von *Mechanismen* zwar implizit enthalten ist, aber nie explizit in Erscheinung tritt, ist es gerechtfertigt hierbei von einer „*zeitfreien*" Darstellung chemischer Reaktionen zu sprechen.

Kapitel 3
Die chemische Kinetik – als zeitliche, raumfreie Beschreibung der Reaktion

3.1 Die Differentialgleichungen der chemischen Kinetik

3.1.1 Das Phasenraumkonzept – eine Einleitung

Ohne an dieser Stelle auf die historische Entstehung der Kinetik, eines Bereiches der physikalischen Chemie, detailliert Bezug zu nehmen, seien hier die Grundideen kurz skizziert. Dies soll aber stets unter dem Blickwinkel des Phasenraumkonzeptes geschehen, das insbesondere in den beiden letzten Jahrzehnten entwickelt wurde.

Das ist eine etwas ungewöhnliche Vorgehensweise, doch scheint sie mir auf Grund der heutigen Entwicklung der Theorie dynamischer Systeme angebracht zu sein. Viele der mit dieser Theorie verbundenen Begriffe werden dem Leser nicht geläufig sein, ja vielleicht auch noch unbekannt sein, so daß ich diese Einleitung dazu benutzen werde, einige der zentralen Begriffe kurz zu erläutern.

Das wesentliche Moment der chemischen Kinetik besteht wohl darin, daß sie sich auf makroskopische Begriffe wie z.B. die Konzentration oder den Partialdruck eines Stoffes bezieht. Sie beschreibt die zeitliche Änderung dieser Größen als deren Funktion:

$$\frac{\mathrm{d}c_i}{\mathrm{d}t} = F(\{c_1, \ldots, c_n\}, \{u_1, \ldots, u_m\})\,. \tag{3.1}$$

Dabei ist c_i die Konzentration der i-ten Stoffes unter den n im Verlauf der Reaktion auftretenden Stoffen, und $\{u_1, \ldots, u_m\}$ ist die Menge der Kontrollparameter der Reaktion.

Es handelt sich hier nicht um eine *molekulare* Theorie der chemischen Reaktion, der eine ganz andere Begriffsstruktur zugrunde liegt, sondern um eine makroskopische Kontinuumstheorie der chemischen Reaktion!

Auch ist die auf van't Hoff zurückgehende, viel geübte Praxis, die chemische Kinetik molekular, ja sogar stoßtheoretisch zu interpretieren, nicht allgemein anwendbar, obwohl sie in einigen speziellen Fällen durchaus sehr erfolgreich ist.

In ihrer einfachen Form, d.h. wenn die räumliche Struktur der Reaktion unberücksichtigt bleiben kann, wird die Reaktionsgeschwindigkeit $\frac{dc_i}{dt}$ durch eine gewöhnliche, i.a. nichtlineare Differentialgleichung beschrieben. Die höchste, der in dieser Differentialgleichung vorkommenden Ableitungen ist die erste Ableitung nach der Zeit, weshalb man die kinetischen Gleichungen als von *erster Ordnung* bezeichnet. Die höchste Potenz dieser Ableitung ist eins, weswegen man sagt, daß die kinetischen Gleichungen Differentialgleichungen ersten Grades sind. Hier unterscheidet sich die klassische chemische Kinetik wesentlich von der Mechanik, deren *Bewegungsgleichungen* i.a. Differentialgleichungen zweiter Ordnung sind:

$$m\frac{\mathrm{d}^2x}{\mathrm{d}t^2} + a\frac{\mathrm{d}x}{\mathrm{d}t} + bx + c = 0\,. \tag{3.2}$$

Dieser Vergleich mit der Mechanik zeigt ganz deutlich, daß der Begriff der Beschleunigung in der chemischen Kinetik keine Entsprechung hat.

Ferner treten in den kinetischen Gleichungen in der Regel Produkte bzw. Potenzen von c_i auf, so daß die kinetischen Gleichungen i.a. nichtlineare Differentialgleichungen sind. Sobald räumliche Effekte wie z.B. bei der Diffusion für das Reaktionsgeschehen von Bedeutung sind, treten auch partielle Differentiale in den Differentialgleichungen der Kinetik auf.

$$\frac{\partial c_i}{\partial t} = F(c_1, \cdots, u_m) + \frac{\partial^2 c_i}{\partial x^2}\,. \tag{3.3}$$

Die Struktur der einfachen, raumlosen Kinetik besagt nun, daß ein chemisches System durch die Angabe der Konzentrationen in seinen gegenwärtigen und zukünftigen Verhalten vollständig bestimmt ist. Es bedarf also nicht wie in der Mechanik noch der *Impulse*, die hier *Reaktionsgeschwindigkeiten* heißen, um den Zustand des Systems zu bestimmen; die Reaktionsgeschwindigkeiten sind ja durch die Konzentrationen zu jedem Zeitpunkt gegeben. Der *Phasenraum* des chemischen Systems wird also einzig durch die Konzentrationen der an der Reaktion beteiligten Stoffe *aufgespannt*.

Es ist deshalb ganz selbstverständlich, daß ein kinetisches, chemisches System durch die Angabe der Punkte im Phasenraum der Konzentrationen in denen es sich zur Zeit t befindet, völlig charakterisiert ist. Wenn das aber der Fall ist, dann wird eine Reaktion durch die Bewegung des kinetischen Systems im Phasenraum der Konzentrationen beschrieben. Dieser Weg des Systems im Phasenraum wird seine *Bahnkurve* oder *Orbit* oder auch seine *Trajektorie* genannt.

Da in jedem Punkt des Phasenraumes der Konzentrationen auch die zukünftige Bewegung des chemischen Systems eindeutig bestimmt ist, kann durch jeden Punkt des Phasenraumes stets nur eine Tajektorie gehen; diese Aussage ist als *Lipschitz-Bedigung* bekannt. Punkte dieser Art, die auf einer Trajektorie liegend von anderen Punkten derselben Trajektorie aus in endlichen Zeiten erreicht werden können, werden *reguläre* Punkte des Phasenraumes genannt.

Daneben gibt es aber auch noch *singuläre* Punkte im Phasenraum. Sie sind dadurch ausgezeichnet, daß das System sie in endlichen Zeiten nie erreichen kann, wenn es sich nicht schon in ihnen befindet. Ebenso wird das System diese Punkte nicht von selbst verlassen, wenn es sich in ihnen befindet. Auch wenn solche Punkte als isolierte Punkte im Phasenraum auftreten, handelt es sich um Trajektorien, die der *Eindeutigkeitsbedingung* genügen, was darin zum Ausdruck kommt, daß sie nur in unendlichen Grenzprozessen erreicht werden können.

Das *chemische Gleichgewicht* stellt einen solchen isolierten, singulären Punkt im Phasenraum dar. Der Gleichgewichtspunkt gehört jedoch zu der umfassenderen Gruppe isolierter Punkte, die als stationäre Punkte im Phasenraum bekannt sind; ein stationärer Punkt eines *offenen* chemischen Systems wird zum Gleichgewichtspunkt, wenn das offene System im Grenzfall zu einem geschlossenen System wird.

Neben den isolierten singulären Punkten gibt es aber auch noch zusammenhängende Mengen singulärer Punkte, die eine isolierte geschlossene Mannigfaltigkeit der Dimension eins bilden; es handelt sich hierbei um geschlossene Trajektorien, die auch als *Grenzzyklen* bekannt sind.

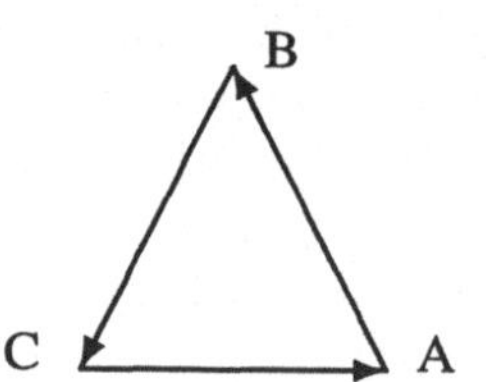

Ausgehend vom *„Prinzip vom detaillierten Gleichgewicht"* (engl. detailed balance), das besagt, daß im Gleichgewicht die Übergangswahrscheinlichkeiten für einen beliebigen Elementarprozeß und seine Umkehrung gleich sind, wurde lange Zeit behauptet, daß *„zyklische Gleichgewichte"*, bei denen nicht jeder Teilprozeß für sich im Gleichgewicht ist, sondern dies erst im zyklischen Gesamtprozeß realisiert wird, in der Chemie nicht vorkommen. Ein zyklischer Prozeß der Art $A \rightarrow B \rightarrow C \rightarrow A$ sei also nicht realisierbar.

Diese Ansicht beruht auf einer Reihe von Mißverständnissen hinsichtlich des

Begriffes des Gleichgewichtes und der Größe des betrachteten Systems. In diesen Mißverständnissen liegt auch begründet, warum selbst einwandfreie Experimente zu oszillierenden Reaktionen von der großen Mehrheit der Chemiker lange Zeit über ignoriert oder gar als fehlerhafte Experimente betrachtet wurden.

Dabei liegt es eigentlich auf der Hand, daß die hohe Nichtlinearität der kinetischen Gleichungen auch solche oszillierenden chemischen Prozesse hervorbringt. Man kann wesentliche Eigenschaften, die zum Begriff des Gleichgewichtes bzw. des stationaren Punktes gehören, auch auf die oszillierenden Lösungen übertragen.

Chemische Systeme sind in aller Regel *dissipative* Systeme. Dissipative, kinetische Systeme sind dadurch ausgezeichnet, daß die Spur, d.h. Summe der Diagonalelemente der zugehörigen *Jacobimatrix*, von null verschieden ist. Hingegen ist in einem *konservativen* System die Spur für alle Werte der Variablen $x_1, \cdots, x_n$ stets null. Ein Differentialgleichungssystem, in dem die zeitliche Ableitung der Variablen x_i nicht auch eine Funktion dieser Variablen ist, wird demnach als *konservativ* bezeichnet, andernfalls als *dissipativ*:

$$\dot{x}_i = F_{\mathrm{kon}}(x_1, \cdots, x_{i-1}, x_{i+1}, \cdots, x_n); \quad i = 1, \cdots, n, \qquad (3.4)$$

$$\dot{x}_i = F_{\mathrm{dis}}(x_1, \cdots, x_{i-1}, x_i, x_{i+1}, \cdots, x_n); \quad i = 1, \cdots, n. \qquad (3.5)$$

Die zugehörige *Jacobimatrix* J hat die Gestalt:

$$J = \begin{pmatrix} \dfrac{\partial F_1}{\partial x_1} & \cdots & \dfrac{\partial F_1}{\partial x_n} \\ \cdots\cdots\cdots\cdots\cdots \\ \dfrac{\partial F_n}{\partial x_1} & \cdots & \dfrac{\partial F_n}{\partial x_n} \end{pmatrix}. \qquad (3.6)$$

Im Fall der *dissipativen* Systeme sind die Ausdrücke $\frac{\partial F_i}{\partial x_i}$ der Hauptdiagonalen der Jakobimatrix alle gleich null.

In einem dissipativen kinetischen System mit mindestens zwei Variablen, $n \geq 2$, können isolierte oszillierende Zustände existieren. Eine solche Menge heißt ein *Grenzzyklus*. Befindet sich das System nicht auf diesem Grenzzyklus, dann kann es sich ihm nur exponentiell nähern oder entfernen. Bewegt sich das System jedoch genau auf diesem *Grenzzyklus*, so kann es diesen von selbst nicht wieder verlassen. Gerade diese Eigenschaften zeigen, daß es sich beim Grenzzyklus um eine ähnliche Struktur handelt wie beim stationären Punkt, auch wenn beide Mengen singulärer Punkte sich topologisch stark unterscheiden.

43

In dem nächsten Paragraphen werden eine Reihe berühmter Beispiele für oszillierende chemische Reaktionen an Hand der ihnen zugeordneten kinetischen Gleichungen diskutiert.

Neben den stationären Punkten und den Grenzzyklen gibt es noch eine ganz wichtige Art von Trajektorien, die aus einer zusammenhängenden Menge singulärer Punkte bestehen, sich jedoch von diesen beiden bereits behandelten Mengen wesentlich unterscheidet – *das Chaos*. Obwohl es sich hierbei weder um eine Trajektorie handelt, die sich einer Menge singulärer Punkte exponentiell nähert bzw. sich von dieser entfernt, noch um eine geschlossene Trajektorie, ist die chaotische Trajektorie auf ein Teilgebiet des Phasenraumes beschränkt, ohne es aber voll auszufüllen; d.h. in diesem Teilraum des Phasenraumes gibt es Punkte, die auch in unendlichen Zeiten von der chaotischen Trajektorie nicht erreicht werden. Gerade diese letztgenannte Eigenschaft unterscheidet das Chaos vom Zufall, dessen Trajektorie in endlichen Zeiten jeden Punkt des Teilraumes erreichen wird.

In kinetischen Gleichungen kann Chaos nur auftreten, wenn Konzentrationsvariablen von mindestens drei Reaktanden notwendig sind, um das Reaktionsgeschehen durch eine Trajektorie im Phasenraum zu beschreiben. Dieser Phasenraum ist dann dreidimensional. Auch hierfür gibt es berühmte Beispiele, auf die im Folgenden im Detail eingegangen wird.

Das Phasenraumkonzept der chemischen Kinetik ermöglicht es aber auch, die Begriffe der Stabilität geometrisch zu verstehen.

So scheint es fast trivial zu sein, wenn wir vom Gleichgewichtszustand sagen, daß er *stabil* sei. Das bedeutet, daß alle Trajektorien in seiner Nähe sich ihm nähern müssen. Gibt es im ganzen System nur einen solchen stabilen, stationären Punkt, so impliziert das, daß es irgendwo im Phasenraum noch einen instabilen stationären Punkt geben muß. Solch ein instabiler Punkt bzw. eine instabile Punktmenge könnte auch im *Unendlichen* liegen. Es können aber auch mehrere isolierte, stationäre, stabile Punkte im Phasenraum existieren! Betrachtet man z.B. ein eindimensionales, dissipatives System der Art:

$$\frac{dx}{dt} = -x^3 + ax\,, \qquad a > 0\,, \tag{3.7}$$

so existieren zwei stabile stationäre Punkte im Phasenraum. Es sind dies die extremalen Wurzeln der algebraischen Gleichung:

$$-x^3 + ax = 0\,. \tag{3.8}$$

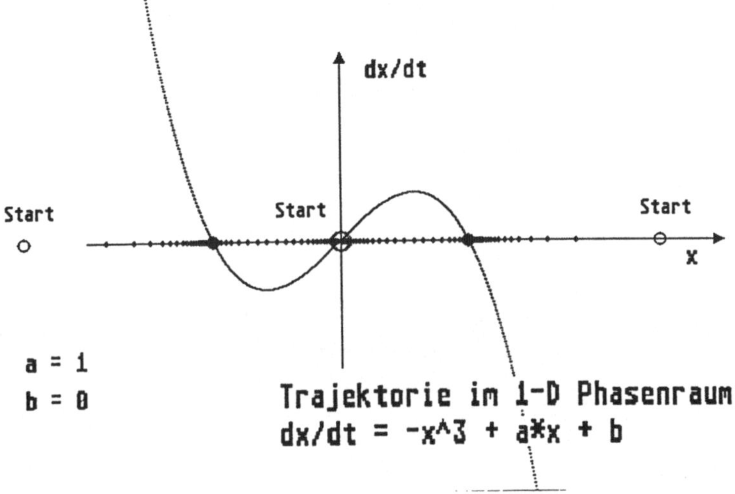

Bild 3.1 Stabile und instabile Punkte im eindimensionalen Phasenraum als Schittpunkte der kubischen Parabel mit der x-Achse. Die Dynamik in diesem Phasenraum wird durch die kinetische Gleichung (3.7) beschrieben. Je dichter die Punkte im Phasenraum liegen, desto langsamer bewegt sich das System.

Darüber hinaus existiert noch ein instabiler stationärer Punkt bei $x = 0$. Dieser isolierte Punkt trennt die beiden stabilen Punkte voneinander oder anders ausgedrückt: er *separiert* die beiden stabilen Punkte, indem er den eindimensionalen Phasenraum in zwei eindimensionale Halbräume zerlegt. In jedem dieser Halbräume bilden die isolierten, stabilen stationären Punkte Anziehungspunkte für die benachbarten Trajektorien; diese Punkte sind gewissermaßen für die benachbarten Trajektorien *attraktiv* und werden deshalb als *Attraktoren* bezeichnet. Die ihnen zugeordneten Halbräume bzw. Teilräume sind die Anziehungsbereiche, auch Bereiche der Attraktion genannt (engl. basins of attraction). Der diese beiden Bereiche trennende singuläre Punkt wird *Separatrix* genannt. Auch die Separatrix ist natürlich eine stationäre Trajektorie. Befindet sich das System exakt auf der Separatrix, so kann es sich nicht von selbst daraus entfernen. Ist es jedoch auch nur ein wenig neben der Separatrix gelegen, wird es sich von ihr immer mehr entfernen und strebt dabei dem Attraktor des Bereiches zu, in dem es sich gerade befindet.

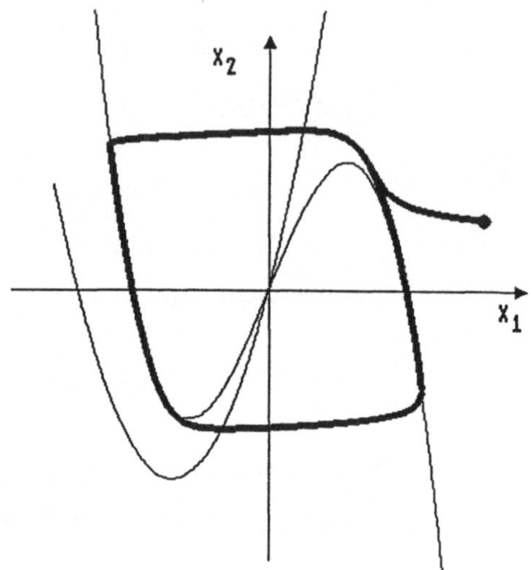

Bild 3.2 Nullsisoklinen, stabiler *Grenzzyklus* und von ihm umschlossener instabiler Punkt im zweidimensionalen Phasenraum gemäß den Gleichungen (3.13) und (3.14);($\epsilon = 0{,}05$)

Dieses Konzept kann leicht auch auf höherdimensionale Systeme erweitert werden. So schließt zum Beispiel ein Grenzzyklus stets einen instabilen Punkt ein. Ein Beispiel hierfür ist das viel untersuchte dissipative System:

$$\epsilon\frac{\mathrm{d}x_1}{\mathrm{d}t} \;=\; -x_1^3 + ax_1 - x_2\,, \qquad \epsilon \ll 1 \tag{3.9}$$

$$\frac{\mathrm{d}x_2}{\mathrm{d}t} \;=\; bx_1^2 + c - x_2\,. \tag{3.10}$$

Dieses System besitzt für $a > 0$ und geeigneter Wahl der Konstanten b und c einen *Grenzzyklus* und in seinem Innern einen instabilen stationären Punkt im Schnittpunkt der beiden *Nullisoklinen*. Das sind die algebraischen Funktionen, die sich ergeben, wenn die zeitlichen Ableitungen gleich null gesetzt werden:

$$-x_1^3 + ax_1 - x_2 \;=\; 0 \tag{3.11}$$

$$bx_1^2 + c - x_2 \;=\; 0\,. \tag{3.12}$$

Diese beiden Gleichungen können leicht so umgeschrieben werden, daß x_2 als Funktion von x_1 ausgedrückt wird. Ferner liegt im Unendlichen noch eine Menge instabiler Punkte. Geht man nun über zu dem System:

$$\epsilon\frac{\mathrm{d}x_1}{\mathrm{d}t} = -x_1^5 + ax_1^3 - bx_1 - x_2, \qquad \epsilon \ll 1 \qquad (3.13)$$

$$\frac{\mathrm{d}x_2}{\mathrm{d}t} = cx_1^2 + dx_1 + f - x_2\,. \qquad (3.14)$$

so kann es innerhalb des stabilen *Grenzzyklus* noch einen stabilen stationären Punkt geben, so daß zwischen diesen beiden stabilen Mannigfaltigkeiten noch eine instabile geschlossene Mannigfaltigkeit stationärer Punkte liegen muß, die zyklische Separatrix, die die beiden zweidimensionalen attraktiven Teilräume voneinander trennt. Ein chemisches Beispiel hierfür ist die durch Palladium katalysierte Oxydation des Äthanols, die später noch eingehend besprochen wird.

An dieser Stelle scheint es angebracht zu sein, in möglichst allgemeiner Form kurz zu skizzieren, was unter einem Attraktor zu verstehen ist. Unter einem *Attraktor* versteht man (i) eine abgeschlossene, beschränkte Punktmenge im Pasenraum, die (ii) invariant bezüglich der Dynamik des Systems ist: $(\vec{x}(0)auf\mathcal{A} \Rightarrow \vec{x}(t)auf\mathcal{A})$. Diese Formulierung sagt nichts anderes aus, als das was schon oft betont wurde: Wenn das System sich zur Zeit $t = 0$ auf dem Attraktor $\mathcal{A}$ befindet, dann liegt es auch zu jeder beliebigen Zeit t auf dem Attraktor $\mathcal{A}$. Sehr wichtig ist jedoch noch die Bedingung (iii), daß zu jedem Attraktor $\mathcal{A}$ eine Umgebung im Phasenraum existiert, die auf den Attraktor kontrahiert. Mit anderen Worten beschreibt diese Bedingung, daß die in der Nähe des Attraktors befindlichen Trajektorien sich dem Attraktor nähern müssen. Die hier angesprochene Umgebung ist der bereits erwähnte Bereich der Attraktion. Ferner sollte erwähnt werden, daß (iv) die Trajektorien auf dem Attraktor $\mathcal{A}$ jedem Attraktorpunkt im Laufe der Zeit beliebig nahe kommen müssen.

Des öfteren wurde hier schon eine stereotype Ausdrucksweise dafür benutzt, daß man die Parameter der Reaktion $\{u_1, \cdots, u_m\}$ in bestimmter Art wählen muß, um Grenzzyklen zu erhalten. Nun ist es aber gerade in heterogenen chemischen und auch in biologischen Systemen so, daß sich diese Parameter im Laufe der Zeit ändern können, obwohl alle äußeren Kontrollparameter konstant gehalten werden. Man drückt dies häufig so aus, daß man sagt, das System *drifte* oder *altere*. Das kann nun dazu führen, daß bei Veränderung des Parametersatzes z.B. ein stabiler stationärer Punkt, ein punktförmiger Attraktor also, in einen instabilen stationären Punkt und einen ihn umgebenen stabilen stationären *Grenzzyklus „zerfällt"*.

Wenn nun eine beliebig kleine Änderung der Parameterwerte zu einer solchen qualitativen Änderung des Systemverhaltens führt, dann spricht man von einer Bifurkation. Nun bildet die Menge der Parameter eines kinetischen Systems (System gewöhnlicher Differentialgleichungen) den *Parameterraum*. Für das System

$$\frac{\mathrm{d}x}{\mathrm{d}t} = -x^3 + ax \tag{3.15}$$

besteht der Parameterraum aus dem eindimensionalen Raum der Menge der rellen Zahlen: $a \in \mathcal{R}$. Für $a < 0$ existiert nur ein stabiler Punkt $x = 0$, während für $a > 0$ drei stationäre Punkte existieren, von denen die beiden äußeren stabil, der innere bei $x = 0$ jedoch instabil ist. Am Punkt $a = 0$ tritt die Bifurkation auf. Solche Punkte werden demzufolge *Bifurkationspunkte* genannt. Im Bifurkationspunkt ändert sich das qualitative Verhalten des Systems. Diese Punkte sind stets mit der Entstehung oder Vernichtung von Attraktoren oder Separatrizen verbunden. Systeme, die sich in einen Bifurkationspunkt befinden, werden als *strukturell instabil* bezeichnet, während Systeme, die sich nicht in einem Bifurkationspunkt befinden, als *strukturell stabil* betrachtet werden. Von allergrößtem, vor allem praktischem Interesse sind nun aber solche Systeme, die sich in unmittelbarer Nähe eines Bifurkationspunktes befinden, so daß sie bereits schon durch eine kleine *Fluktuation* auf die andere Seite des Bifurkationspunktes gelangen können. In diesem Sinn wäre ein System bereits als *strukturell instabil* zu bezeichnen, wenn es sich in einer solchen Nähe zu einem Bifurkationspunkt befindet.

Dieses Konzept der *strukturellen Stabilität* bezieht sich also auf die Beschreibung des Systems im *Parameterraum*, der aus der Menge aller Parameter der Reaktion gebildet wird. Hingegen basiert das eingangs erwähnte Konzept der Stabilität auf den Phasenraum.

3.1.2 Die formale Struktur der raumfreien chemischen Kinetik

Hier wollen wir uns nur auf die rein zeitlichen Phänomene chemischer Reaktionen beschränken. Das ist eine Näherung, denn natürlich ist der Reaktor, in dem die Reaktion abläuft, ein räumliches Gebilde, dessen Ausdehnung und Gestalt nicht ohne weiteres vernachlässigt werden kann. Um mit dieser Näherung, der rein zeitlichen Kinetik, überhaupt vernünftig die chemische Realität beschreiben zu können, müssen einige praktische Voraussetzungen gegeben sein.

In der chemischen Praxis wird dies dadurch erreicht, daß man das Reaktionsgemisch ständig stark durchrührt, oder daß die *Diffusionsgeschwindigkeit* der interessierenden Stoffe so groß ist, daß der ganze zur Verfügung stehende Raum praktisch augenblicklich von diesen Stoffen erfüllt wird, egal, wo in ihm der Stoff entsteht oder gerade verbraucht wird, bzw. wo er zugeführt oder abgeführt wird. Diese Bedingung, die man an den Reaktor stellt, hat heute einen sehr geläufigen Namen: die *CSTR-Bedingung*; ein Reaktor, der ihr genügt, heißt demzufolge ein kontinuierlich gerührter Durchfluß-Reaktor (engl.: continuously stirred tank reactor).

Im folgenden soll angenommen werden, daß diese CSTR-Bedingung in genügend guter Näherung immer erfüllt ist. In den Kapiteln 4 und 5 werden dann auch einige besonders interessante Erweiterungen der rein chemischen Kinetik besprochen, die dadurch auftreten, daß auch die räumlichen Dimensionen des Reaktors mit in Betracht gezogen werden müssen. Hierzu gehören solche Phänomene wie z.B. die Bildung fraktaler Anlagerungen, das Zerbrechen von Kristallen und die Diffusion in porösen Medien.

In ihrer klassischen Form ist die chemische Kinetik, wie bereits betont wurde, eine rein zeitliche Beschreibung chemischer Reaktionsabläufe. Dabei wird die zeitliche Änderung der Konzentration der an der Reaktion beteiligten Stoffe als algebraische Funktion eben all dieser Konzentrationen begriffen.

Ein einfaches Beispiel hierfür ist die Additionsreaktion der Art:

$$A + 2B \rightleftharpoons 3C. \tag{3.16}$$

Die zeitliche Änderung der Konzentration c_C des Stoffes C wird bezüglich dessen Bildung durch die kinetische Gleichung beschrieben:

$$\frac{1}{3}\frac{dc_C}{dt} = k_1 c_A c_B^2 - k_2 c_C^3. \tag{3.17}$$

Hierbei sind k_1 und k_2 die Reaktionsgeschwindigkeitskonstanten für die Hin- und Rückreaktion.

Wir können dieselbe Reaktion aber auch aus der Sicht der Abnahme der Konzentration der Stoffe A oder B beschreiben:

$$-\frac{dc_A}{dt} = k_1 c_A c_B^2 - k_2 c_C^3 \tag{3.18}$$

bzw.

$$-\frac{1}{2}\frac{dc_B}{dt} = k_1 c_A c_B^2 - k_2 c_C^3. \tag{3.19}$$

Es ist somit unmittelbar einsichtig, daß gilt:

$$\frac{1}{3}\frac{dc_C}{dt} = -\frac{dc_A}{dt} = -\frac{1}{2}\frac{dc_B}{dt}. \tag{3.20}$$

Wir können diese Vorgehensweise auch verallgemeinern und schreiben dann für eine beliebige Reaktion die durch folgende chemische Gleichung beschrieben wird:

$$|\nu_1|A_1 + |\nu_2|A_2 + \ldots + |\nu_k|A_k$$
$$\rightleftharpoons |\nu_{k+1}|A_{k+1} + |\nu_{k+2}|A_{k+2} + \ldots + |\nu_{k+l}|A_{k+l} \tag{3.21}$$

$$\frac{1}{\nu_h}\frac{dc_{A_h}}{dt} = k_1 \prod_{i=1}^{k} c_{A_i}^{\nu_i} - k_2 \prod_{j=k+1}^{k+l} c_{A_j}^{\nu_j}. \tag{3.22}$$

Handelt es sich nun um mehrere, gleichzeitig ablaufende Reaktionen, dann haben wir für jede dieser Reaktionen eine entsprechende kinetische Differentialgleichung aufzuschreiben.

Die Aufgabe der Kinetik besteht nun darin, die Lösung dieses Systems von Differentialgleichungen zu finden. Die Lösung ist ein Vektor, dessen Komponenten die Konzentrationen der einzelnen Reaktanden bzw. Produkte sind. Auf dieser allgemeinen Ebene der Diskussion läßt sich jedoch keine Lösung finden; dazu bedarf es eines konkreten Systems.

Betrachten wir zu Beginn einfache Systeme, damit wir ein Gefühl für die Problematik bekommen, die mit der Kinetik verbunden ist. Wir wollen einmal annehmen, daß ein Soff A sich in den Stoff X verwandelt, mit diesem aber nach einer Weile ins Gleichgewicht kommt. Wird dies nun wie bei der leicht gedämpften Schwingung eines Pendels vor sich gehen? Dann würde das chemische System zwischen A und X pendelnd dem Gleichgewicht zustreben. Oder wird dies wie bei der sehr starken Dämpfung des Pendels ein langsamer Übergang in die Gleichgewichtslage sein? Wir werden diese Frage in der Folge beantworten, doch schreiben wir zuerst einmal, wie in der Chemie üblich, die chemische Gleichung für diesen Prozeß hin:

$$A \rightleftharpoons X. \tag{3.23}$$

Die zugehörigen kinetischen Gleichungen haben dann die Form:

$$\frac{dc_A}{dt} = -k_1 c_A + k_2 c_X \tag{3.24}$$

und

$$\frac{dx_X}{dt} = k_1 c_A - k_2 c_X \, . \tag{3.25}$$

Unter der Nebenbedingung $c_A + c_B =$ const. können wir die Gleichung lösen. Zuvor wird man jedoch zu einer einfacheren Schreibweise übergehen, indem man die Konzentrationen c_i, mit $i = 1{,}2$, durch die Molenbrüche $\frac{c_i}{c_i + c_j} = x_i$, mit $\sum_i x_i = 1$, ersetzt. Das ist nichts anderes als eine Normierung der Konzentrationen unter der Voraussetzung, daß es sich hierbei um ein geschlossenes System handelt.

Auf das Beispiel bezogen nimmt diese Nebenbedingung die Form an:

$$\frac{c_A}{c_A + c_X} + \frac{c_X}{c_A + c_X} = 1$$

bzw.

$$x_A + x_X = 1 \, . \tag{3.26}$$

Damit lassen sich die kinetischen Gleichungen folgendermaßen schreiben:

$$\frac{dx_A}{dt} = -k_1 x_A + k_2 (1 - x_A) \tag{3.27}$$

$$\frac{dx_X}{dt} = k_1 (1 - x_X) - k_2 x_X \, . \tag{3.28}$$

Jede dieser Gleichungen ist für sich allein lösbar, indem die Variablen getrennt werden, z.B.

$$\frac{dx_A}{-(k_1 + k_2)x_A + k_2} = dt \, . \tag{3.29}$$

Mit den Startbedingungen $x_A(t = 0) \equiv x_{A,0}$ bzw. $x_X(t = 0) \equiv x_{X,0}$ und den Abkürzungen $x_A(t) \equiv x_A$ sowie $x_X(t) \equiv x_X$ erhält man als Lösungen dieser Differentialgleichung:

$$x_A = \left[x_{A,0} - \frac{k_2}{k_1 + k_2} \right] \exp^{-(k_1 + k_2)t} + \frac{k_2}{k_1 + k_2} \tag{3.30}$$

$$x_X = \left[x_{X,0} - \frac{k_1}{k_1 + k_2} \right] \exp^{-(k_1 + k_2)t} + \frac{k_1}{k_1 + k_2} \, . \tag{3.31}$$

Diese beiden Ausdrücke bilden einen zeitlich sich verändernden Vektor $\binom{x_A}{x_X}$ im normierten Raum der Molenbrüche des Reaktionssystems.

Betrachten wir die Gleichung für die zeitliche Veränderung der Komponente x_X dieses Vektors. In einem geschlossenen System ist die Ausgangskonzentration $c_X(t=0)$ bzw. der zugehörige Molenbruch $x_X(t=0) \equiv x_{X,0}$ selbst eine Funktion des Molenbruches x_A der Substanz A, denn nur von dem, was an X zur Zeit t aus dem Stoff A gebildet wurde, kann sich ja wieder etwas „zurück nach A" verwandeln. Es gilt also:

$$x_{X,0} = x_{A,0} - x_A \; ; \tag{3.32}$$

$x_{X,0}$ ist hier also eine Funktion der Zeit. Setzen wir dies in den Ausdruck für die zeitliche Entwicklung des Molenbruches der Substanz X ein, dann erhalten wir nach einer einfachen Umrechnung:

$$\begin{aligned} x_X \;=\; & -[x_{A,0} - \frac{k_2}{k_1+k_2}]\exp^{-2(k_1+k_2)t} \\ & +[x_{A,0} - 1]\exp^{-(k_1+k_2)t} + \frac{k_1}{k_1+k_2} \; . \end{aligned} \tag{3.33}$$

Fragen wir nach dem Wert von x_X zu Beginn und Ende der Reaktion, so erhalten wir die Ausdrücke:

$$\lim_{t\to 0} x_X = 0 \qquad \lim_{t\to\infty} x_X = \frac{k_1}{k_1+k_2} \; .$$

Man kann, wie insbesondere W. Gontar (1976/1981) aus Beer-Sheva gezeigt hat, den Reaktionsverlauf statt im zweidimensionalen Phasenraum auch im eindimensionalen „*K-Raum*" beschreiben. Dieser Raum wird durch das aktuelle Verhältnis der Molenbrüche gebildet:

$$K(t) = \frac{x_X}{x_A} = \frac{c_X}{c_A} \; .$$

Dieses Verhältnis hat zu Reaktionsbeginn selbstverständlich den Wert null

$$\lim_{t\to 0} K(t) = 0 \, , \tag{3.34}$$

nimmt aber für $t \to \infty$ einen von null verschiedenen Grenzwert $K = \frac{k_1}{k_2}$ an:

$$\lim_{t\to\infty} K(t) = \frac{k_1}{k_2} = K \; .$$

K ist aber nichts anderes als die bekannte Gleichgewichtskonstante.

Obgleich man chemische Gleichungen gewöhnlich mit dem *Doppelpfeil* schreibt, um damit auszudrücken, daß die Reaktion stets in beide Richtungen verläuft: A $\rightleftharpoons$ X, gelingt es praktisch jedoch recht häufig, auch dann nur eine Reaktionsrichtung zu realisieren, wenn beide Reaktionsgeschwindigkeitskonstanten k_1 und k_2 von gleicher Größenordnung sind. Dies kann man z.B. dadurch erreichen, daß man das Produkt als Gas austreibt – falls dies möglich ist –, als schwerlösliches Salz ausfällt oder aber, daß sich das Produkt X sehr schell in ein weiteres Produkt B umwandelt. Dieses mag dann nicht mehr am weiteren Reaktionsgeschehen teilnehmen. Wir können dann schreiben:

$$A \rightarrow X \tag{3.35}$$

bzw.

$$A \rightarrow X \rightarrow B. \tag{3.36}$$

In dieser Folgereaktion A $\rightarrow$ X $\rightarrow$ B, kann X gewissermaßen als *Übergangsprodukt* begriffen werden. Die beiden Teilreaktionen der Folgereaktion kann man auch als chemische Formulierungen radioaktiver Zerfallsprozesse auffassen. Die ihnen zugrundeliegenden Differentialgleichungen haben die Form:

$$A \rightarrow X \qquad \text{und} \qquad a + x = \text{const} = 1$$

$$\frac{da}{dt} = -k_1 a \tag{3.37}$$

$$\frac{dx}{dt} = k_1 a \tag{3.38}$$

und

$$A \rightarrow X \rightarrow B \qquad \text{und} \qquad a + x + b = \text{const} = 1$$

$$\frac{da}{dt} = -k_1 a \tag{3.39}$$

$$\frac{dx}{dt} = k_1 a - k_2 x \tag{3.40}$$

$$\frac{db}{dt} = k_2 x. \tag{3.41}$$

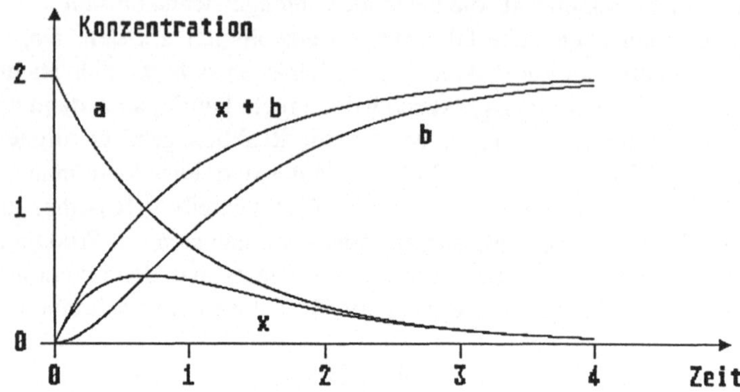

Bild 3.3 Verlauf der Funktionen $a = a(t)$, $x = x(t)$ und $b = b(t)$

Die Konstanten wurden hier der Einfachheit halber gleich eins gesetzt, so daß
wieder Molenbrüche statt Konzentrationen verwendet werden können. Der einfacheren Schreibweise wegen wurden weiterhin die Bezeichnungen a,x,b für
die Molenbrüche x_A, x_X und x_B gewählt.

Da die einfache Zerfallsreaktion A $\rightarrow$ X in vielen Lehrbüchern ausführlich
beschrieben ist, soll hier nur die interessantere Folgereaktion betrachtet werden, in der die einfache Reaktion ja enthalten ist. Jede der drei Differentialgleichungen läßt sich separat lösen, wobei man folgende Lösungen erhält:

$$a \;=\; a_0 \exp^{-k_1 t} \tag{3.42}$$

$$x \;=\; -\frac{k_1}{k_1 - k_2} a_0 (e^{-k_1 t} - e^{-k_2 t}) \tag{3.43}$$

$$b \;=\; a_0 \left[1 + \frac{1}{k_1 - k_2} (k_2 e^{-k_1 t} - k_1 e^{-k_2 t}) \right]. \tag{3.44}$$

Bild 3.3 zeigt den typischen zeitlichen Verlauf der Funktionen $a = a(t)$, $x = x(t)$ und $b = b(t)$; der Verlauf der Funktion $(x(t) + b(t))$ entspricht der Lösung
der Gleichung (3.38) für den Fall der einfachen Zerfallsreaktion.

Nun, da wir ja keine Rückreaktion erlauben, kann es auch nicht zu einem
Gleichgewicht kommen und folglich existieren hierfür auch keine Gleichge-
wichtskonstanten. Wohl aber läßt sich zu jedem Zeitpunkt das Verhältnis $\frac{a}{b}$
bilden, so daß $K(t) = \frac{a}{b}$ stets definiert ist. Diese Funktion $K(t)$ strebt jedoch
recht schnell gegen unendlich:

$$\lim_{t \to \infty} K(t) = \infty.$$

Reaktionen dieser Art sind deswegen so interessant, weil sie nie – auch nicht im entferntesten Sinn – in Gleichgewichtsnähe ablaufen. Wie sollte dies auch geschehen, wenn es hier gar kein Gleichgewicht gibt? Es handelt sich hierbei um eine vollkommen irreversible Reaktion. Wir werden in den folgenden Kapiteln an ausgewählten Beispielen erkennen können, welch weitreichende Konsequenzen es haben kann, daß eine Reaktion weit entfernt vom Gleichgewicht abläuft.

Chemische Gleichungen sind aber nur in Ausnahmefällen durch lineare Differentialgleichungen zu beschreiben, wie es eben geschehen ist. Gewöhnlich sind die kinetischen Gleichungen nichtlinear.

Ein berühmtes Beispiel hierfür ist die Zerfallsreaktion des Jodwasserstoffes

$$HJ \underset{k_2}{\overset{k_1}{\rightleftharpoons}} H_2 + J_2 \,.$$

Hierbei besitzen die beiden Reaktionsrichtungen annähernd gleich große Reaktionsgeschwindigkeitskonstanten k_1 und k_2. Man kann diese Gleichung verallgemeinernd in der Form schreiben:

$$\underbrace{A + A}_{a_0 - x} \rightleftharpoons \underbrace{B}_{\frac{x}{2}} + \underbrace{C}_{\frac{x}{2}} \,.$$

Sei a_0 die Ausgangskonzentration des Stoffes A, dann ist $a_0 - x = a$ seine aktuelle Konzentration, wobei $\frac{x}{2}$ die Konzentration des Stoffes B bzw. des Stoffes C ist. Es gilt somit stets die Identität:

$$(a_0 - x) + (\frac{x}{2} + \frac{x}{2}) \equiv a_0. \tag{3.45}$$

Die kinetische Gleichung für die Zerfallsreaktion hat somit die Gestalt:

$$-\frac{da}{dt} = k_1 a^2 - k_2 (\frac{x}{2})^2 \tag{3.46}$$

bzw. für die Bildung der Stoffe B oder C:

$$\frac{dx}{dt} = k_1 a^2 - k_2 (\frac{x}{2})^2 \tag{3.47}$$

$$= k_1 (a_0 - x)^2 - k_2 (\frac{x}{2})^2 \,. \tag{3.48}$$

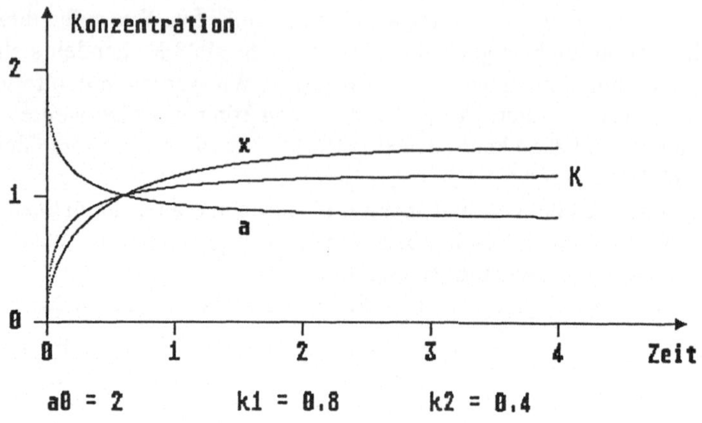

Bild 3.4 Verlauf der Funktionen $x = x(t)$ gemäß Gleichung (3.49); $a = a(t)$ und $K = K(t)$ für die Zerfallsreaktion 2. Ordnung

Nach einem etwas umständlichen Lösungsverfahren erhält man schließlich:

$$x = a_0[1 + \sqrt{\frac{k_2}{k_1}} \coth(a_0\sqrt{k_1 k_2}t)]^{-1} . \qquad (3.49)$$

Bild 3.4 zeigt die zeitliche Entwicklung der Funktion $x(t)$ und die hieraus ableitbaren Funktionen $a(t) = a_0 - x(t)$ bzw. $K(t) = \frac{x(t)}{a(t)}$.

Es ist nicht verwunderlich, ja es ist für die Chemie sogar charakteristisch, daß schon bei relativ einfachen chemischen Reaktionen nichtlineare Differentialgleichungen resultieren, die analytisch nur recht schwer oder aber gar nicht mehr auf diese Weise lösbar sind. Vielfach muß man auf numerische Verfahren zurückgreifen. Im Kapitel 3.2 wird ein Weg aufgezeigt werden, wie man solche Integrationsverfahren umgeht, indem man auf iterative Verfahren der diskreten Mathematik zurückgreift.

3.2 Berühmte kinetische Modelle

3.2.1 Das Lotka-Modell

Nach Einführung des chemischen Begriffes des *Doppelpfeiles* durch vant'Hoff (1884) als Ausdruck dafür, *„daß eine chemische Reaktion gleichzeitig in zwei entgegengesetzte Richtungen abläuft"*, fanden die wesentlich von ihm initiierten kinetischen Betrachtungen längere Zeit über unter dem Aspekt des chemischen Gleichgewichtes statt.

> „Die Tatsache des chemischen Gleichgewichts, das früher – von Ausnahmen abgesehen – nicht festgestellt worden ist, erweist sich als Folge einer überraschenden Verallgemeinerung. In einem Satz gesagt, erscheint es als allgemeiner Ausdruck für das Ende jeder chemischen Reaktion. (...) Folglich richtet sich ein allgemeines Interesse auf die Gesetze, die das chemische Gleichgewicht bestimmen". (van't Hoff)

Von diesen auf das chemische Gleichgewicht gerichteten Gedanken weicht auch A. Lotka (1910) nicht ab. In seinem Artikel *Zur Theorie periodischer Reaktionen* weist er jedoch darauf hin, daß ein chemisches System sich dem Gleichgewicht nicht immer asymptotisch nähern muß, sondern daß dies auch oszillierend geschehen kann.

> „Es liegt in der Natur des Massenwirkungsgesetzes, daß jede einfache (isotherme) chemische Reaktion asymptotisch auf ihr Gleichgewicht zuläuft. Anders verhält es sich in Systemen, in welchen mehrere Reaktionen gleichzeitig vor sich gehen. Hier tritt die Möglichkeit anderer Formen der Annäherung an das Gleichgewicht auf".

Dabei betrachtete er ein System, bei dem jede einzelne Reaktion *„(praktisch) nur in Richtung des Pfeils verlaufen soll"*

$$a \ \rightarrow \ A \tag{3.50}$$
$$A \ \rightarrow \ B \tag{3.51}$$
$$B \ \rightarrow \ C. \tag{3.52}$$

Die Konzentration des Stoffes a wird als konstant begriffen (der Stoff a sei in großem Überschuß vorhanden und reagiere nur langsam zu A ab.) Das bedeutet nichts anderes. als daß die Bildungsgeschwindigkeit von A gemäß der ersten

Reaktion als eine Konstante H aufgefaßt werden kann, und daß Lotka eigentlich ein „*offenes System*" betrachtet, das niemals ins Gleichgewicht kommen kann, da dieses für ein solches System gar nicht existiert, sondern nur für ein „*geschlossenes System*". Was er eigentlich betrachtet, das sind isolierte stationäre Punkte. Im besonderen Fall handelt es sich um „*stabile Strudelpunkte*", was später noch ersichtlich werden wird.

Seinen Voraussetzungen folgend, lauten die kinetischen Gleichungen dann:

$$\frac{dc_A}{dt} = H - k_1 c_A \tag{3.53}$$

$$\frac{dc_B}{dt} = k_1 c_A - k_2 c_B . \tag{3.54}$$

> „Es soll nun aber die Substanz B auf ihre eigene Bildungsgeschwindigkeit autokatalytisch einwirken und zwar soll dieser Einfluß dem allereinfachsten Gesetz folgen ..."

$$k_1 = k c_B . \tag{3.55}$$

Auf diese Weise erhält Lotka das heute so berühmte, nach ihm benannte Differentialgleichungssystem:

$$\frac{dc_A}{dt} = H - k c_A c_B \tag{3.56}$$

$$\frac{dc_B}{dt} = k c_A c_B - k_2 c_B . \tag{3.57}$$

Lotka diskutiert dieses Gleichungssystem und zeigt, daß es sowohl eine gedämpfte Schwingung beschreibt, die auf den stationären Punkt des Systems hinläuft, wie auch rein periodische Lösungen besitzt. Er ist sich aber auch bewußt, daß seine rein theoretischen Überlegungen nur schwer in einem chemischen System realisierbar sein würden:

> „Eine Reaktion, welche diesem Gesetze folgte, scheint zur Zeit nicht bekannt zu sein. Der hier behandelte Fall ergab sich auch ursprünglich aus Betrachtungen, welche außerhalb des Gebietes der physikalischen Chemie liegen. (...) Es scheint aber auch vom rein chemischen Standpunkte aus von Interesse zu sein, zu bemerken, dass bei gewissen gekoppelten Reaktionen in der Gegenwart *autokatalytischer* Zersetzungsprodukte die Bedingungen für das Auftreten von periodischen Wirkungen gegeben sind ..."

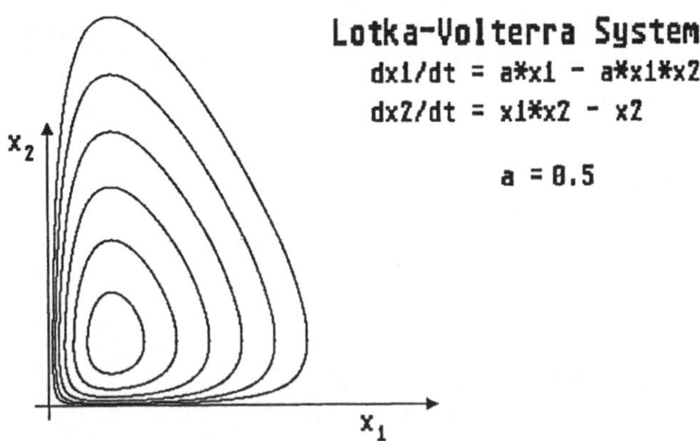

Bild 3.5 Lösungen des Differentialgleichungssystems von Lotka (vgl. Gl. (3.56) u.(3.57)), dargestellt als Trajektorien im Phasenraum der Konzentrationen c_A und c_B. Die Trajektorien sind vom Wirbeltyp.

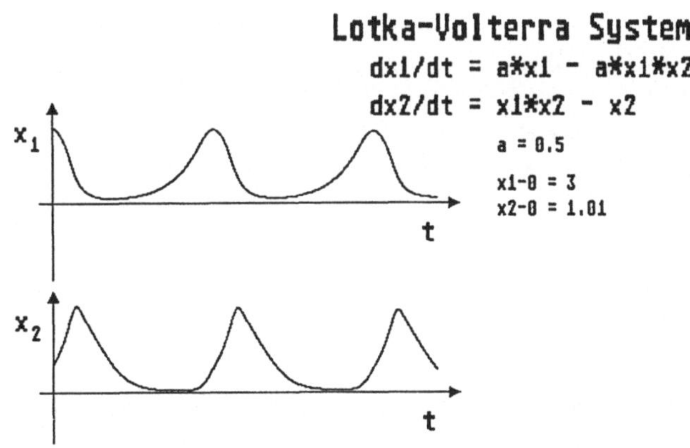

Bild 3.6 Zeitreihendarstellung der Lösungen des Differentialgleichungssystems von Lotka gemäß Gl. (3.56) und (3.57)

Dennoch waren *autokatalytische* Reaktionen zur Zeit der Entstehung der Arbeiten Lotkas nicht unbekannt, wenn auch der Chemismus dieser Reaktionen viel komplizierter ist, als es seinen Annahmen entsprach. So untersuchte Landolt 1886 die Reaktion von Jodat zu Jod durch schweflige Säure, die nach der Bruttoreaktion abläuft:

$$2JO_3^- + 5SO_3^{-2} + 2\,H^+ \quad \rightarrow \quad 5SO_4^{-2} + H_2O + J_2\,.$$

Diese zuerst sehr langsam anlaufende Reaktion erfährt im Reaktionsverlauf eine Beschleunigung, die er durch eine autokatalytische Abfolge von drei Reaktionsschritten erklärt:

$$
\begin{array}{llll}
\text{I} & JO_3^- + 3SO_3^{-2} & \rightarrow & J^- + 3SO_4^{-2} \\
\text{II} & JO_3^- + 5J^- + 6H^+ & \rightarrow & 3J_2 + 3H_2O \\
\text{III} & J_2 + SO_3^{-2} + H_2O & \rightarrow & 2J^- + SO_4^{-2} + 2H^+\,.
\end{array}
$$

Die Summe der Reaktionsgleichungen $I + II + 2 \cdot III$ ergibt dann die Bruttoreaktion. Hier tritt das Jodid J^- formal als katalytisches Zwischenprodukt auf, das aber erst gemäß den ersten beiden Teilreaktionen gebildet werden muß. In diesem Sinn erzeugt die Reaktion ihren eigenen Katalysator selbst, ist also autokatalytisch gemäß den Gleichungen:

$$
\begin{array}{llll}
\text{I'} & A & \rightarrow & X \\
\text{II'} & A+B & \rightarrow & X \\
\text{III'} & A+X & \rightarrow & B
\end{array}
$$

$$
\text{mit} \quad
\begin{array}{lll}
\text{I' + II'} & 2\,A + B \rightarrow & 2X \\
\text{I'+II'+III'} & 3\,A + X \rightarrow & 2X \\
\text{bzw.} & 3A \rightarrow & X\,.
\end{array}
$$

und entsprechend

$$
\begin{array}{llll}
\text{I''} & J_2 + SO_3^{-2} & \rightarrow & 2J^- \\
\text{II''} & 5J^- + JO_3^- & \rightarrow & 3J_2
\end{array}
$$

Dabei werden die Gleichungen wie in der Chemie üblich stets so formuliert, daß unter den Produkten, d.h. auf der rechten Seite der Gleichungen keine Edukte, also Ausdrücke der linken Seite der Gleichungen, mehr auftreten.

$$5I''+2II'' \quad 5J_2 + 5SO_3^{-2} + 2JO_3^- \quad \rightarrow \quad 6J_2\,.$$

Ein solches Vorgehen würde aber bei der Niederschrift autokatalytischer Gleichungen zu Problemen führen. Eine molekulare Interpretation, wie sie den Differentialgleichungen von Lotka entspräche

$$A + B \rightarrow 2B, \qquad (3.58)$$

würde aus chemischer Sicht nämlich stets als

$$A \rightarrow B \qquad (3.59)$$

geschrieben werden müssen, was Lotka selbstverständlich auch tut; dann aber resultiert bei molekularer Interpretation eine Folgereaktion

$$a \rightarrow A \rightarrow B \rightarrow C \qquad (3.60)$$

und das Merkmal der Autokatalyse entfällt.

Nur wenn man die Regeln für das Aufstellen chemischer Gleichungen verletzt, läßt sich eine *„chemische Gleichung"* – z.B. durch Addition der Gleichungen: II + 2*III – niederschreiben

$$2J_2 + U + \ldots \quad \rightarrow \quad 3J_2 \, ,$$

die z.B. bezüglich des Jods J_2 eine formale Ähnlichkeit mit der molekular interpretierten Differentialgleichung von Lotka hat.

Wir können also zusammenfassend feststellen, daß Autokatalyse erstens ein sehr komplexes Reaktionsschema voraussetzt und nicht durch eine einzelne chemische Gleichung wiedergegeben werden kann. Zweitens entfällt eine direkte molekulare Interpretation autokatalytischer Differentialgleichungen, d.h. das Niederschreiben einer chemischen Gleichung, die diese Bedingungen erfüllt, ist nur unter Verletzung der Regeln für das Aufstellen chemischer Gleichungen möglich.

3.2.2 Das Rössler-Modell

Die theoretische Vorhersage der Möglichkeit der Existenz oszillierender homogener Reaktionen durch A. Lotka (1910) ist eine der großen Leistungen der theoretischen und physikalischen Chemie gewesen.

Lotka entwickelte seine Ideen ausgehend von dem Gedankengebäude der chemischen Kinetik lange bevor homogene chemische Systeme bekannt waren, die oszillierendes Verhalten zeigten. Es waren biologische Systeme, von denen man wußte, daß sie zu Oszillationen fähig waren, die Lotka zu seinen Überlegungen anregten.

Ganz ähnlich war es 1976, als O.E. Rössler seine Arbeit über das *„chaotische Verhalten einfacher Reaktionssysteme"* in der *Zeitschrift für Naturforschung* publizierte. Wieder war es eine rein theoretische Fragestellung, die dazu Anlaß gab, ein kinetisches Gleichungssystem für ein hypothetisches chemisches System zu entwerfen, das chaotisches Verhalten aufwies. Zu jener Zeit war chaotisches Verhalten in homogenen chemischen Systemen noch nicht bekannt. Wohl bekannt waren Rössler jedoch die Arbeiten des Meterologen E.N. Lorenz und die dadurch inspirierten Arbeiten über Chaos erzeugende, diskrete mathematische Systeme, insbesondere auch von T.Y. Li und J.A. Yorke (1975).

Rösslers Gedankengang ist bestechend in seiner Einfachheit:

> „Da jeder kontinuierliche Oszillator ein diskretes dynamisches System hervorzubringen vermag, vermittels einer sogenannten Poincaré-Abbildung (die nichts anderes als das Gesetz des Überganges von einer Amplitude zur nächsten beschreibt und deshalb gewöhnlich nur in der Nachbarschaft eines Grenzzyklus betrachtet wird), ist es nur einleuchtend, ein umgekehrtes Lorenz-Verfahren vorzuschlagen: man möge nach weiteren dynamischen 3-Variablen-Systemen Ausschau halten, die eine cap-förmige (Spitze, der Autor) Differenzengleichung als Poincaré-Abbildung besitzen." (Frei übersetzt aus dem Englischen vom Autor.)

Um solch ein kinetisches Differentialgleichungssystem zu entwickeln, verwendete O.E. Rössler (1976) das fantastische Bild Salvador Dalis: „die fließende Zeit". Der „Fluß des Systems" , charakterisiert durch seine *Trajektorie*, besteht aus selbständigen (autonomen) Oszillationen im zweidimensionalen Raum, die auf einer im dreidimensionalen Raum S-förmig gefalteten Fläche stattfinden.

Die räumliche Faltung der Fläche, die sogenannte *„slow manifold"* (langsame Mannigfaltigkeit), wird durch eine dritte dynamische Variable aus der *schnellen* zweidimensionalen Manigfaltigkeit, der Ebene der einfachen Oszillationen, erzeugt. (Bild 3.7.)

Das erste von O.E. Rössler (1976) entwickelte Gleichungssystem, das auf dieser Idee basierte, hat noch eine recht komplizierte Gestalt. Aber schon bald entwickelte er (1979) ein „ideales" Beispiel:

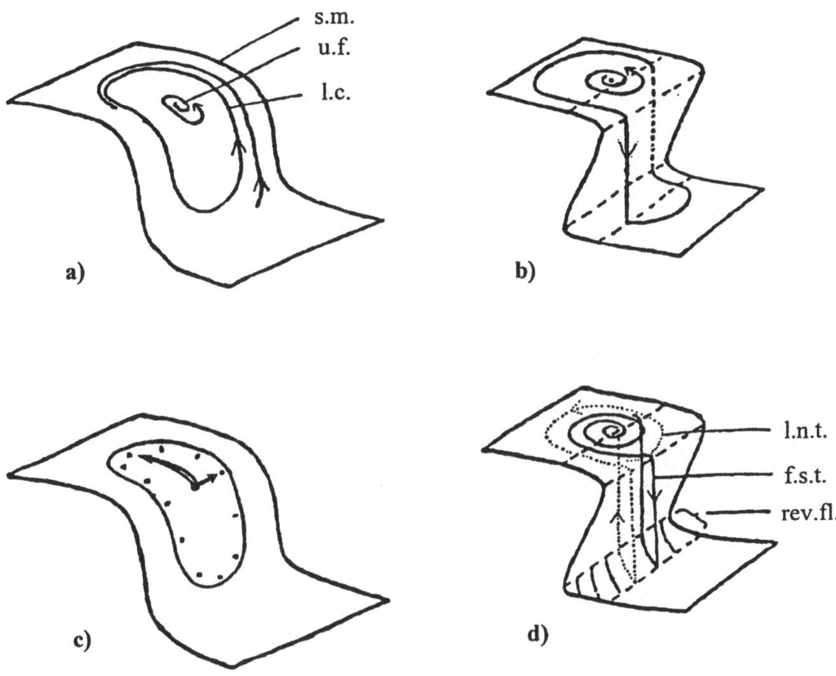

Bild 3.7 Rösslers (1976) Skizzen zu seiner Idee vom Fluß des Systems auf der *slow manifold* Fläche und seine Skizze des Bildes von S. Dali (1933) a) nahezu linearer Fall (Grenzzyklus), b) Relaxationsoszillationen (Grenzzyklus), c) fließende Uhr (nach Dali) und d) eine Chaos erzeugende Situation.

$$\frac{dx}{dt} = -y + ax - bz \tag{3.61}$$

$$\frac{dy}{dt} = x + 1{,}1 \tag{3.62}$$

$$\epsilon\frac{dz}{dt} = (1 - z^2)(x + z) - \epsilon z\,, \tag{3.63}$$

an dem seine Idee in einfacher Weise demonstriert werden kann (Bild 3.8).

Für einen bestimmten Parametersatz a,b und ϵ führt das System eine chaotische Bewegung aus. Es bewegt sich längere Zeit über in unmittelbarer Nähe der ehemals stabilen „unteren Hysteresefläche", um dann für einen kurzen Au-

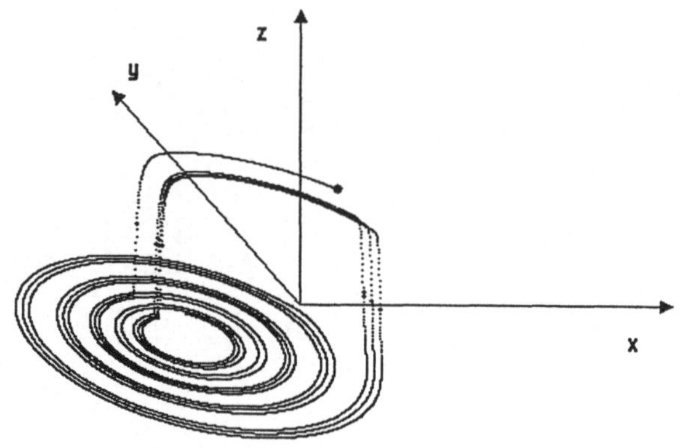

Bild 3.8 Chaotische Trajektorie des „idealen" Drei-Variablen-Systems Rösslers (1979) im dreidimensionalen Phasenraum gemäß den Gleichungen (3.61) – (3.63); ($a = 0,1$, $b = 1$ und $\epsilon = 0,03$)

genblick eine Exkursion auf die obere Teilfläche zu wagen, von der es dann wieder in den ursprünglichen Bereich zurückgeworfen wird. Bei dieser *Reinjektion* fällt es aber niemals auf die gleiche Stelle, entfernt sich aber auch nicht stetig von dem ursprünglichen Bereich, da es nach der Exkursion immer wieder in sich selbst zurückgeworfen wird.

Schon bald nachdem O.E. Rössler (1976) seine Vorschläge zum Chaos in chemischen Systemen vorstellte, gelang es J.C. Roux et al. 1981 am Beispiel der Beloussow-Zhabotinskii Reaktion in einer sehr detaillierten experimentellen Untersuchung chaotisches Verhalten erstmals in einem homogenen chemischen System aufzuzeigen. Sie verwendeten dazu einen *„gut gerührten Durchfluß-Reaktor"*. Zuvor diskutierte D. Luss (1979) chaotisches Verhalten bei der katalytischen Wasserstoffoxidation an Nickel. Ebenso griff J. Hudson (1979) den Chaosbegriff auf und zeigte erste experimentelle Beobachtungen am Beloussow-Zhabotinskii System und A. Corbet (1979) zeigte, daß der Zerfall von Dithionit $S_2O_4^{-2}$ zu Bisulfit und Thiosulfat chaotisch sein kann.

Es ist aber gewiß nicht so, daß nicht schon zuvor in homogenen wie in heterogenen chemischen Systemen chaotisches Verhalten registriert wurde, was die Arbeiten von Wicke (1972), Schmitz (1979), Jaeger und Plath (1979) sowie Vidal (1981) bezeugen. Aber die aufgezeichneten Zeitserien wurden von ihnen noch nicht unter dem Gesichtspunkt chaotischen Verhaltens betrachtet, sondern eben nur als sehr komplizierte Oszillationen diskutiert.

Betrachtet man die komplexesten stabilen Bewegungsformen jeweils in ihrer einfachsten, am wenigsten komplizierten Form im kontinuierlichen Raum R^n der Dimension $\dim(R^n) = n$, dann erhält man für den eindimensionalen Raum die *Bistabilität*, für den zweidimesnionalen Raum den *Grenzzyklus* und für den dreidimensionalen Raum das *Chaos*.

O.E. Rössler (1979) stellte sich nun die Frage, ob es, wenn man in den vierdimensionalen Raum geht, eine noch komplexere Form als das Chaos gibt, das sich von diesem jedoch qualitativ, d.h. topologisch, ebenso unterscheidet, wie das nicht-periodische *Chaos* vom periodischen *Grenzzyklus* und dieser von der *Bistabilität*. Er schreibt: *„Chaos ist ein typisch dreidimensionales Phänomen. Was kommt danach?"* und entwickelt dann das Differentialgleichungssystem:

$$\dot{x} = -y - z \tag{3.64}$$

$$\dot{y} = x + 0{,}25y + w \tag{3.65}$$

$$\dot{z} = 3 + xy \tag{3.66}$$

$$\dot{w} = -0{,}5z + 0{,}05w. \tag{3.67}$$

Dieses Gleichungssystem weist ein Verhalten auf, das er als *Hyperchaos* bezeichnet.

> „Diese Gleichung wurde von dem einfachsten Chaos produzierendem Drei-Variablen-System abgeleitet, indem eine vierte Variable w hinzugefügt wurde. Es könnte chemisch implementiert werden durch die Hinzufügung einer vierten Substanz W (autokatalytisch; durch z katalysierter Zerfall; Reaktion 1. Ordnung bezüglich Y) zum ersten Reaktionsschema. (...) Andere ,direkte' Realisierungen in der nichtlinearen Physik und Biologie sind möglich." (Aus dem Englischen frei übersetzt (der Autor))

Mit seinem Modell beschreibt Rössler aber doch nur eine Form des Chaos, die im vierdimensionalen Raum eben andere Entfaltungsmöglichkeiten hat als im dreidimensionalen Raum. Ist das nun schon die Antwort auf die Frage nach den speziellen Bewegungsformen im vierdimensionalen Raum – „das Chaos wird eben nur etwas komplizierter!" ? Das Problem, wie es auch E. Wassermann und J. Hudson sehen, besteht darin, daß man nicht weiß, welche Eigenschaften die qualitativ neue Bewegung im vierdimensionalen Raum aufweisen wird. Doch stimmen sie alle drei darin überein, daß die Chemie eine genügend große

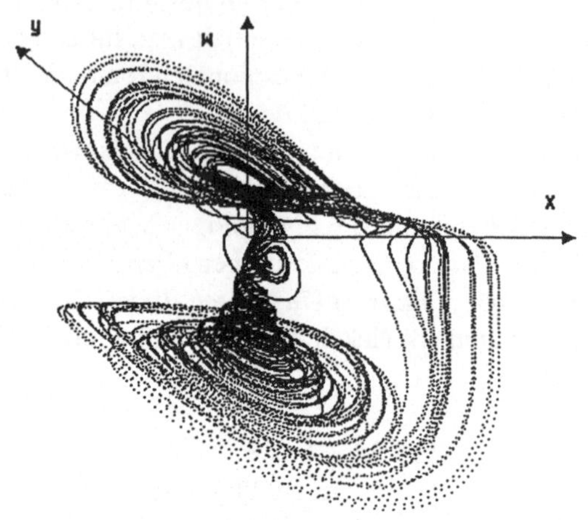

Bild 3.9 *Wirrwarr*-Trajektorien in einem dreidimensionalen Teilraum des vierdimensionalen Raumes ($a = b = 0{,}2$, $c = 3{,}5$, $d = 0{,}93$, $e = 0{,}1$, $f = 1{,}2$ und $g = 0{,}5$)

Komplexität besitzt, um diese, dem vierdimensionalen Raum möglicherweise eigene, Bewegungsform zu realisieren und zu entdecken.

Wenn wir uns fragen, was denn die Eigenschaften einer solchen Bewegung sein könnten, so scheint es sinnvoll zu sein, in der Welt der Mythen nach Begriffen oder Begebenheiten zu suchen, die möglicherweise Erfahrungen der Menschen mit solchen Bewegungen ausdrücken. Weiterhin müssen wir beachten, daß die ihr zugrundeliegende Dynamik *komplexer* als die chaotische Dynamik ist, diese also gewissermaßen umfaßt.

Betrachten wir die Bewegungen auf den chaotischen Attraktoren Rösslers, so fällt z.B. auf, daß bei allem „Chaos" der Drehsinn bzw. die Umlaufrichtung der Trajektorie stets erhalten bleibt. Das gilt auch für Rösslers Hyperchaos. Wir würden aber höchst verwundert sein, wenn sich die Trajektorie plötzlich wenden würde und den Attraktor für eine gewisse Zeit auf nahezu dem gleichen Pfad, aber mit entgegengesetztem Umlaufsinn durchlaufen würde. Es erschiene uns wie das aus mancherlei phantastischen Märchen bekannte „Wunder" des sich „umkehrenden Pfeiles".

Die Dynamik des vierdimensionalen Raumes bietet aber gerade diese Möglichkeit an, wenn man die Bewegung auf dem Attraktor in seinen dreidimensionalen Unterräumen verfolgt. Nehmen wir zum Beispiel an, daß die Bewegungsumkehr in einem Teilraum mit den Koordinaten x,y und z dadurch erzeugt wird, daß das System bei seinem Aufenthalt in dem *Teilraum der Koordinaten x,y* und w einen Wechsel bezüglich der durch die x-y-Ebene erzeugten Halbräume vornimmt.

Eine dynamisches System, das diese Eigenschaften besitzt, ist (vgl. Bild 3.9):

$$\dot{x} = -(y+z)w + g \tag{3.68}$$

$$\dot{y} = (x+ay)w \tag{3.69}$$

$$\dot{z} = -cz^2 + xz + b \tag{3.70}$$

$$\dot{w} = dxy + zy - ew + f. \tag{3.71}$$

In der Mythologie würde dies wie in der Geschichte von Frau Holle beschrieben werden, wo die arme aber fleißige Marie der verlorenen Spindel folgend in den Brunnen springt und ins Land der Frau Holle – die „*zweite Welt*" – gelangt. Dieses Land verläßt sie wieder, indem sie durch ein Tor schreitend als „Goldmarie" in der gewöhnlichen, „*der ersten Welt*", ihr Leben fortsetzt.

In diesem wunderbaren Märchen kommt die sehr alte philosophische Auffasssung von der Existenz der zwei sich bedingenden Welten klar zum Ausdruck; aber auch, daß der Wechsel zwischen den beiden nur *annähernd spiegelbildlichen* chaotischen Teilwelten auf zwei verschiedenen Wegen – dem Brunnen und dem „Tor" – über *Reinjektionen* in die jeweils andere Teilwelt erfolgt.

Es stellt sich nun aber die Frage, wie man einer experimentell ermittelten Zeitreihe ansieht, ob es sich hierbei nur um ein chaotisches System handelt oder um ein *wirres*, konfuses System, bei dem auch die Drehrichtung der Trajektorie in einem Teilraum sich ändern kann. Betrachtet man die Zeitreihen des *wirren* Systems, so wird die Umkehr der Drehrichtung in dem zeitweiligen Auftreten einer annähernden Symmetrie der Zeitreihe bezüglich des Umkehrpunktes deutlich (vgl. Bild 3.10).

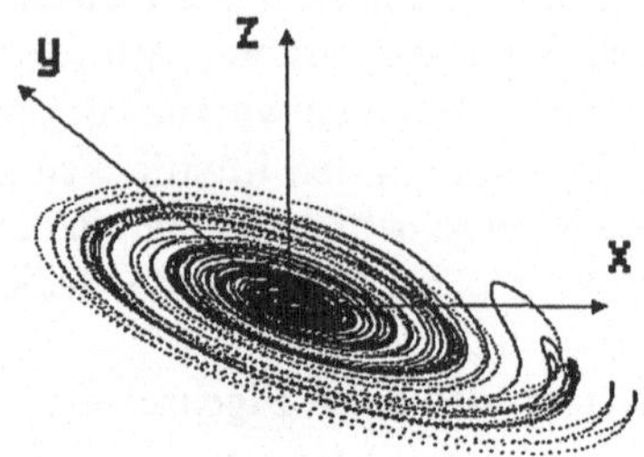

Bild 3.10 *Wirrwarr* in einem dreidimensionalen Teilraum des vierdimensionalen Raumes. Die „Bewegungsumkehr" ist an den Schlaufen bzw. Spitzen der Trajektorien deutlich zu erkennen. Die Konstanten wurden wie im Bild 3.9 gewählt.

3.3 Berühmte oszillierende Reaktionen

3.3.1 Elektrochemische Oszillationen

„Periodische Elektrodenprozesse sind die am längsten bekannten chemischen Oszillationen" schreibt U.F. Franck 1978 in seinem großen Übersichtsartikel über „chemische Oszillationen". An dem Beispiel der „Wechselstrombatterie" ist die historische Entwicklung zu Beginn des 19. Jahrhunderts im Kapitel 1.2 kurz skizziert worden. Zu den berühmten Beispielen gehören die Spannungs- und Korrosionsoszillationen, die W. Ostwald um die Jahrhundertwende an Chrom in Salzsäure und von Eisen in Salpetersäure fand. Aber erst durch die grundlegenden Arbeiten von K.F. Bonhoeffer ab 1940 wurden nach Auffasssung von U.F. Franck diese Phänomene wieder Gegenstand konsequenter physikalisch-chemischer Forschung.

Ohne auf Lotka Bezug zu nehmen, diskutiert Bonhoeffer bereits 1943 gekoppelte Differentialgleichungssysteme in Analogie zu den selbsterregten elektrischen Schwingungen für die Stromstärke $\vec{I}$ und die Spannung E, um auf diese Weise periodische elektrochemische Phänomene zu beschreiben.

$$\frac{\mathrm{d}\vec{I}}{\mathrm{d}t} = \varphi(E,\vec{I}) \tag{3.72}$$

$$\frac{\mathrm{d}E}{\mathrm{d}t} = \chi(E,\vec{I}), \tag{3.73}$$

bzw.

$$\dot{x} = f(x,y) \tag{3.74}$$

$$\dot{y} = g(x,y). \tag{3.75}$$

Die Variable x wird dabei in Analogie zu physiologischen Systemen als „*Erregungsgrad*" bezeichnet, „*weil sie in gewissem Sinn als Modellgröße für die Intensität der Erregung in der Reizphysiologie gelten kann*". Die Variable y wird dementsprechend als „*Refraktaritätsgrad*" betrachtet. Dabei nimmt er an, daß für $\dot{x} = 0$ eine kubische Nullisokline vom Typ

$$y = -a(x - x_0)^3 + b(x - x_0) + c \tag{3.76}$$

und für $\dot{y} = 0$ eine parabelförmige Nullisokline resultiert

$$y = dx^4. \tag{3.77}$$

Der Schnittpunkt $\mathcal{P}$ der beiden Nullisoklinen, der einen stationären Punkt des dynamischen Systems darstellt, liegt dann bei $\mathcal{P} = (x_0,b)$ in der Phasenebene. Wenn nun beide Geschwindigkeiten $\dot{x}$ und $\dot{y}$ von gleicher Größenordnung sind, resultiert ein Grenzzyklus mit annähernd sinusförmigen Schwingungen, während man für den Fall $\dot{x} \gg \dot{y}$ bzw. $\epsilon \ll 1$ Grenzzyklen mit der Gestalt von „Kippschwingungen" erhält.

$$\epsilon\dot{x} = -a(x - x_0)^3 + b(x - x_0) + c - y \tag{3.78}$$

$$\dot{y} = dx^4 - y. \tag{3.79}$$

Für $b > 0$ und, was vorausgesetzt sein soll, für $a,c,d > 0$, erhält man für die Bahnkurven des Systems, die Trajektorien, die Differentialgleichungen:

$$\frac{dy}{dt}\frac{dt}{\epsilon dx} = \frac{g(x,y)}{f(x,y)} \tag{3.80}$$

$$\frac{dy}{dx} = \frac{\epsilon(dx^2 - y)}{-a(x - x_0)^3 + b(x - x_0) + c - y}. \tag{3.81}$$

Die Lösung dieser Differentialgleichung für $t \to \infty$ ist in jedem Fall ein Grenzzyklus um den stationären Punkt $\mathcal{P}$. Für $a < 0$ erhält man jedoch den stationären Punkt $\mathcal{P}$ als Attraktor des Systems (Bild 3.11).

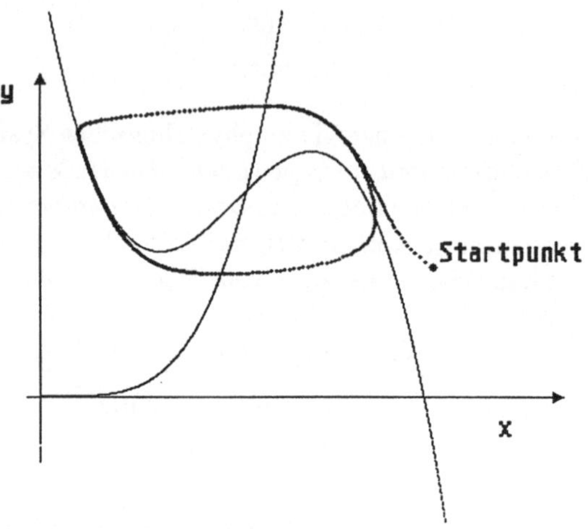

Bild 3.11 Trajektorien und Nullisoklinen in dem Modell Bonhoeffers (Gl. (3.77) und (3.78)) zur Beschreibung der elektrochemischen Oszillationen ($a = 2$, $b = 2$, $c = 3$, $d = 0,5$ und $\epsilon = 0,1$)

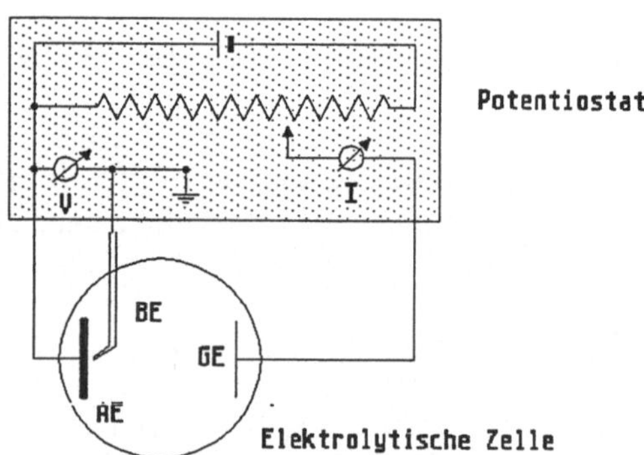

Bild 3.12 Prinzipielle Meßanordnung der elektrochemischen Zelle für die Beobachtung der Oszillationen unter potentiostatischen Bedingungen (V hochohmiges Voltmeter, I Amperometer, AE Arbeitselektrode, BE Bezugselektrode und GE Gegenelektrode)

Anfang der fünfziger Jahre führt U.F. Franck als Schüler von K.F. Bonhoeffer diese Arbeiten weiter, koppelt die Theorie stärker an das Experiment und entwirft für die Auflösung von Metallen in Säuren den berühmten „Passivierungs-Aktivierungs-Mechanismus" mit den „Oszillationen am Fladepotential".

Betrachten wir z.B. eine als Anode geschaltete Eisenelektrode in schwefelsaurer Lösung und führen daran eine potentiostatische Messung aus (das Meßprinzip ist im Bild 2.12 dargestellt). Mit der Zunahme der angelegten, aber für die Meßzeit konstant gehaltenen Spannung wächst zu Beginn die anodische Stromstärke $\vec{I}$ bzw. die Stromdichte $\vec{j}$ exponentiell an:

$$\vec{j} = \vec{j_0}[\exp(\frac{\alpha z F}{RT})\eta - \exp(-\frac{(1-\alpha)z F}{RT})\eta]. \tag{3.82}$$

Hierbei ist $0 \leq \alpha \leq 1$ der *Durchtrittsfaktor*, z die *Wertigkeit der Ladungsträger*, F die *Faraday-Konstante* und $\eta = \epsilon - epsilon_0$ die *Überspannung*, die sich gegenüber dem Gleichgewichtspotential ϵ_0 (bei Stromlosigkeit) im Fall des von null verschiedenen Stromflusses einstellt.

Der erste Summand beschreibt den anodischen Teilstrom, wobei angenommen wurde, daß bei Stromfluß die gesamte Spannung nur in der als *Helmholtzschicht* bekannten *Doppelschicht* unmittelbar an der Elektrode abfällt. Indem nun mit wachsendem Potential ein immer größerer Strom fließt, wird die Konzentration an Metallionen vor der sich auflösenden Metallanode so groß, daß sich ein Metallsalz oder Metalloxydhydrat an der Metallelektrode abscheiden kann, so daß eine poröse Deckschicht entsteht. Durch diese hindurch findet dann der Stromtransport über die Ionen, insbesondere die Protonen statt, so daß sich eine diffusionsbedingte Grenzstromdichte ausbildet.

Überschreitet das Potential einen bestimmten Schwellwert, das sogenannte „*Fladepotential*" ϵ_F, so sinkt die Stromdichte sprunghaft auf die geringe Korrosionsstromdichte ab, und es bildet sich eine, die Auflösung des Metalls stark behindernde, fest an der Elektrode haftende, in sich geschlossene Deckschicht, die „*Passivschicht*", aus. Diese besteht nach Vetter et al. metallseitig aus einer Fe_3O_4-Schicht und elektrolytseitig aus einer γ-Fe_2O_3-Schicht. Die genaue Zusammensetzung dieser oxydischen Passivschicht ist jedoch schwer zu ermitteln. Erst bei sehr hohen Spannungen setzt durch die elektrolytische Sauerstoffentwicklung wieder ein beachtenswerter Stromfluß ein.

Das Fladepotential ϵ_F ist jedoch abhängig von der Wasserstoffionenkonzentration vor der Elektrode:

$$\epsilon_F = E_0 - 0{,}058 p_H. \tag{3.83}$$

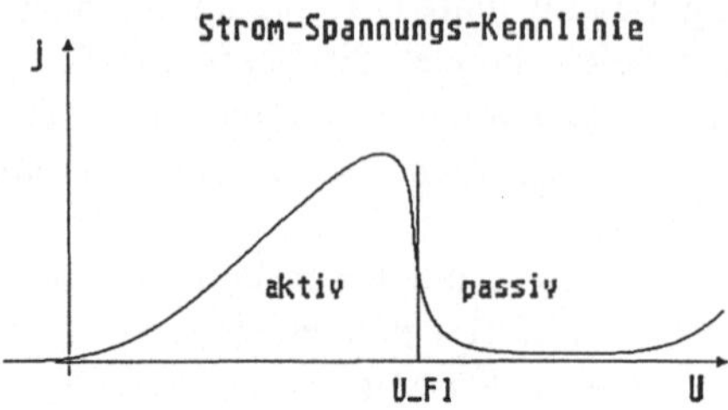

Bild 3.13 Charakteristische Strom-Spannungskurve für die Auflösung von Metallen bei Annahme der Ausbildung einer Passivschicht auf der Elektrodenoberfläche (j Stromdichte, U Potential und U_{Fl} Fladepotential)

Für Eisen in saurer Lösung ($p_H = 0,3$ bis 4) hat U.F. Franck das Fladepotential zu $\epsilon_F = 0,58 - 0,058 p_H$ bestimmt. Diese Beziehung ist jedoch nur schwer mit den aus einfachen Annahmen über die Zusammensetzung der der Elektrode hergeleiteten Potentialen und den für die Fe-Oxidelektrode experimentell ermittelten Werten in Übereinstimmung zu bringen.

In der Gegend des Fladepotentials werden bei potentiostatischer Meßanordnung Stromoszillationen beobachtet. Chemisch werden sie so erklärt, daß während des starken Stromflusses die Schicht vor der Elektrode an Protonen verarmt; demzufolge steigt dort der p_H-Wert. Dies hat seinen Grund darin, daß die Protonen hauptverantwortlich sind für den Stromtransport. Im angelegten Feld wandern sie von der Anode zur Kathode. Dieser Wanderungsprozeß wird auch als *Migration* bezeichnet. Mit der Steigerung des p_H-Wertes verschiebt sich das Fladepotential zu kleineren Werten, d.h. in kathodischer Richtung. Wird dabei das eingestellte Potential unterschritten, $\epsilon_F < \epsilon_{pot}$, dann wird die Deckschicht ausgebildet, und der Stromfluß kommt praktisch zum Erliegen.

Durch Diffusion kann nun bei „Stromlosigkeit" ein Teil der Protonen wieder in den Bereich vor der Anode zurückgelangen, womit der p_H-Wert sinkt und somit das Fladepotential wieder steigt. Überschreitet dieses nun den eingestellten Potentialwert: $\epsilon_F > \epsilon_{pot}$, so löst sich die Deckschicht wieder auf, und der Strom kann wieder fließen.

Dies ist eine sehr schöne Beschreibung des Oszillationsprozesses, doch ist auf dieser Ebene der Beschreibung nicht einzusehen, warum sich dabei nicht doch ein stabiler, nicht oszillierender Zustand einstellen sollte. U.F. Franck diskutiert deshalb den gleichen Prozeß in seinem ideenreichen Artikel über Modelle zur biologischen Erregung auch noch an Hand der Strom-Spannungs-Kennlinien.

Ist U die Spannung der Stromquelle, $\Delta\epsilon = \epsilon - \epsilon_B$ die Zellspannung und R der gesamt *Ohmsche Widerstand* des Stromkreises, so ist die Stromdichte $\vec{\imath}$ nach U.F. Franck gegeben durch:

$$\vec{\imath}qR = U - \Delta\epsilon = U - \epsilon + \epsilon_B \, . \tag{3.84}$$

Hierbei ist q die Elektrodenfläche und ϵ_B das konstante Potential der Gegenelektrode. Die auf Grund der Außenschaltung realisierbaren Zustände liegen also auf den Schnittpunkten dieser Widerstandsgeraden $\vec{\imath} = \vec{\imath}(\epsilon)$ mit der S-förmigen Strom-Spannungs Kennlinie. (Die Steigung der Geraden ist stets negativ definiert: $0 \geq \frac{\mathrm{d}\vec{\imath}}{\mathrm{d}\epsilon} > -\infty$.)

Für den Fall, daß das Potential ϵ durch die potentiostatische Versuchsanordnung festgehalten wird, ist die Widerstandsgerade eine Parallele zur Stromachse ($\vec{\imath}$-Achse).

Wenn man an der durch Bonhoeffer, Franck und Vetter ausgearbeiteten Vorstellung festhält sowie gleichzeitig an der Existenz nur einer Kennlinie, dann ist nur schwer einzusehen, warum es zu Oszillationen kommt. Aus diesem Grund wurde von ihnen die Vorstellung von der Verschiebung der Kennlinie auf Grund der Variation der lokalen Säurekonzentration vor der Elektrode entwickelt.

Nun werden die Kennlinien aber gewöhnlich mit konstant steigendem Potential, d.h bei konstanter positiver Scangeschwindigkeit des Potentiostaten aufgenommen. Ändert man die Richtung des Potentialscans, so erhält man eine andere Kennlinie. Hin- und Rücklauf ergeben also Kennlinien, die teilweise nicht miteinander übereinstimmen. In der Elektrochemie ist diese Methode des Hin- und Rücklaufs des angelegten Potentials als *Cyclovoltametrie* bekannt. Im vorliegenden Fall entsteht dabei eine besondere Struktur – eine Hysterese (vgl. Bild 3.14), die auch dann entsteht, wenn das Potential punktweise steigend bzw. fallend durchfahren wird, wobei auf jedem Punkt längere Zeit verharrt wird.

Das Auftreten einer Hysterese ist immer ein Ausdruck dafür, daß im Hysteresebereich ein instabiler Zustand auf der „*wahren*" Kennlinie existiert, genau im Schnittpunkt mit der potentiostatischen Widerstandslinie. Oberhalb und unterhalb dieses instabilen Zustandes liegen zwei stabile Zustände, der aktive Zustand starker Metallauflösung bei großem Stromfluß und der passive Zustand mit minimalem Stromfluß. Das bedeutet aber, daß der Strom $\vec{I}$ bzw. die Stromdichte $\vec{\imath}$ nicht eine einfache Funktion des angelegten Potentials ϵ ist, sondern durch eine Vektorfunktion beschrieben werden muß (Bild 3.15). Eine solche Vektorfunktion wäre z.B.

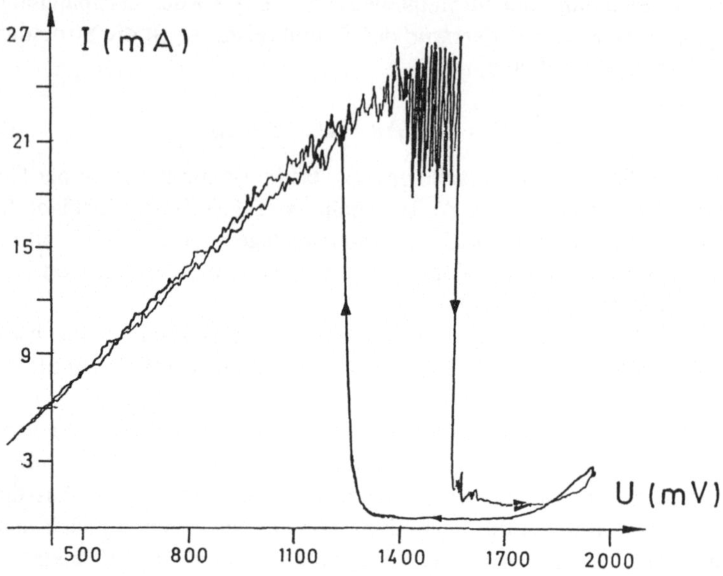

Bild 3.14 Hysterese in der Strom-Spannungskurve zwischen dem Hin- und Rücklauf des Potentials U (Laufgeschwindigkeit 5 mV/s) bei der Auflösung von Kobalt in Phosphorsäure ($pH = 2{,}55$). (Versuch N.I. Jaeger und der Autor)

$$i\begin{pmatrix} g(\epsilon) \\ f(\epsilon) \end{pmatrix} = \begin{pmatrix} a(j(\epsilon) + v(\epsilon)) \\ j(\epsilon) + v(\epsilon) \end{pmatrix}$$

$$= \begin{pmatrix} a\exp^{-(\epsilon_F - \epsilon)^2} \\ \exp^{-(\epsilon_F - \epsilon)^2} + \exp^{b(\epsilon - \epsilon_0)} \end{pmatrix}. \tag{3.85}$$

Dabei hat man sich unter $g(\epsilon)$ z.B. eine Verschiebung des Potentials um $af(\epsilon)$ auf Grund des herrschenden Stromflusses $f(\epsilon)$ vorzustellen.

Die Schnittpunkte dieser Kennlinie mit der Widerstandsgeraden ergeben die stationären Punkte des Systems, worauf schon hingewiesen wurde. Bei potentiostatischer Versuchsdurchführung ist die durch den äußeren Widerstand gegebene Widerstandsgerade eine Parallele $\epsilon = \epsilon_{\text{pot}}$ zur Stromachse. Bei geeigneter Wahl von ϵ_{pot} kann es also drei Schnittpunkte geben, wovon der mittlere instabil, der obere und untere jedoch stabil sind. Ein solches System kann also höchstens *bistabil* sein, aber keine Oszillationen aufweisen. Solche bistabilen Systeme sind in der Elektrochemie durchaus real, wie das von R.

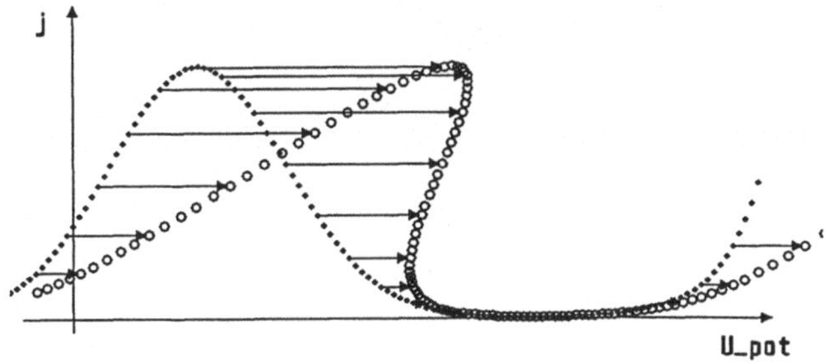

Bild 3.15 Darstellung der Stromdichte $\vec{j}$ als Vektorfunktion des Potentials gemäß der Gleichung (3.85)

Otterstedt (1995/96) untersuchte Beispiel der beschleunigten Ausbreitung des *passiv-aktiv-Überganges* auf der Elektrodenfläche bei der Auflösung von Kobalt in phosphorsaurer Lösung zeigt (Tafel 8).

Nun war es die Idee von U.F. Franck, daß das p_H-abhängige Fladepotential die Oszillationen verursacht. Das Fladepotential ist nach Vetter das Potential des Maximums der Kennlinie. Beschreiben wir nun die zweite Komponente der Vektorfunktion der Kennlinie mit der Funktion

$$j = j(\epsilon_F,\epsilon) + v(\epsilon) \tag{3.86}$$

$$j = \epsilon_F \exp^{-\epsilon_F(\epsilon_F-\epsilon)^2} + \exp^{-k_0(\epsilon_0-\epsilon)} , \tag{3.87}$$

und halten wir $\epsilon = \epsilon_{\text{pot}}$ mit Hilfe eines Potentiostaten konstant, dann ist die Stromdichte $\vec{j}$ allein eine Funktion des Fladepotentials ϵ_F.

Wir können die Funktion (3.87) als Nullisokline der zeitlichen Änderung des Fladepotentials begreifen. Bild 3.16 zeigt diese Funktion für verschiedene Einstellungen des Fladepotentials ϵ_F.

$$\frac{d\epsilon_F}{dt} = \epsilon_F \exp^{-\epsilon_F(\epsilon_F-\epsilon_{\text{pot}})^2} + \exp^{-k_0(\epsilon_0-\epsilon_{\text{pot}})} - |\vec{j}| . \tag{3.88}$$

Für die zeitliche Änderung der Stromdichte beim Vorliegen eines bestimmten Fladepotentials können wir ansetzen:

$$\frac{d|\vec{j}|}{dt} = c\epsilon_F + b - |\vec{j}| . \tag{3.89}$$

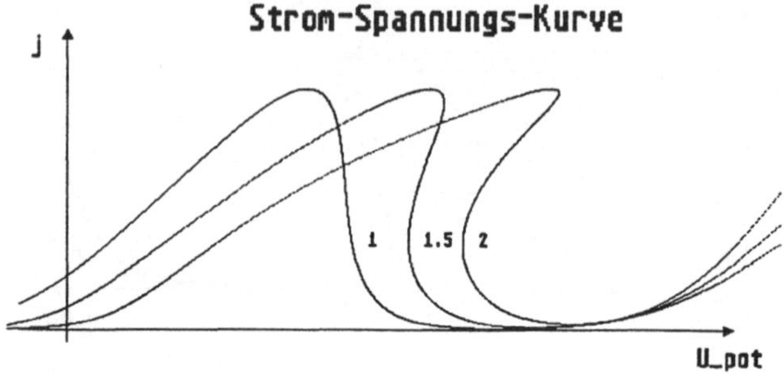

Bild 3.16 Stromdichte als Funktion des angelegten Potentials $\epsilon = U_{\mathrm{pot}}$ bei verschiedenen Werten für das Fladepotentials $\epsilon_F = 1,1,5$ und 2

Die komplexeste Dynamik, die in diesem System beobachtet werden könnte, ist die einer Bistabilität, wenn die Gerade der Nullisoklinen

$$|\vec{j}| = c\epsilon_F + b \tag{3.90}$$

eine Steigung c besitzt, so daß sie für positive Werte ϵ_F die Nullisokline der zeitlichen Änderung des Fladepotentials gerade dreimal schneidet.

Nun ändert sich aber sowohl das Fladepotential wie auch die Stromdichte im Fall der oszillierenden Reaktion ständig.

Franck nimmt an, daß sich im *passiven* Bereich das Fladepotential auf Grund der zurückdiffundierenden Protonen leicht erhöht, während es im *aktiven* Fall leicht sinkt auf Grund der durch den Stromfluß verursachten Migration der Protonen aus dem Elektrodenbereich hinaus.

Im Rahmen des mathematischen Ansatzes zur Simulation dieses Prozesses bedeutet das, daß sich die Konstante c zeitlich verändern muß:

$$\frac{dc}{dt} = -d(|\vec{j}|_0 - |\vec{j}|) . \tag{3.91}$$

Dabei nimmt die Konstante d für den aktiven Bereich in der Regel einen anderen Wert als für den passiven Bereich an: $d_{akt} \neq d_{pas}$. Die Funktion $c = c(\vec{j},t)$ drückt gewissermaßen die Abhängigkeit der Protonenkonzentration vom Stromfluß im Bereich vor der Kathode aus.

Im Phasenraum, der durch die Variablen Stromdichte $\vec{j}$ und Fladepotential ϵ_F gebildet wird, führt das System dieser drei gekoppelten Differentialgleichungen zu Oszillationen auf einem Grenzzyklus. Trägt man die Stromdichte

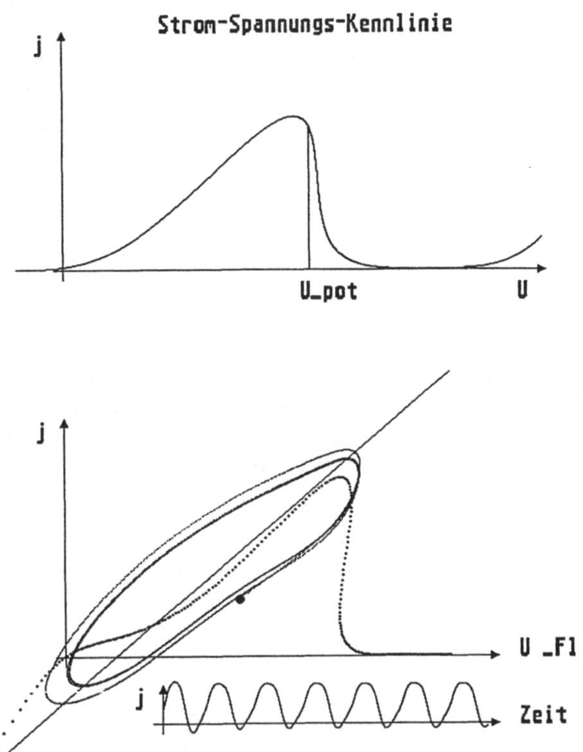

Bild 3.17 a) Strom-Spannungs-Kennlinie für $\epsilon_F = 1{,}6$ und b) die dazugehörige Funktion $f = f(\epsilon_F)$ (gepunktet) sowie die Oszillationen (Grenzzyklus) und die Zeitreihe gemäß dem Modell (die Gleichungen (3.88), (3.89) und (3.91)) für die elektrochemische Auflösung eines Metalls als Funktion des Fladepotentials $\epsilon_F \equiv U_{Fl}$ beim konstanten Potential $U_{\mathrm{pot}} = 1{,}8$

gemäß dem Experiment als Funktion der Zeit auf, so erhält man Zeitreihen, wie sie auch experimentell beobachtet werden können.

3.3.2   Der Methylenblau-Oszillator

F. W. Schneider (1989, 1991) hat zusammen mit seinen Mitarbeitern erst kürzlich eine sehr ähnliche Reaktion untersucht, indem er die Glucose durch

Schwefelwasserstoff H_2S ersetzte, das dabei zu Schwefel oxidiert wird. Interessanterweise erhält er für die Situation im geschlossenen Reaktionssystem (*Batch-Reaktor*) für den zeitlichen Konzentrationsverlauf des Methylenblaus eine Funktion, die der bei dem Glucoseexperiment sehr ähnlich ist.

Um die Reaktion vollständig zu beschreiben, diskutiert er 16 Reaktionsschritte, die nicht einmal alle elementar, d.h. als Zweierstöße von Molekülen interpretierbar sind.

Es stellt sich damit die Frage, ob es für die zeitliche Beschreibung des Reaktionsverlaufes überhaupt notwendig ist, all die vielen Reaktionschritte mit den molekular interpretierbaren Reaktionsteilnehmern zu berücksichtigen. Könnte man sich nicht einfach nur auf die Stoffe beziehen, die man als Reaktanden einsetzt, und jene, die man als Produkte erhält?

Um nun die für das Gesamtgeschehen wesentlichen Reaktionsschritte aus der Vielzahl der angegebenen Reaktionen zu extrahieren, bezieht er sich auf die Gestalt der experimentell ermittelten Graphen für die zeitliche Veränderung der Methylenblau- und der Sauerstoffkonzentration und untergliedert diese Funktionen in vier mehr oder weniger lineare Teilbereiche, für die er bestimmte Teilprozesse annimmt.

In ähnlicher Weise kann man auch bei der Oxidation von Glucose vorgehen. Für den Reaktionsbeginn bei $t = 0$ erhält man dann die beiden Differentialgleichungen:

$$-\left(\frac{d[MB^+]}{dt}\right)_0 =$$
$$3{,}16 \cdot 10^{-6} \cdot [OH^-]^{1,28} \cdot [R-CHO]^{0,04}$$
$$\cdot [MB^+]^{0,81} \cdot [O_2]^{-0,63} \tag{3.92}$$

$$-\left(\frac{d[O_2]}{dt}\right)_0 =$$
$$1{,}67 \cdot 10^{-3} \cdot [OH^-]^{0,94} \cdot [R-CHO]^{0,5}$$
$$\cdot [MB^+]^{0,25} \cdot [O_2]^{0,21} \tag{3.93}$$

Diese Gleichungen beruhen auf der Annahme einer einfachen „Produktkinetik", bei der das komplizierte Reaktionsgeschehen durch einen Produktansatz der Konzentrationen der beteiligten Stoffe beschrieben wird.

Bezieht man sich nicht auf den Reaktionsbeginn, sondern auf den durch den Wendepunkt der experimentellen Funktion ausgezeichneten Zeitpunkt $t = W$, dann ergibt sich eine andere Produktkinetik:

$$-\left(\frac{d[MB^+]}{d}t\right)_W =$$
$$9{,}93 \cdot 10^1 \cdot [OH^-]^{0{,}96} \cdot [R-CHO]^{0{,}38}$$
$$\cdot[MB^+]^{1{,}13} \cdot [O_2]^{-0{,}04} \tag{3.94}$$

$$-\left(\frac{d[O_2]}{dt}\right)_W =$$
$$9{,}83 \cdot 10^{-3} \cdot [OH^-]^{1{,}08} \cdot [R-CHO]^{0{,}29}$$
$$\cdot[MB^+]^{0{,}25} \cdot [O_2]^{0{,}37} \tag{3.95}$$

Man kann den zeitlichen Konzentrationsverlauf während der gesamten Reaktionszeit additiv aus den Konzentrationsverläufen zu Beginn und am Wendepunkt zusammensetzen:

$$\frac{d[MB^+]}{dt} = f^{MB^+}\left(\frac{d[MB^+]}{dt}\right)_0 + (1-f^{MB^+})\left(\frac{d[MB^+]}{dt}\right)_W \tag{3.96}$$

$$\frac{d[O_2]}{dt} = f^{O_2}\left(\frac{d[O_2]}{dt}\right)_0 + (1-f^{O_2})\left(\frac{d[O_2]}{dt}\right)_W \tag{3.97}$$

Hierbei sind die Faktoren f^{MB^+} und f^{O_2} sigmoide Funktionen der Verhältnisse der aktuellen Methylenblaukonzentration bzw. der aktuellen Sauerstoffkonzentration zur entsprechenden Konzentration zu Beginn der Reaktion. Die Bilder 3.18 und 3.19 zeigen einige mit diesem Ansatz sich ergebende Simulationen meiner Mitarbeiter St. Braun, J. Mühlisch und T. Ueckert, die recht gut den experimentellen zeitlichen Konzentrationsverlauf wiedergeben.

Die hier beschriebene Reaktion ist eng verwandt mit der 1984 von M. Burger und R.J. Field erstmals beschriebenen oszillierenden Oxidation von H_2S durch Sauerstoff in stark alkalischer Lösung und in Gegenwart von Methylenblau. Diese Reaktion wurde dann weiterhin von R.J. Field und auch von F.W. Schneider (1989) eingehend untersucht. Sie zeigen, daß die Reaktion des Methylenblaus zu Leukomethylenblau eigentlich erst dann beginnt, wenn der Sauerstoff in der Lösung völlig verbraucht ist. Das entspricht einer Kinetik, wie sie

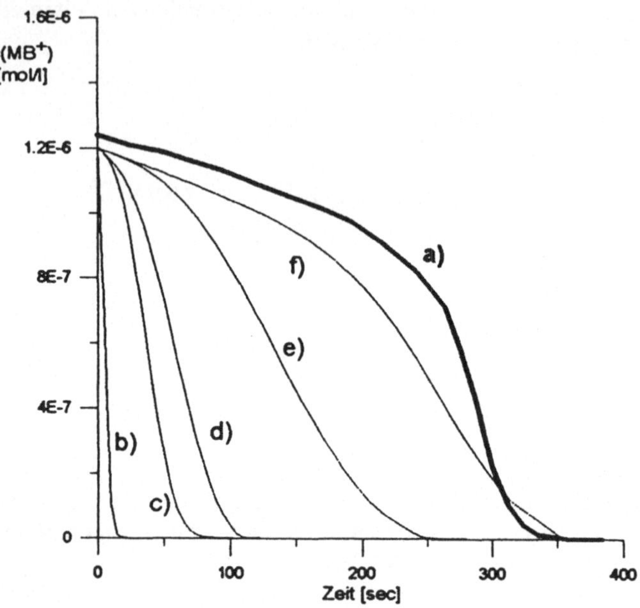

Bild 3.18 Darstellung der Simulationsergebnisse für den Verlauf der Konzentration des Methylenblaus bei verschiedenen sigmoiden Faktorfunktionen f^{MB^+} und f^{O_2}. Die fett gezeichnete Kurve (a) ist die experimentelle Zeitreihe

in der Umgebung des Wendepunktes vorherrscht. Sie nehmen dabei einen Radikalkettenmechanismus an, bei dem das Methylenblau durch Hydrogensulfid reduziert wird. Dies führt dann auf eine kinetische Gleichung der Form:

$$-\frac{\mathrm{d}[\mathrm{MB}^+]}{\mathrm{dt}} = \mathrm{k}_{\mathrm{MB}+}\,[\mathrm{MB}^+]^{1/2} \cdot [\mathrm{HS}^-]^{3/2}, \qquad (3.98)$$

die auch experimentell von ihnen bestätigt wurde.

Zu Beginn der Reaktion, wo sich noch relativ viel Sauerstoff in der Reaktionslösung befindet, nimmt die Methylenblaukonzentration nur sehr langsam ab. In diesem Zeitabschnitt wird der Sauerstoff vor allem dadurch verbraucht, daß er mit Hydrogensulfid zu Wasserstoffperoxyd reagiert. Dies verlangsamt den radikalischen Prozeß der Methylenblaureduktion, indem das Wasserstoffperoxyd aus dem Methylenblauradikalen wieder Methylenblau erzeugt.

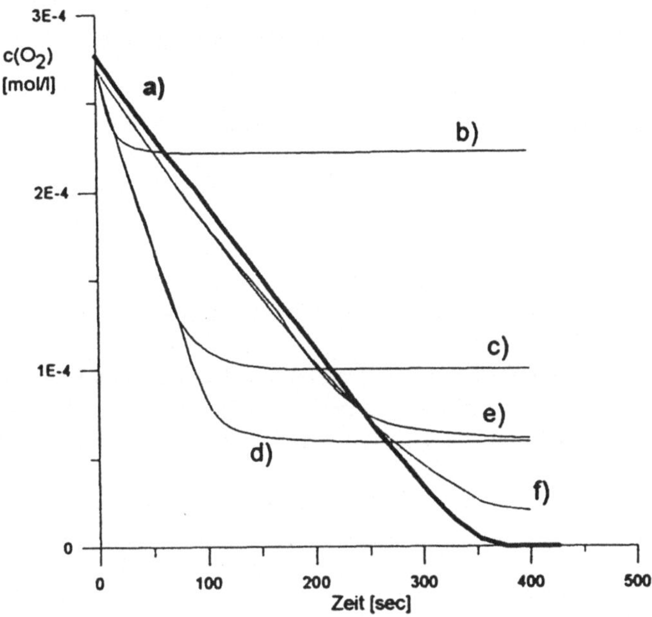

Bild 3.19 Darstellung der Simulationsergebnisse für den Verlauf der Konzentration des Sauerstoffs bei verschiedenen sigmoiden Faktorfunktionen f^{MB^+} und f^{O_2}. Die fett gezeichnete Kurve (a) ist die experimentelle Zeitreihe

Die einzelnen Reaktionsschritte, die von M. Burger, F.W. Schneider und R.J. Field für die Sulfidoxidation mit Methylenblau diskutiert werden, sollten auch für die eingangs beschriebene Oxidation der Glucose analog diskutiert werden können. Das ist ganz besonders gut an Hand der weitgehend übereinstimmenden zeitlichen Entwicklung der Methylenblau- und der Sauerstoffkonzentration im geschlossenen System erkennbar.

Die kinetischen Gleichungen für die zeitlichen Entwicklungen sind jedoch – betrachtet man die Exponenten der Konzentrationsvariablen – sehr verschieden. Auch ist es bisher noch nicht gelungen, die Glucose-Oxidation im offenen System des kontinuierlich gerührten Kessel-Reaktors zu beobachten.

Viel interessanter als die Frage, ob und unter welchen Bedingungen die Glucose-Oxidation analog zur Sulfid-Oxidation oszillierend geführt werden kann, ist im hier diskutierten Zusammenhang die Frage, ob man wirklich alle denkbaren molekularen, auf elementare Reaktionen zurückgeführten Reaktionsschritte benötigt, um das globale Geschehen zu beschreiben, oder aber, ob man nur mit ganz wenigen kinetischen Gleichungen auskommt.

3.3.3   Autokatalyse – Beloussow-Zhabotinskii-Reaktion:

Wie die Modellierung der Beloussow-Zhabotinskii-Reaktion durch I. Prigogine et. al. (Brüsselator-Modell) und R. Noyes et al. (Oregonator-Modell) gezeigt hat, läßt sich ein so äußerst kompliziertes molekulares Reaktionsschema doch auf ein stark vereinfachtes Schema hoher Komplexität reduzieren, wenn man nur beachtet, daß ein solch einfaches System die Struktur einer *autokatalytischen Reaktion* trägt.

Ausgehend von der graphischen Darstellung der zeitlichen Entwicklung der verschiedenen Konzentrationen (Zeitreihen) (Bild 3.20) bei der Beloussow-Zhabotinskii-Reaktion hat P. Hanusse (1987) aus Bordeaux eine *dendronische Analyse* der bei der Oszillation auftretenden Zeitreihen-Muster durchgeführt. Damit konnte er zeigen, daß man eine solch komplizierte Reaktion auf nur wenige hypothetische Reaktionen hoher Komplexität reduzieren kann, ohne bei der Simulation der Reaktion wesentlich an Genauigkeit in der Zeitreihendarstellung zu verlieren.

P. Hanusse geht von einer möglichst vollkommenen chemischen Beschreibung der Reaktion aus. Nach dem heutigen Stand des Wissens über die BZ-Reaktion sind dies etwa sechzig chemische Gleichungen. Ihnen entspricht eine annähernd gleich große Zahl an chemischen Substanzen und dementsprechend eine fast ebenso große Anzahl an Variablen bzw. Differentialgleichungen.

Verringert man nach der Methode der *adiabatischen Approximation* sukzessive die Anzahl der Gleichungen, so verliert man dabei nach und nach an Genauigkeit im Hinblick auf die Reproduktion der experimentellen Zeitreihen. Die Simulationen der experimentellen Zeitreihen erfolgen dabei stets auf der Basis der jeweils ausführlichsten Reaktionsbeschreibung, die die entsprechende Approximation zuläßt.

$$
\begin{array}{rcl}
\text{A} & \to & \text{X} \\
\text{B} + \text{X} & \to & \text{D} + \text{Y} \\
2\text{X} + \text{Y} & \to & 3\text{X} \quad \text{autokatalytischer Schritt} \\
\text{X} & \to & \text{E}
\end{array}
\tag{3.99}
$$

Differentialgleichungen des Brüsselator
Prigogine, Lefèver (1968)

$$
\begin{aligned}
\frac{\mathrm{d}\text{X}}{\mathrm{d}t} &= k_1\text{A} - k_2\text{BX} + k_3\text{X}^2\text{Y} - k_4\text{X} \\
\frac{\mathrm{d}\text{Y}}{\mathrm{d}t} &= k_2\text{BX} - k_3\text{X}^2\text{Y}
\end{aligned}
\tag{3.100}
$$

vereinfachtes Oregonator-Modell
Noyes (1976)

$$
\begin{array}{rcl}
\text{Y} + \text{A} & \to & \text{X} \\
\text{Y} + \text{X} & \to & 2\text{P} \\
\text{B} + \text{X} & \to & 2\text{X} + \text{Z} \quad \text{autokatalytischer Schritt} \\
2\text{X} & \to & \text{Q} \\
\text{Z} & \to & \text{m} \cdot \text{Y}
\end{array}
\tag{3.101}
$$

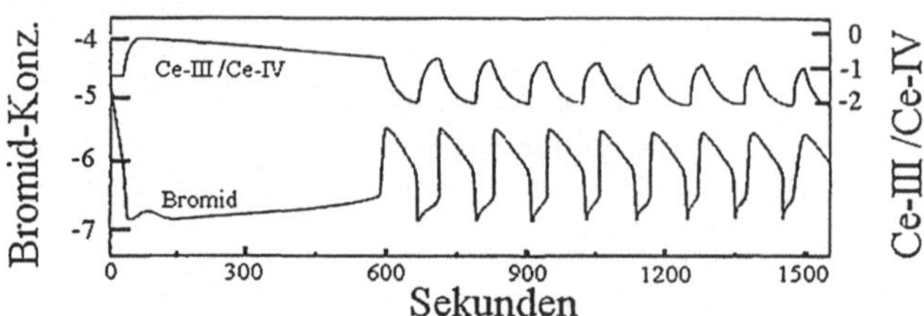

Bild 3.20 Von R.J. Field, E. Körös und R.M. Noyes (1972) potentiometrisch vermessener Verlauf der Oszillationen von $\ln[\mathrm{Br}^-]$ und $\ln[\mathrm{Ce}^{4+}] - \ln[\mathrm{Ce}^{3+}]$ während der Beloussow-Zhabotinskii Reaktion bei Raumtemperatur. Die Anfangskonzentrationen waren: $[\mathrm{CH}_2(\mathrm{COOH})_2] = 0{,}13$ M, $[\mathrm{KBrO}_2] = 0{,}063$ M, $[\mathrm{Ce}(\mathrm{NH}_4)_2(\mathrm{NO}_3)_5] = 0{,}005$ M und $[\mathrm{H}_2\mathrm{SO}_4] = 0{,}8$ M

Dieser Genauigkeitsverlust ist jedoch nicht *„streng monoton"*, sondern eben nur *monoton*, d.h. es treten Beschreibungsebenen gleichbleibender Genauigkeit auf. Die einzelnen bekannten Modelle der BZ-Reaktion reproduzieren diese verschiedenen Niveaus.

Auf diesem Weg von der fast unüberblickbaren Zahl der denkbaren Reaktionsschritte zum Brüsselator- oder Oregonator-Modell wird die molekulare und stoßtheoretische Interpretation mehr und mehr verlassen. Es mag einmal dahingestellt bleiben, ob all die denkbaren Reaktionsschritte im Reaktionsgeschehen realisiert werden oder nicht; auf makroskopischer Ebene jedenfalls stellt ein Modell wie der Brüsselator oder der Oregonator gewiß eine vollständige Beschreibung der Reaktion dar. Das Problem besteht bei solchen Modellen jedoch in der Interpretation der darin auftretenden Variablen.

Zwar kann man, wie es üblicherweise geschieht, die Variablen X,Y und Z des autokatalytischen Oregonator-Modells noch chemisch deuten, d.h. ihnen eine Substanz zuordnen, aber man kann keine elementare molekulare, chemische Reaktionsgleichung als direkte Interpretation niederschreiben. Will man jedoch die molekular-chemische Interpretation beibehalten, dann muß man das System der chemischen Reaktionsgleichungen auf plausiblen Annahmen basierend, erweitern.

$$\begin{array}{rcl}
\mathbf{2H^+ + Br^- + BrO_3^-} &\rightleftharpoons& \mathbf{HOBr + HBrO_2} \\
\mathbf{H^+ + Br^- + HBrO_2} &\rightleftharpoons& \mathbf{2HOBr} \\
\mathbf{H^+ + HBrO_2 + BrO_3^-} &\rightleftharpoons& \mathbf{2BrO_2^{\bullet} + H_2O} \\
\mathbf{H^+ BrO_2^{\bullet} + Ce^{3+}} &\rightleftharpoons& \mathbf{Ce^{4+} + HBrO_2} \\
\mathbf{2HBrO_2} &\rightleftharpoons& \mathbf{BrO_3^- + HOBr} \\
&& \mathbf{+H^+} \\
m\mathrm{CHBr(COOH)}_2 + n\mathbf{Ce^{4+}} &\rightleftharpoons& n\mathbf{Ce^{3+}} + m\mathbf{Br^-} \\
&& \mathbf{+2H^+} \\
&& + \mathrm{HOC(COOH)}_2 \\
\mathrm{HOBr} + \mathrm{CHBr(COOH)}_2 &\rightleftharpoons& \mathrm{CBr_2(COOH)}_2 \\
&& + \mathrm{H_2O} \\
\mathrm{Br_2} + \mathrm{CH_2(COOH)}_2 &\rightarrow& \mathrm{CHBr(COOH)}_2 \\
&& + \mathrm{Br^-} + \mathrm{H^+} \\
\mathrm{Br^-} + \mathrm{HOBr} + \mathrm{H^+} &\rightarrow& \mathrm{Br_2} + \mathrm{H_2O}
\end{array}$$

**Molekulare Interpretation
des erweiterten Oregonator-Modells**
Zhabotinskii (1980), Field, Körös, Noyes (1972)

Diejenigen Substanzen, die in das erweiterte Oregonator-Modell von R. Noyes eingehen, sind durch Fettdruck besonders hervorgehoben worden. Alle die nicht fett gedruckten Substanzen bzw. Reaktionen werden selbst in dem erweiterten Modell nicht berücksichtigt. Die Erweiterung besteht gerade darin, daß in den einzelnen Reaktionsgleichungen keine autokatalytischen Schritte mehr vorhanden sind. Diese kommen erst wieder zum Vorschein, wenn man z.B. die Teilreaktionen (3.103) und (3.104) addiert.

85

$$
\boxed{
\begin{array}{c}
\textbf{Erweitertes Oregonator-Modell} \\
\text{Noyes (1978)}
\end{array}
}
$$

$$
\begin{array}{rcll}
Y + A & \rightleftharpoons & P + X & (3.102) \\
Y + X & \rightleftharpoons & 2P & (3.103) \\
X + A & \rightleftharpoons & 2W & (3.104) \\
W + C & \rightleftharpoons & Z + X & (3.105) \\
2X & \rightleftharpoons & A + P & (3.106) \\
Z & \rightarrow & C + mY & (3.107)
\end{array}
$$

Das ursprüngliche „vereinfachte Oregonator-Modell" ist ein Beispiel für die vielen stark reduzierten autokatalytischen Reaktionsmodelle, bei denen man gezwungen ist, die molekulare Interpretation des Systems der nichtlinearen, gekoppelten kinetischen Differentialgleichungen aufzugeben. Das erst 1979 von R. Noyes entwickelte „erweiterte Oregonator-System" ist gerade ein Beispiel dafür, welche plausiblen chemischen Annahmen gemacht werden, um die molekulare Interpretation nicht aufgeben zu müssen. Ein molekulares und stoßtheoretisch interpretierbares Gleichungssystem müßte jedoch ungleich viel mehr Reaktionsgleichungen enthalten. Das bedeutet aber nicht, daß ein solches System eine realistischere Beschreibung des makroskopischen Reaktionsgeschehens ist.

Die Stufe der Beschreibung einer oszillierenden Reaktion durch eine autokatalytische Struktur der chemischen Gleichungen muß aber nicht notwendigerweise die am weitesten reduzierte Form einer realistischen Beschreibung der Reaktion sein. Es könnte möglich sein, daß bei einem genügend komplizierten chemischen Reaktionssystem aus der Reduktion des zur Beschreibung notwendigen Systems der Differentialgleichungen ein Differentialgleichungssystem resultiert, das auch nicht mehr stofflich interpretierbar ist und dennoch mit ausreichender Genauigkeit die experimentellen Zeitreihen wiederzugeben vermag.

3.4 Die iterative Kinetik

3.4.1 Eine Einführung: iterative Gleichungen

In fast allen Lehrbüchern der physikalischen Chemie beginnt die Einführung in die chemische Kinetik mit der Behandlung der *Reaktionen 1. Ordnung*. Als Beispiel hierfür wird in der Regel der *radioaktive Zerfall* und die *Rohrzuckerinversion* diskutiert. Die Inversion des Rohrzuckers war gleichzeitig überhaupt die erste Reaktion, deren Kinetik durch L. Wilhelmy (1850) untersucht wurde. Der Zucker Saccharose wird in Gegenwart von Säure in wässeriger Lösung in die beiden Zucker Glucose und Fructose gespalten.

$$
\begin{array}{ccc}
C_{12}H_{22}O_{11} + H_2O & \xrightarrow{\text{Säure}} & C_6H_{12}O_6 + C_6H_{12}O_6 \\
\text{Saccharose} + \text{Wasser} & \longrightarrow & \text{Glucose} + \text{Fructose.}
\end{array}
$$

$$(3.108)$$

Der Verlauf dieser Reaktion kann auf Grund der unterschiedlichen optischen Aktivität der Reaktanden und Produkte leicht an der Veränderung der Drehung der Ebene des *polarisierten Lichtes* verfolgt werden. Die in der Lösung ursprünglich vorhandene Saccharose dreht die Ebene des polarisierten Lichtes zunächst nach rechts. Mit der Zeit ändert sich jedoch durch die Entstehung der beiden anderen Zucker der Drehwinkel der Lösung, bis sie schließlich linksdrehend wird. Nach dieser „Umkehr" des Drehwinkels, die durch die stark linksdrehende Fructose verursacht wird, wird die Hydrolyse der Saccharose als „Inversion" bezeichnet.

Ist $\alpha_0 \geq 0$ der Drehwinkel der „rechtsdrehenden" Saccharose zu Beginn des Versuches zur Zeit $\tau = 0$, und $\alpha_\infty \leq 0$ der Winkel der „linksdrehenden" Lösung am „Ende" der Reaktion bei $\tau \to \infty$, so ist die Differenz der Drehwinkel $\alpha_0 - \alpha_\infty$ proportional zur Anfangskonzentration c_A^0 der Saccharose. Bezeichnet man mit α den Drehwinkel der Lösung zu einer beliebigen Zeit $0 \leq \tau \leq \infty$, so ist der Ausdruck $(\alpha - \alpha_\infty)$ proportional zur jeweiligen Konzentration c_A der Saccharose. Wir können die zeitliche Veränderung der Konzentration als zeitliche Veränderung des Drehwinkels formulieren:

$$
\frac{d(\alpha - \alpha_\infty)}{d\tau} = -kc(\alpha - \alpha_\infty).
$$

$$(3.109)$$

Die Lösung dieser einfachen Differentialgleichung ist bekanntlich die Exponentialfunktion

$$(\alpha - \alpha_\infty) = (\alpha - \alpha_\infty)e^{-k\tau}\,. \tag{3.110}$$

Nun wird eine Reaktion 1. Ordnung häufig durch die Zeit charakterisiert, die sie benötigt, bis die Hälfte der ursprünglich vorhandenen Substanzmenge A zerfallen ist. Diese Zeit nennt man die „Halbwertzeit" $\tau_{\frac{1}{2}}$ der Reaktion. Für die Rohrzuckerinversion bedeutet das, daß die Zeit $\tau_{\frac{1}{2}}$ bestimmt werden muß, bei der die Differenz der Drehwinkel gerade den Wert $(\alpha - \alpha_\infty) = \frac{1}{2}(\alpha_0 - \alpha_\infty)$ erreicht hat.

$$\tau_{\frac{1}{2}} = \frac{1}{k} \ln \frac{\alpha_0 - \alpha}{\frac{1}{2}(\alpha_0 - \alpha)} = \frac{1}{k} \ln 2\,. \tag{3.111}$$

Die Halbwertzeit $\tau_{\frac{1}{2}}$ ist also nicht mehr von der jeweilig herrschenden Konzentration der Saccharose abhängig, sondern eine Konstante dieser Reaktion. Wir können ganz allgemein den experimentellen Abfall $c_X = c_X^0 e^{-k\tau}$ der Konzentration des Ausgangsstoffes X einer Zerfallsreaktion

$$X \longrightarrow Reaktionsprodukte \tag{3.112}$$

eindeutig durch die Angabe der Halbwertzeit charakterisieren. Diesen Sachverhalt kann man sich zunutze machen, um eine Exponentialfunktion der einfachen Gestalt

$$x = e^{-k\tau} \tag{3.113}$$

mit Hilfe von $\tau_{\frac{1}{2}}$ zu beschreiben, indem man den Reaktionsfortgang über die Verfolgung der Konzentration x zu den Zeitpunkten beschreibt, die ganzzahlige Vielfache der Halbwertzeit $\tau_{\frac{1}{2}}$ sind.

$$x[(n+1)\tau_{\frac{1}{2}}] = x[n\tau_{\frac{1}{2}}] - \frac{1}{2}x[n\tau_{\frac{1}{2}}]. \tag{3.114}$$

Schreiten wir vom Zeitpunkt $n\tau_{\frac{1}{2}}$ zum nächsten Zeitpunkt $(n+1)\tau_{\frac{1}{2}}$ fort, dann hat sich die zur Zeit $n\tau_{\frac{1}{2}}$ herrschende Konzentration $x(n\tau_{\frac{1}{2}})$ gerade um die Hälfte verringert.

Der Einfachheit halber sei die neue Zeiteinheit der Halbwertzeit $\tau_{\frac{1}{2}} = 1$ gesetzt, so daß die kontinuierliche Zeit durch die diskrete Variable der Zeit $t \in \mathcal{N}$ ersetzt wird. Damit nimmt die diskrete Gleichung der Exponentialfunktion die Gestalt an:

$$x(t+1) = x(t) - \frac{1}{2}x(t)\,. \tag{3.115}$$

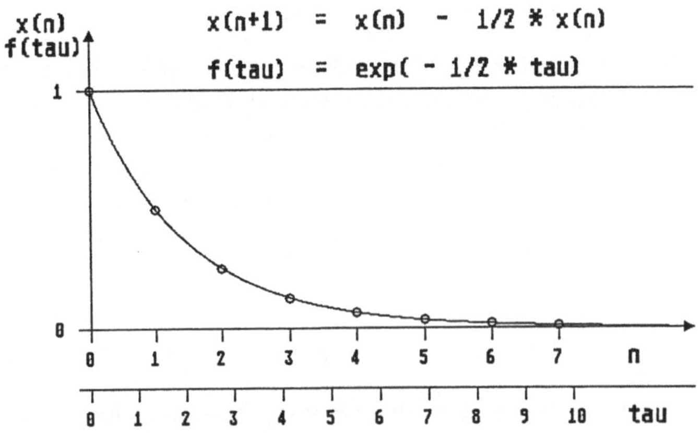

Bild 3.21 Verlauf der Exponentialfunktion und der dazugehörigen iterativen, diskreten Funktion gemäß Gleichung (3.115)

In Bild 3.21 ist der Graph einer kontinuierlichen Exponentialfunktion dargestellt und der Graph der sich daraus ergebenden iterativen, diskreten Funktion (3.115).

In entsprechender Weise kann jede Exponentialfunktion $x = x_0 e^{-k\tau}$, die Lösung der gewöhnlichen Differentialgleichung

$$\frac{\mathrm{d}x}{\mathrm{d}\tau} = -kx \tag{3.116}$$

ist, als iterierte diskrete Funktion in der Form

$$x(t+1) = x(t) - kx(t) \qquad t \in \mathcal{N} \quad und \quad k \in]0,1[\tag{3.117}$$

dargestellt werden. Bei der Integration muß nur darauf geachtet werden, daß die obere Integrationsgrenze für die Änderung von x in der Zeit τ entsprechend gewählt wird.

$$\int_{x_0}^{x_0+kx_0} \frac{\mathrm{d}x}{x} = -k \int_0^{\tau_k} d\tau \,. \tag{3.118}$$

Das Zeitintervall τ_k in dem die jeweilige Ausgangskonzentration x_0 auf den Betrag $(1 - k)x_0$ gesunken ist, ergibt sich dann zu

$$\tau_k = \frac{1}{k} \ln \frac{x_0}{(1-k)x_0} = \frac{1}{k} \ln \frac{1}{1-k}. \qquad (3.119)$$

Die *Reaktionsgeschwindigkeitskonstante* k bestimmt damit eindeutig die Wahl der internen Zeiteinheit τ_k, die man verwenden muß, um die Exponentialfunktion als iterative diskrete Funktion gemäß Gleichung (3.117) darzustellen. In diesem Sinne bestimmt k die adäquate Wahl des Zeitintervalls im Hinblick auf die iterative Darstellung der Exponentialfunktion. Die Vielfachen t des Zeitintervalls τ_k sind die Werte der nun diskreten Zeitvariablen, wobei zwischen der kontinuierlichen Zeitvariblen τ und der diskreten Variablen t die Beziehung besteht:

$$\tau = t\tau_k, \qquad t \in \mathcal{N}. \qquad (3.120)$$

Umgekehrt können wir nun auch eine iterative, diskrete Gleichung der Form (3.117) stets als diskrete Darstellung einer Exponentialfunktion begreifen.

Wenn nun eine solche diskrete Darstellung gegeben ist, dann möchte man auch hier wieder die „*Halbwertzeit*" angeben können, um die Beziehung zur klassischen, kontinuierlichen Darstellungsweise und den Literaturdaten nicht zu verlieren. Sinnvollerweise wird man die Halbwertzeit als die Zeit $(t+1)$ bestimmen, bei der die diskrete Variable $x(t+1)$ zum ersten Mal den Wert $\frac{x(0)}{2}$ überschritten hat; es muß also gelten:

$$
\begin{aligned}
t_{\frac{1}{2}} &= t+1 \\[2mm]
&\text{wenn} \quad x(t+1) \geq \frac{x(0)}{2} \\[2mm]
&\text{und} \quad x(t) \leq \frac{x(0)}{2}.
\end{aligned}
\qquad (3.121)
$$

Trägt man die so ermittelte Halbwertzeit $t_{\frac{1}{2}} = t+1$ als Funktion vom Kehrwert der Reaktionsgeschwindigkeitskonstanten k auf, dann erhält man eine Gerade, deren Steigung $m \approx 0{,}69 \ldots$ ist. Zumindest für größere Werte von $\frac{1}{k}$ ist m gleich dem Logarithmus naturalis von 2, $\ln 2 \approx 0{,}69 \ldots$ gemäß der bekannten klassischen Formel $\tau_{\frac{1}{2}} = \frac{1}{k} \ln 2$.

Es stellt sich nun die Frage, ob diese Möglichkeit der iterativen diskreten Darstellung der Exponentialfunktion ein glücklicher Ausnahmefall ist, oder ob auch andere Funktionen durch iterative diskrete Gleichungen ebenso elegant beschrieben werden können. Im Hinblick auf zyklische Prozesse wäre es von goßem Interesse, wenn es gelänge, auch die trigonometrischen Funktionen als iterative diskrete Gleichungen dazustellen.

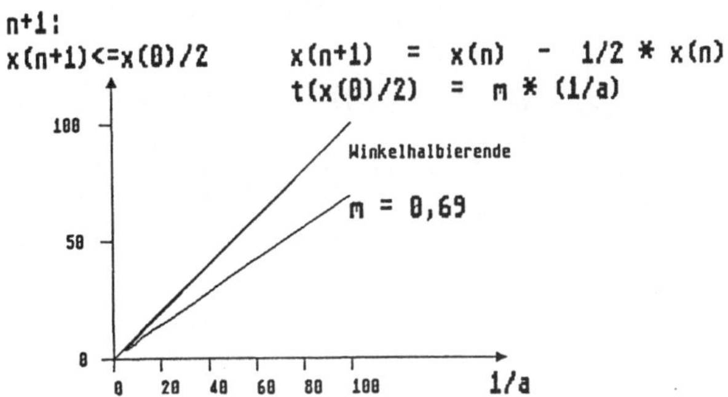

Bild 3.22 Darstellung der Halbwertzeit $t_{\frac{1}{2}}$ als Funktion der reziproken Reaktionsgeschwindigkeitskonstanten k

Die Sinusfunktion $x = \sin(\omega\tau)$ ist bekanntlich eine spezielle Lösung der Differentialgleichung zweiter Ordnung:

$$\frac{\mathrm{d}^2 c}{\mathrm{d}\tau^2} = \frac{\mathrm{d}}{\mathrm{d}\tau}\left(\frac{\mathrm{d}x}{\mathrm{d}\tau}\right) = -cx, \quad mit \quad c = \omega^2. \tag{3.122}$$

Nun ist der *Differentialquotient* bekanntlich als Grenzwert definiert:

$$\frac{\mathrm{d}x}{\mathrm{d}\tau} \stackrel{\text{def}}{=} \lim_{h\to 0} \frac{x(\tau + h) - x(\tau)}{(\tau + h) - \tau}. \tag{3.123}$$

Wenn man stets um die Zeiteinheit $\Delta\tau = \tau_k = h$ fortschreitet, kann man im *Differenzenquotienten*

$$\frac{\Delta x}{\Delta\tau} = \frac{x(\tau + h) - x(\tau)}{h} \tag{3.124}$$

die Zeiteinheit $\Delta\tau$ normieren: $\Delta\tau = h = 1$ und erhält auf diese Weise den iterativen Ausdruck

$$\Delta x_1 = x(t + 1) - x(t), \quad t \in \mathcal{N} \tag{3.125}$$

mit der diskreten Zeit $t \in \mathcal{N}$. Ersetzt man den Differentialquotienten in Gleichung 3.122 durch die Änderung Δx_1 beim Fortschreiten von t um $\Delta t = h = 1$, so ergibt sich

$$\frac{d}{d\tau}\left(\Delta x_1\right) = -cx \qquad (3.126)$$

$$\frac{d}{d\tau}\left(x(t+1) - x(t)\right) = -cx(t)\,. \qquad (3.127)$$

Wendet man nun die soeben geschilderte Vorgehensweise auch auf den Differentialquotienten $\frac{d(\Delta x)}{dt}$ an, so ergibt sich:

$$\begin{aligned}
\Delta(\Delta x) &= [x(t+2) - x(t+1)] - [x(t+1) - x(t)] \\
&= x(t+2) - 2x(t+1) + x(t)\,. \qquad (3.128)
\end{aligned}$$

Diese zweite Anwendung des *Eulerverfahrens* mit $h = 1$ bedingt, daß währenddessen auch die Zeit um eine Zeiteinheit weiter fortgeschritten ist, so daß man schließlich die iterative Gleichung erhält:

$$x(t+2) = 2x(t+1) - x(t) - cx(t+1)\,, \qquad (3.129)$$

bzw.

$$x(t+1) = 2x(t) - x(t-1) - cx(t)\,. \qquad (3.130)$$

Mit dieser iterativen, diskreten Gleichung gelingt es, eine Sinusfunktion darzustellen, jedoch bedarf es hierzu nun der Angabe zweier Startwerte $x(t-1) = x(0)$ und $x(t) = x(1)$. Bild 3.23 zeigt eine iterative Darstellung, die eine Lösung der eingangs erwähnten Bewegungsgleichung ist.

Die klassische Vorgehensweise bei der Untersuchung von Differentialgleichungen zweiter Ordnung ist deren Zerlegung in zwei gewöhnliche Differentialgleichungen. So läßt sich die eben diskutierte Differentialgleichung

$$\frac{d^2 x}{d\tau^2} = \frac{d}{d\tau}\left(\frac{dx}{d\tau}\right) = -cx \qquad (3.131)$$

folgendermaßen zerlegen:

$$\frac{dx}{d\tau} = y \qquad (3.132)$$

$$\frac{dy}{d\tau} = -cx\,, \qquad (3.133)$$

wobei ein gekoppeltes System gewöhnlicher, linearer Differentialgleichungen resultiert. Dieses läßt sich leicht in ein System gekoppelter iterativer Gleichungen transformieren.

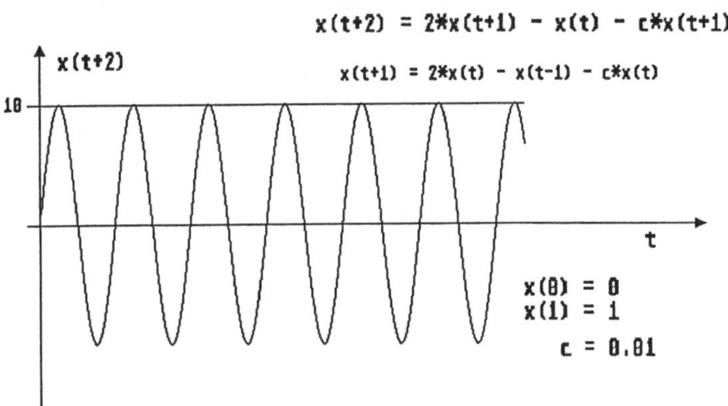

Bild 3.23 Verlauf der iterativ ermittelten Sinusfunktion

$$x(t+1) \;=\; x(t) - ay(t) \tag{3.134}$$
$$y(t+1) \;=\; y(t) - bx(t+1). \tag{3.135}$$

Für $a = b$ resultiert eine Kreisbewegung um den Ursprung, der in der Ausdrucksweise der dynamischen Systemtheorie einen Wirbelpunkt darstellt.

Offensichtlich ist es also möglich, zumindestens für einige gewöhnliche Differentialgleichungssysteme iterative Gleichungen zu finden. Doch was ist der Vorteil der Darstellung eines dynamischen Systems mittels iterativer diskreter Gleichungen bzw. diskreter Abbildungen, anstatt wie üblich gewöhnliche Differentialgleichungen dafür zu verwenden?

Man könnte schnell antworten: die leichtere und schnellere Berechenbarkeit. Aber ist das nicht zu schnell geantwortet? Hebt der Informationsverlust bei der Verwendung iterativer Gleichungen anstelle von Differentialgleichungen nicht den gerade gewonnenen Vorteil wieder auf? Wie hängen denn die beiden Darstellungsweisen zusammen? Läßt sich das eingangs geschilderte Verfahren verallgemeinern?

Eine Vielzahl von Problemen taucht in diesem Zusammenhang auf, und die Antworten darauf sind heute noch nicht alle befriedigend gelöst und teilweise auch noch nicht gefunden. Doch einige bereits erzielte Resultate sind so vielversprechend, daß es äußerst verlockend erscheint, sich mit der Darstellung dynamischer Systeme mittels iterativer diskreter Gleichungen auch im weiteren Verlauf dieses Buches eingehend zu beschäftigen.

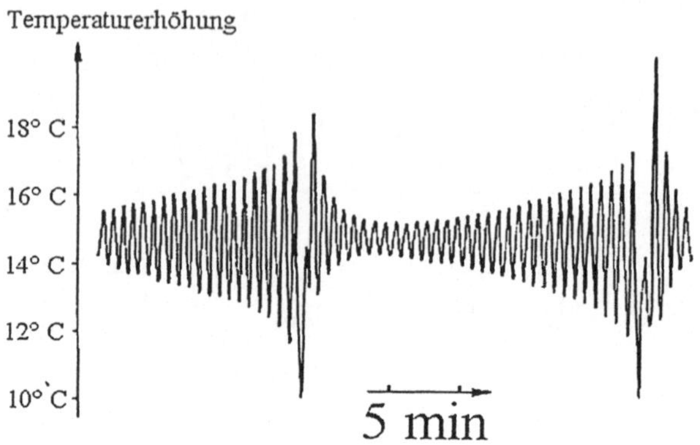

Bild 3.24 Eine Zeitserie der Temperaturoszillationen bei der heterogen katalysierten Reaktione von Methanol. Die Temperaturerhöhung der Katalysatorschüttung wurde gegen die Reaktortemperatur gemessen. (*Versuch: P. Svensson*)

3.5 Berühmte zeitdiskrete Beispiele

3.5.1 Motivation

Betrachten wir einmal eine oszillierende chemische Reaktion. Als Beispiel möge uns die stark exotherme heterogen katalysierte Oxidation von Methanol dienen (Bild 3.24). Der hierzu verwendete Katalysator sei feinverteiltes Palladium auf einem amorphen Aluminiumoxid γ-Al_2O_3-Träger. Die Dynamik dieser sehr interessanten Reaktion ist von E. van Raaij (1980), A.Th. Haberditzl (1982) und P. Svensson (1984) experimentell untersucht und von H. Schuster und M. Gerhardt (1984) modelliert worden. H.P. Herzel (1991) fand in dieser Reaktion einen experimentellen Beleg für das Auftreten von Typ-II-Intermittenz, einer bestimmten Form chaotischen Verhaltens, in chemischen Systemen.

Es ist, ähnlich wie bei der Beloussow-Zhabotinskii Reaktion, äußerst kompliziert, diese Reaktion auf molekularer Ebene zu beschreiben und daraus dann ein System gekoppelter Differentialgleichungen zu entwickeln. Zu viele völlig verschiedene chemische und physikalische Prozesse sind am Zustandekommen dieser oszillierenden Reaktion beteiligt, und zu wenige kinetische und thermodynamische Daten stehen über die beteiligten Prozesse zur Verfügung.

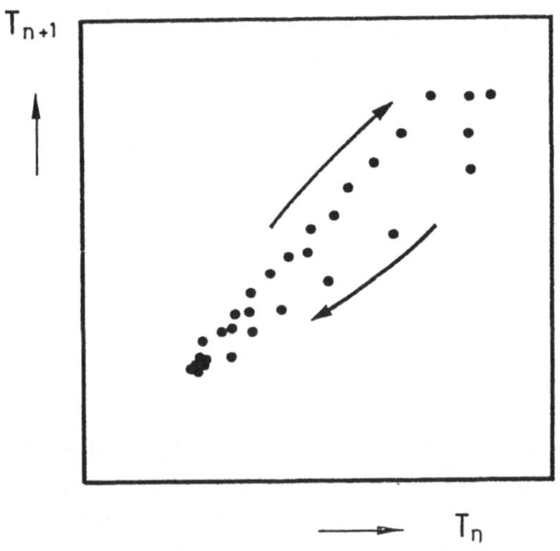

Bild 3.25 Poincaré-Abbildung bzw. *next-amplitude plot* der im Bild 3.24 gezeigten Zeitserie der heterogen katalysierten Oxidation von Methanol

Bedeutet das nun, daß wir auf eine Beschreibung dieser Reaktion verzichten müssen und uns mit der Aussage: „Es oszilliert eben!" zufrieden zu geben haben?

Nein, das ist durchaus nicht der Fall! Betrachten wir einmal die Maxima T_{max} der zeitlichen Entwicklung der Temperatur $T = f(\tau)$. Wir können jedem dieser Maxima in der zeitlichen Folge ihres Auftretens eine laufende Nummer n geben, unabhängig von der Größe des jeweiligen Maximums. Auf diese Weise können wir eine diskrete Funktion konstruieren $T_{max,n} = g(n)$. Der Einfachheit halber nennen wir die Temperatur, die am n-ten Maximum herrscht, $T(n)$. Tragen wir nun die Temperatur $T(n + 1)$ des $(n + 1)$-sten Maximums als Funktion des n-ten Maximums auf (*next-amplitude plot*):

$$T(n + 1) = f[T(n)], \qquad (3.136)$$

dann erhalten wir eine iterative Darstellung des Verlaufs der maximalen Temperaturen; vgl. Bild 3.25.

Hat nun jedes Maximum der Oszillation den gleichen Temperaturwert, so wird die Oszillation auf einen einzigen Punkt in der $T(n)/T(n + 1)$-Ebene reduziert. Unterscheiden sich die einzelnen Maxima jedoch in ihrer Temperatur, so erhält man auf diese Weise mehrere Punkte in der $T(n)/T(n+1)$-Ebene.

Bleibt nun die Menge dieser Punkte endlich, obwohl wir beliebig viele Maxima der Zeitserie der Temperaturoszillation vermessen haben, so ist die Oszillation periodisch, so kompliziert sie uns auch erscheinen mag. Wächst die Punktmenge jedoch mit der Zahl der vermessenen Temperaturmaxima ständig an, ohne dabei die ganze Ebene zu überdecken und ohne, daß die Folge der Punkte dabei einem Grenzwert zustrebt, dann ist die Oszillation nicht periodisch, und die Vermutung liegt nahe, daß hier ein chaotischer Prozeß vorliegt. Dieses Verfahren geht auf H. Poincaré zurück, der Ende des 19. Jahrhunderts (1885, 1892) erstmals die Beziehung zwischen der kontinuierlichen Trajektorie eines dynamischen Systems *(seinem Fluß)* und seinem diskreten Abbild untersuchte.

Wenn die Lösungskurve eines Systems von Differentialgleichungen im n-dimensionalen Raum einen Zyklus der Länge $k2\pi$ darstellt, dann liefert der Schnitt dieses Raumes mit einer $(n-1)$-dimensionalen Hyperebene genau k *transversale Schnittpunkte*. Betrachtet man z.B. einen Grenzzyklus der Periodenlänge 2π im dreidimensionalen Raum und schneidet diesen mit der zweidimensionalen x/y-Ebene, dann entstehen zwei Schnittpunkte. Nun zerteilt diese Ebene den dreidimensionalen Raum in zwei dreidimensionale Halbräume. Indem nur die Schnittpunkte betrachtet werden, die dadurch entstehen, daß der Fluß in einen der beiden Halbräume eintritt, halbiert sich die Zahl der Schnittpunkte, und man erhält $k=1$ transversale Schnittpunkte.

Das Problem ist nun, daß dieses Verfahren im konkreten experimentellen Fall die Lösung eines noch unbekannten Differentialgleichungssystems vorauszusetzen scheint. Das ist aber nicht der Fall. Mit Hilfe des von D. Ruelle und F. Takens (1971) vorgeschlagenen *„Delay-Verfahrens"* kann man aus einer gemessenen Zeitreihe die Trajektorie im *„Delay-Raum"* des Systems konstruieren, so daß sie bis auf eine topologisch erlaubte Transformation der Trajektorie des Systems in seinem Phasenraum äquivalent ist.

Am Beipiel der bekannten Sinusfunktion $x = \sin \tau$ läßt sich dieses Verfahren leicht nachvollziehen. Unterteilt man die Zeitachse in gleich große Intervalle $\Delta\tau$, so kann man die Sinusfunktion durch eine diskrete Funktion

$$x(t) = \sin(t\Delta\tau)\,; \qquad t \in \mathcal{N} \tag{3.137}$$

darstellen. Die Ausdrücke $t\Delta\tau$ stellen z.B. die Meßpunkte dar, zu denen eine solche Sinusfunktion gemessen oder digitalisiert wurde. Wir können nun $x(t)$ auch als Funktion von $x(t-1)$ bzw. $\sin(t\Delta\tau)$ als Funktion von $\sin(t\Delta\tau - 1\Delta\tau)$ im Raum der *„Delay-Koordinaten"* $x(t)$ und $x(t-1)$ darstellen (vgl. Bild 3.26).

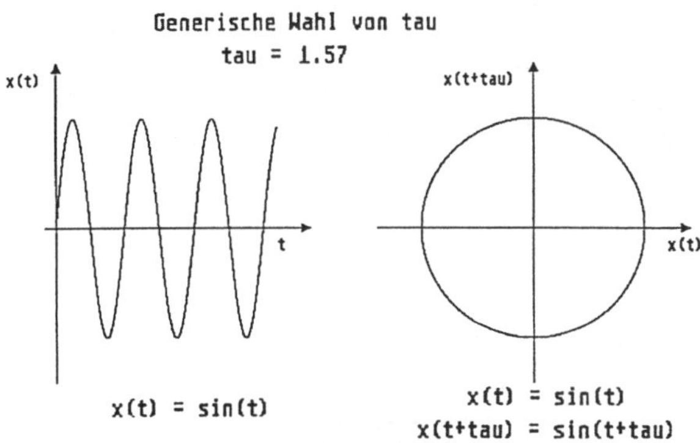

Bild 3.26 Darstellung der Sinusfunktion im Raum der „Delay-Koordinaten" $x(t)$ und $x(t + \Delta\tau)$; $\Delta\tau = 1{,}57$

Führt man diese Transformationen mit der sinusförmigen Zeitreihe durch, dann entsteht im allgemeinen eine Ellipse, die von einem Quadrat der Seitenlänge zwei umschlossen ist. Man könnte nun vermuten, daß man den der Sinusfunktion zugrundeliegenden Kreis dann erhalten würde, wenn man $\Delta\tau$ möglichst klein wählt. Für $\Delta\tau \longrightarrow 0$ resultiert aber eine Gerade, die Winkelhalbierende des ersten und dritten Quadranten; da hat man schon seine Mühe, in dieser Gerade einen – wenn auch sehr stark verzerrten – Kreis zu erkennen. Statt dessen ist das ganze Gegenteil dieser Vermutung richtig! Wählt man ein $\Delta\tau$, das fast genau einem Viertel der Periodenlänge entspricht, $\Delta\tau \approx \frac{\pi}{2}$, und betrachtet genügend viele Perioden der Sinusschwingung, dann erhält man bei dieser Darstellung eine Ellipse, die dem Kreis beliebig nahe kommt. Ein Wert von $\Delta\tau$, der dem Wert $\frac{\pi}{2}$ sehr nahe kommt, wird in diesem Sinn als *generischer Wert* von $\Delta\tau$ für den Kreis bezeichnet.

Aber natürlich sind alle anderen Ellipsen, mit Ausnahme der zu Geraden entarteten Ellipsen, vernünftige Rekonstruktionen der Trajektorie des Systems im Phasenraum, da sie sich in ihren topologischen Eigenschaften weder voneinander noch vom Kreis unterscheiden.

Liegt also eine beliebige, oszillierende Folge von Meßpunkten – und das dürfte in der Chemie in der Regel der Fall sein – vor, so ist es immer möglich, eine der Phasenraumdarstellung topologisch äquivalente Darstellung im Raum der *Delay-Koordinaten* zu konstruieren. Den so erhaltenen n-dimensionalen Raum können wir mit einem $(n-1)$-dimensionalen Raum schneiden und in

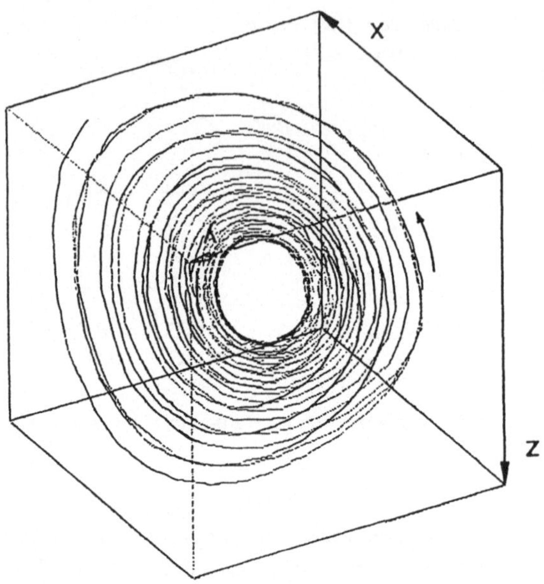

Bild 3.27 Darstellung einer Trajektorie der katalytischen Methanoloxidation im 3-dimensionalen *Delay-Raum*

zwei Halbräume unterteilen, so daß wir die transversalen Schnittpunkte wie eingangs erwähnt bestimmen können (*Poincaré-Schitt*); vgl. Bild 3.28.

Es genügt nun, die so erhaltene Punktmenge auf eine Gerade bzw. auf eine der Koordinatenachsen des $(n-1)$-dimensionalen Raumes zu projizieren. Die Projektionen dieser laufend durchnumerierten Punkte können dann zur Erstellung einer iterativen diskreten Abbildung (*Poincaré-Abbildung*) verwendet werden: $x(n+1) = f[x(n)]$ bzw. $x(n) = f[x(n-1)]$. Die große Hoffnung bei diesem Vorgehen ist natürlich, daß die iterative Abbildung selbst wieder durch einen einfachen funktionalen Zusammenhang beschrieben werden kann. Unter geeigneten Bedingungen entspricht dieser iterativen Abbildung der *next-amplitude plot* (vgl. Bild 3.25).

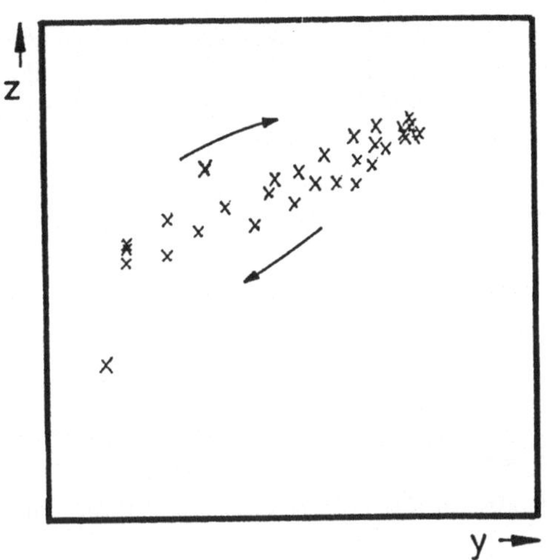

Bild 3.28 Darstellung der *transversalen Schittpunkte* in der 2-dimensionalen Schnittebene eines 3-dimensionalen *Delay-Raumes* für eine Zeitserie der katalytischen Methanoloxidation

3.5.2 Logistische Abbildung

Auf diese Weise kann selbst ein kompliziertes dynamisches Verhalten eines experimentellen Systems auf das Studium des komplexen Verhaltens einer sehr niedrigdimensionalen iterativen Abbildung reduziert werden. Dieser Vorteil wurde schon recht schnell in seiner vollen Bedeutung erkannt. Seit Beginn der 70er und erst recht der 80er Jahre wurden iterative Abbildungen zu einem Schwerpunkt der theoretischen und mathematischen Forschung. Dabei spielt vor allem eine eindimensionale iterative Abbildung eine ganz herausragende Bedeutung: die „*logistische Abbildung*"

$$x(n+1) = ax(n)[1 - x(n)] \qquad (3.138)$$

mit $0 \leq x(n) \leq 1$. Diese Beziehung läßt sich leicht in die Form bringen

$$x_{n+1} = -ax_n^2 + ax_n , \qquad (3.139)$$

aus der ersichtlich ist, daß es sich hier um eine nichtlineare iterative Abbildung handelt: eine über dem Intervall [0,1] definierte, nach unten geöffnete Parabel, deren Scheitelpunkt bei $x(n) = 0,5$ liegt. Startet man die Iteration mit einem beliebigen Punkt im Interval $[0,1]$ so liegen für $0 \leq a \leq 4$ alle weiteren Punkte auf der nach unten geöffneten Parabel mit dem Scheitelpunkt $P_S = (0,5, \frac{a}{4})$.

An Hand dieser *logistischen Abbildung* lassen sich in einfacher Weise viele Aussagen über periodische und chaotische Systeme veranschaulichen. Um stets eine Beziehung zum Experiment herstellen zu können, ist zu beachten, daß die Werte $x(n)$ die Projektionen der transversalen Schnittpunkte bzw. die Maxima in oszillierenden Systemen darstellen.

Wählt man den Parameter a in der Weise, daß er kleiner als eins ist, $0 \leq a \leq 1$, so führt jede Iteration schließlich zum Ergebnis, daß das System in seinem Ursprung landet:

$$\lim_{n \to \infty} (x_n, x_{n+1}) = (0,0). \tag{3.140}$$

Bei einer solchen Wahl von a schneidet die Parabel $x_{n+1} = -ax_n^2 + ax_n$ die Winkelhalbierende, für die stets $x_{n+1} = x_n$ gilt, in dem Punkt $(0,0)$. Wir können nun den Startwert x_0, mit $0 \leq x_0 \leq 1$, als eine Störung des im Gleichgewicht im Punkte $(0,0)$ befindlichen Systems betrachten. Dann stellt gemäß unserer Interpretation die Folge der Punkte auf der Parabel in der x_n/x_{n+1}-Ebene (*Poincaré Abbildung*) das gedämpft oszillierende System dar, das wieder zum „Gleichgewichtspunkt" $(0,0)$ zurückkehrt.

Für Werte $1 \leq a \leq 2$ existieren zwei Schnittpunkte der Parabel mit der Winkelhalbierenden: der Punkt $(0,0)$ und der Punkt, für den $x_{n+1} = x_n$ ist, $x_n = 1 - \frac{1}{a}$. Startet man die Iteration irgendwo im offenen Intervall $]0,1[$, so wird das System rasch dem Punkt $(1 - \frac{1}{a}, 1 - \frac{1}{a})$ zustreben. Ist der Startwert $x_0 = 0$ oder $x_0 = 1$, ist das Ergebnis der Iteration der Punkt $(0,0)$.

Nun also existiert ein vom Punkt $(0,0)$ verschiedener Punkt in der x_n/x_{n+1}-Ebene, dem das System aus einer Richtung, dem Verlauf der Parabel folgend, zustrebt. Dieser Punkt ist demzufolge *attraktiv* für das System und repräsentiert somit einen attraktiven Grenzzyklus. Der Punkt $(1 - \frac{1}{a}, 1 - \frac{1}{a})$ heißt auch der Attraktor des iterativen Systems. Entsprechend ist der Grenzzyklus der Attraktor des Differentialgleichungssystems, das auf Grund unserer Interpretation diesem iterativen System zugeordnet ist. In diesem Sinne ist der Startwert x_0 die Projektion der Störung des stabilen Grenzzyklusses in der durch ihn erzeugten Ebene.

Für Werte $2 \leq a \leq 3$ erhält man ebenfalls einen *Einpunktattraktor* $(1 - \frac{1}{a}, 1 - \frac{1}{a})$, aber das System nähert sich ihm nun von zwei Seiten her auf der Parabel oszillierend und nicht mehr schrittweise nur von einer Seite her. Übertragen wir diese Situation wieder auf die Trajektorie des kontinuierlichen Systems als Lösung eines Systems von Differentialgleichungen, dann kann sich

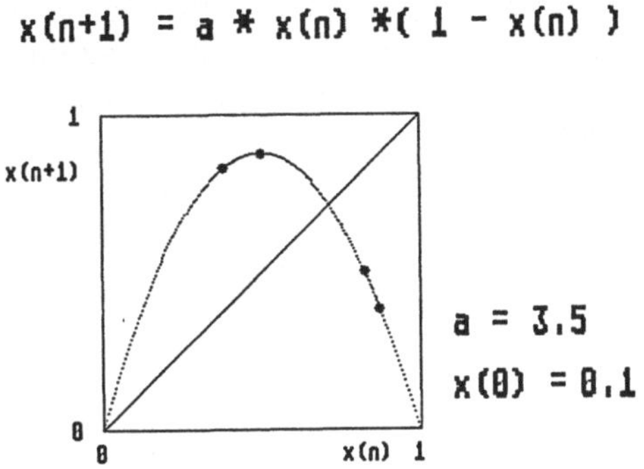

x(n+1) = a * x(n) *(1 - x(n))
1
x(n+1)
0
0
x(n) 1
a = 3.5
x(0) = 0.1

Bild 3.29 Die *logistische Abbildung*: erste Iterierte mit dem Vierpunkt-Attraktor für $a = 3{,}5$

x(n+1) = a * x(n) *(1 - x(n))
x(n+2) = a * x(n+1) *(1 - x(n+1))
1
x(n+2)
0
0
x(n) 1
a = 3.5
x(0) = 0.1

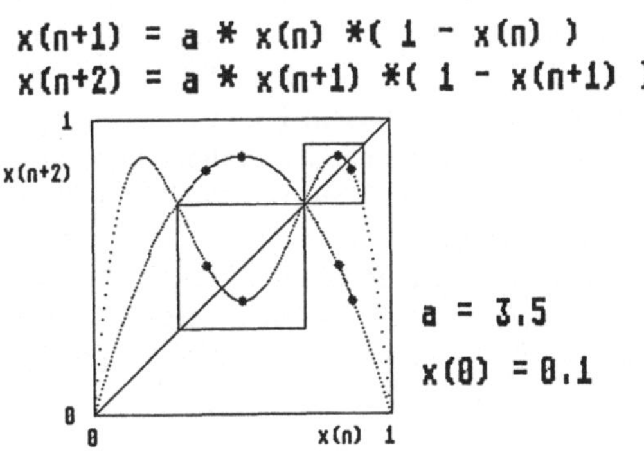

Bild 3.30 Die *logistische Abbildung*: erste und zweite Iterierte mit den Attraktoren für $a = 3{,}5$

das System nicht mehr auf einer ebenen Spiralbahn dem attraktiven Grenzzyklus nähern, sondern die Annäherung an den Attraktor geschieht auf einem toroidalen, spiralförmigen Weg. Dies ist nur dann möglich, wenn das dazugehörige System gewöhnlicher Differentialgleichungen mindestens durch drei kontinuierliche Variable beschrieben wird. Auch der Grenzzyklus selbst ist in diesem Fall nicht mehr eben, sondern liegt als gewellter Ring im dreidimensionalen Raum. Ein solcher Grenzzyklus muß durch das Produkt $C_1 \otimes C_2$ zweier

Kreisbewegungen beschrieben werden, deren Frequenzen im Verhältnis 1 : 1 stehen. In der diskreten Darstellung kann man die beidseitige Annäherung an den Punktattraktor $(1 - \frac{1}{a}, 1 - \frac{1}{a})$ auch dadurch erkennen, daß man von der ersten Iterierten

$$x(n + 1) = f^1[x(n)] = ax(n)(1 - x(n)) \tag{3.141}$$

zur zweiten Iterierten

$$\begin{aligned} x(n + 2) = f^2[x(n)] &= a\left(x(n + 1)(1 - ax(n + 1)\right) \\ &= af^1[x(n)](1 - f^1[x(n)]) \end{aligned} \tag{3.142}$$

übergeht.

Für alle Werte $a \leq 2$ besitzt die zweite Iterierte bei $(1 - \frac{1}{a}, 1 - \frac{1}{a})$ ein Maximum vom Charakter des Scheitelpunktes einer Parabel 4. Grades, während für $a \geq 2$ an seine Stelle ein Minimum einer Parabel 2. Grades tritt, das von zwei Maxima vom Grade 2 umgeben ist. Diese zweite Iterierte hat nur einen Schnittpunkt $(1 - \frac{1}{a}, 1 - \frac{1}{a})$ mit der Winkelhalbierenden; es ist derselbe Punkt wie für die erste Iterierte. Von diesem Punkt ausgehend, kann man entlang der Winkelhalbierenden zwei zueinander ähnliche quadratische Teilabbildungen konstruieren, die ihrerseits der iterativen Abbildung für den Fall $0 < a < 1$ entsprechen. In diesen Teilabbildungen schneidet die 2. Iterierte die Winkelhalbierende nur in dem schon bekannten Punkt $(1 - \frac{1}{a}, 1 - \frac{1}{a})$.

Für den Parameterwert $a = 2 = s_1$ erhält man eine interessante Situation: der Scheitelpunkt $(0,5,2)$ der Parabel liegt auf der Winkelhalbierenden. Oberhalb $(a \geq 2)$ und unterhalb $(a < 2)$ dieses Parameterwertes unterscheidet sich das Verhalten des Systems aber in qualitativer Weise.

Noch interessanter verhält sich das System jedoch, wenn der Parameterwert a etwas größer als drei wird, $a \geq 3$. Dann nämlich schneidet die zweite Iterierte die Winkelhalbierende innerhalb der geschlossenen Teilabbildungen jeweils zweimal, und es gibt dann ein Paar zusammengehörender Punkte auf der ursprünglichen Parabel der ersten Iterierten, denen sich das System annähert und zwischen denen es für $n \to \infty$ immer hin und her springt.

Der Parameterwert $a = 3 = b_1$ ist wiederum ein besonderer Punkt. Er heißt der erste Bifurkationspunkt b_1, weil sich an ihm der stabile *„Einpunktattraktor"* in einen stabilen *„ Zweipunktattraktor"* aufspaltet.

Im Kontinuumsbild entspricht dies einem möbiusartigen Grenzzyklus, der aus zwei Kreisbewegungen $C_1 \otimes C_2$ zusammengesetzt ist, deren Frequenzverhältnis $1 : \frac{1}{2}$ beträgt.

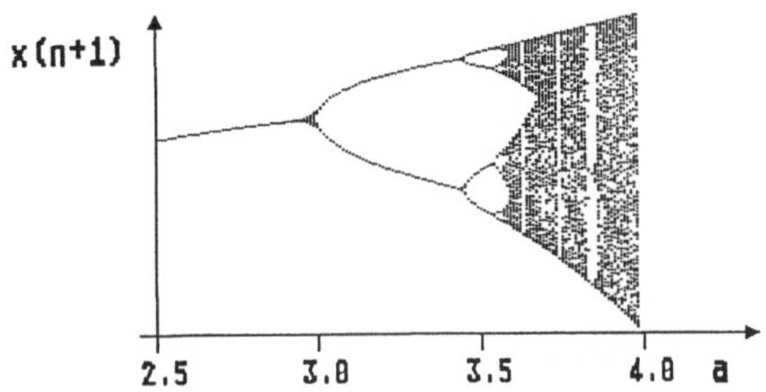

Bild 3.31 Bifurkationsdiagramm der *logistischen Funktion*

Aber für Parameterwerte im Bereich $3 < a < 3{,}236\cdots$ nähert sich das System dieser beiden Punkte jeweils nur von einer Seite her an, während es sich für den Bereich $s_2 = 3{,}236\cdots < a < 3{,}449490\cdots = b_2$ den beiden Punkten des Zweipunktattraktors jeweils von zwei Seiten her nähert. Der Wert b_2 ist wiederum ein Bifurkationspunkt, an dem der stabile „*Zweipunktattraktor*" zu einem „*Vierpunktattraktor*" für $a > b_2$ wird.

Im iterativen Bild (vgl. Bild 3.29) unterscheiden sich die *superattraktiven* Parameterwerte s_i z.B. $s_1 = 2$, $s_2 = 3{,}236\cdots$ usw. von den normalen Parameterwerten dadurch, daß es nicht wie sonst möglich ist, den Fixpunkt der Iteration in einer endlichen Zahl von Schritten zu erreichen, obwohl die Iteration gerade in diesem Fall sich ihm extrem schnell nähert.

Die Bifurkationspunkte b_i, z.B. $b_1 = 3$, $b_2 = 3{,}44940\cdots$ sind nun durch eine andere, vor allem experimentell sehr interessante Eigenschaft ausgezeichnet. Für Parameterwerte a unterhalb eines Bifurkationswertes b_i, $a < b_i$, ist der zugehörige Zweig der Iteration stabil, oberhalb von b_i, $a > b_i$, jedoch ist dieser Zweig instabil und der ehemals stabile Iterationszweig spaltet sich in zwei neue, stabile Zweige auf.

In den Zeitserien sowohl der iterierten, wie auch der experimentellen Systeme ist dies deutlich daran zu erkennen, daß bei dem Parameterwert der Bifurkation die Anzahl der verschiedenen Iterationspunkte bzw. der Maxima der Zeitserien sich verdoppeln. Damit verdoppelt sich auch bei jedem Bifurkationspunkt die Periodenlänge des Prozesses. Der Physiker Mitchell Feigenbaum war der erste, der die logistische Gleichung auf das hier skizzierte Verhalten

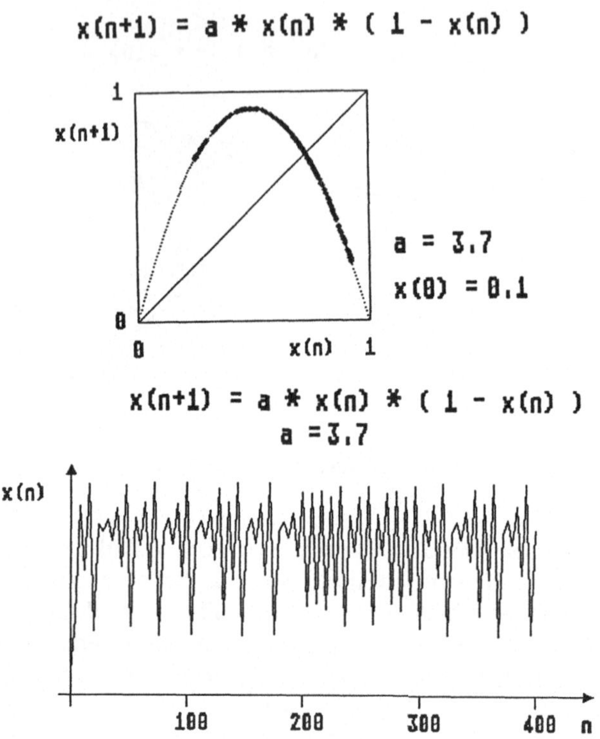

Bild 3.32 a) *Logistische Funktion* mit den Attraktorpunkten auf der Parabel für $a = 3,7$; b) „Zeitserie" der miteinander verbundenen Punkte des Attraktors der Logistischen Funktion für $a = 3,7$

hin eingehend untersuchte. Eine besonders lesenswerte deutschsprachige Darstellung dieser Ergebnisse und vieler damit zusammenhängender Fragen, auch mathematischer Art, findet sich in dem Buch von H. O. Peitgen, H. Jürgens und D. Saupe (1992,1994): „Chaos – Bausteine der Ordnung".

Bemerkenswerterweise konvergiert nun die Folge der *superstabilen* Punkte $\lim_{n\to\infty} s_i = s_\infty = 3,5699456\cdots$ am *Feigenbaumpunkt*. Für Parameterwerte a unterhalb des Feigenbaumpunktes: $a < s_\infty$ findet man das soeben beschriebene Verhalten der Periodenverdopplung, für Werte $a > s_\infty$ tritt jedoch *Chaos* auf; siehe die Bilder 3.31 und 3.32.

Für die Bifurkationspunkte fand M. Feigenbaum (1975,1978), daß der Quotient

$$\delta_k = \frac{d_k}{d_{\,k+1}} \qquad\qquad (3.143)$$

der Abstände aufeinanderfolgender Bifurkationspunkte b_k, b_{k+1} und b_{k+2}, also $d_k = b_{k+1} - b_k$ und $d_{k+1} = b_{k+2} - b_{k+1}$, mit wachsendem k gegen die *Feigenbaumkonstante* δ konvergiert.

$$\lim_{k\to\infty} \delta_k = \delta = 4{,}669201\cdots. \qquad\qquad (3.144)$$

Man kann die Feigenbaumkonstante aber auch aus der Folge $\{s_i\}$ der superattraktiven Punkte berechnen:

$$\lim_{n\to\infty} \frac{s_n - s_{n-1}}{s_{n-1} - s_{n-2}}. \qquad\qquad (3.145)$$

Anders aber als der Wert $s_\infty = 3{,}5699456\cdots$ des Feigenbaumpunktes, der von der speziellen Wahl des Modells abhängt, ist die Feigenbaumkonstante $\delta = 4{,}6692\cdots$ für eine ganze Klasse von Funktionen, die der quadratischen Funktion ähnlich sind, gültig. In diesem Sinne ist die Feigenbaumkonstante universell und nicht vom Modell abhängig.

Für Parameterwerte $a > s_\infty$ weist die Iteration chaotisches Verhalten auf. Die logistische Funktion bietet also die Möglichkeit, in recht eindrucksvoller Weise eine der verschiedenen Definitionen des Chaos-Begriffes nachvollziehen zu können.

Während nämlich für $a < s_\infty$ die Iteration stets einer endlichen Menge von stabilen Iterationspunkten zustrebt, wandert sie im Falle des Chaos für $a > s_\infty$ in bestimmten Bereichen unendlich oft hin und her, ohne dabei eine streng periodische Bewegung auszuführen.

Versucht man nun, in diesem Bereich eine Folge von Iterationspunkten nachzuvollziehen, so gelingt dies nur für einige – oft nur recht wenige – Schritte in befriedigender Weise. Schon sehr rasch werden die Ergebnisse abhängig von den für die Berechnung im Computer verwendeten Algorithmen. Das hat seinen Grund darin, daß zur Darstellung einer Zahl auch im Computer stets nur eine endliche Speicherkapazität zur Verfügung gestellt werden kann. Damit gibt es für jedes rechnende System eine Schranke der Darstellung von Zahlen. Zahlen, die sich um einen Wert ϵ voneinander unterscheiden, der kleiner als diese Schranke ϵ_0 ist, können nicht mehr „*aufgelöst*" werden. Je nach dem verwendeten Algorithmus wird man diese Zahlen einer der beiden nächstgelegenen, sich um ϵ_0 unterscheidenden Zahlen zuordnen.

In einem konkreten, rechnenden System sind also zwei benachbarte Zahlen stets durch ein Intervall der Größe ϵ_0 voneinander getrennt; sie können nie *dicht* liegen. Iteriert man nun im chaotischen Bereich zwei derartig benachbarte Punkte, so werden sie sich bereits nach wenigen Iterationen voneinander entfernt haben, so daß man den so iterierten Punkten nicht mehr ansieht, daß sie einst benachbarten Startwerten entstammten. Die wesentlich Erkenntnis daraus ist, daß *Chaos stets nur kurzfristig vorhersagbar ist*. Diese Einsicht, die als eine Definition des Chaos verstanden wird, ist für praktische Fälle von immenser Bedeutung!

3.5.3 Die Kreis-Abbildung

Ein oszillierendes chemisches System läßt nur allzu leicht den Wunsch aufkommen, man könne es mit einem äußeren Oszillator koppeln und Resonanzphänomene beobachten. So kann man zum Beispiel der oszillierenden Palladium-katalysierten CO-Oxidation über den Gaseinlaß der CO-Konzentration am Reaktoreingang eine periodische Konzentrationsschwingung aufzwingen.

Die CO-Oxidation oszilliere autonom mit der Frequenz ω_1 und die CO-Konzentration am Einlaß schwinge mit der Frequenz ω_2. Wenn wir annehmen, daß beide Schwingungen unabhängig voneinander sind, dann bewegt sich die Trajektorie des Systems auf einem Torus. Wenn das Verhältnis der beiden Frequenzen $\omega_1/\omega_2 = p/q$ eine rationale Zahl ist, dann ist die Trajektorie nach q Zyklen geschlossen. Die Bewegung des Systems ist dann periodisch. Ist das Frequenzverhältnis jedoch eine irrationale Zahl, dann nennt man die Bewegung „*quasiperiodisch*". Die Trajektorie schließt sich dann nie und bedeckt mit der Zeit den ganzen Torus (Bild 3.33).

Schneidet man nun den Torus mit einer Ebene, so erhält man wieder einen *Poincaré-Schnitt*, auf dem die transversalen Schnittpunkte mit der Trajektorie des Systems auf einem Kreis liegen, bzw. auf einer geschlossenen Linie. Bei einem Umlauf der Trajektorie um 2π um die Achse des Torus verschiebt sich der transversale Schnittpunkt um den Winkel $\Delta\theta$ in der Schnittebene (Bild 3.34).

Es ist nun sinnvoll, den Phasenwinkel ϕ_{n+1} der zum $(n + 1)$-ten transversalen Schnittpunkt gehört, als Funktion des Winkels ϕ_n des vorhergehenden transversalen Schnittpunktes darzustellen:

$$\phi_{n+1} = \phi_n + \Phi, \qquad (3.146)$$

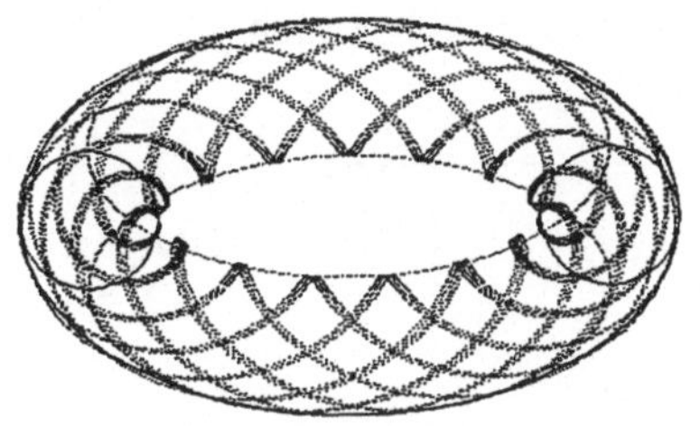

Bild 3.33 Skizze des quasiperiodischen Verhaltens beim Umlauf einer Trajektorie auf einem Torus

wobei

$$\Phi = 2\pi \frac{\omega_1}{\omega_2} \tag{3.147}$$

das Frequenzverhältnis oder die *Windungszahl* ist, die die Verschiebung des Phasenwinkels ϕ nach einem Umlauf um $\psi = 2\pi$ um die Torusachse mißt.

Nun ist aber der Winkel ϕ nur bis auf ein ganzzahliges Vielfaches von 2π bestimmbar, $\phi = \phi + k2\pi$, und wird zudem durch das für manche Zwecke unhandliche Bogenmaß angegeben. Aus Gründen der vereinfachten Darstellung bezieht man deshalb den Winkel ϕ auf die Größe 2π, $\tilde{\theta} = \frac{\phi + k2\pi}{2\pi} = \frac{\phi}{2\pi} + k$; $k \in \mathcal{N}$. Entsprechend definiert man das Frequenzverhältnis $\Omega = \frac{\Phi}{2\pi} = \frac{\omega_1}{\omega_2}$. Man muß dabei natürlich darauf achten, daß θ immer im Bereich zwischen Null und Eins liegt, $0 \leq \theta < 1$. Zu diesem Zweck bildet man unter Verwendung der Schreibweise der Gaußklammern den Ausdruck:

$$\theta = \tilde{\theta} - [\tilde{\theta}], \tag{3.148}$$

wobei $[\tilde{\theta}]$ die größte natürliche Zahl ist, die kleiner oder gleich $\tilde{\theta}$ ist:

$$[\tilde{\theta}] = \max\{n | n \in \mathcal{N}\} \leq \tilde{\theta}. \tag{3.149}$$

Mit anderen Worten: Man sorgt dafür, daß k immer null ist, so daß stets gilt $0 \leq \theta < 1$.

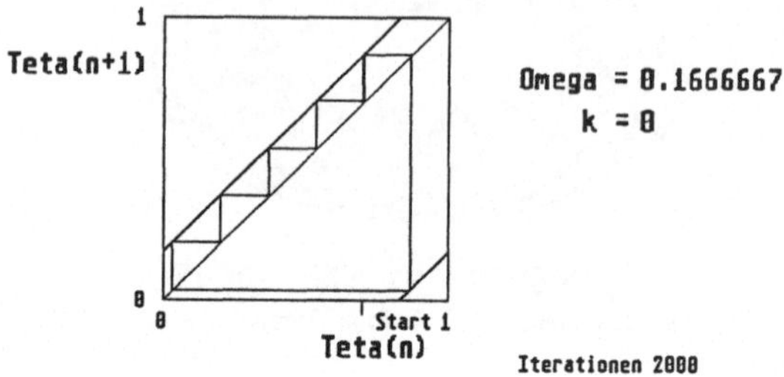

Bild 3.34 Darstellung der Funktion (3.151) $f(\theta_n)$ im Einheitsquadrat und eine mögliche periodische Iteration

Wendet man diese Vorgehensweise auf die Veränderung des Phasenwinkels θ_n bei einem Umlauf um $\psi = 2\pi$ um den Torus an, so erhält man die iterative Formulierung:

$$\theta_{n+1} = f(\theta_n) - [f(\theta_n)] , \qquad (3.150)$$

mit

$$f(\theta_n) = \theta_n + \Omega . \qquad (3.151)$$

In Bild 3.34 ist gezeigt, daß die Funktion $f(\theta_n)$ eine Parallele zur Winkelhalbierenden darstellt und Ω die Schnittpunkte dieser Geraden mit der θ_{n+1}-Achse entsprechen. Die iterative Abbildung führt dann für jedes Ω zu einer endlichen, periodischen Iteration, die einem periodischen Umlauf auf dem Torus mit der Windungszahl Ω entspricht. Für eine irrationale Zahl Ω wird der ganze Torus von der Trajektorie des Systems überdeckt und die Iteration wird nicht periodisch.

Nimmt man nun an, daß der Phasenwinkel sich nicht immer nur in konstanter Weise um Ω ändert, sondern sich mit ihm auch periodisch zu ändern vermag, dann erhält man entsprechend den Ausdruck:

$$f(\theta_n) = \theta_n + \Omega + \frac{K}{2\pi} \sin(2\pi\theta_n) . \qquad (3.152)$$

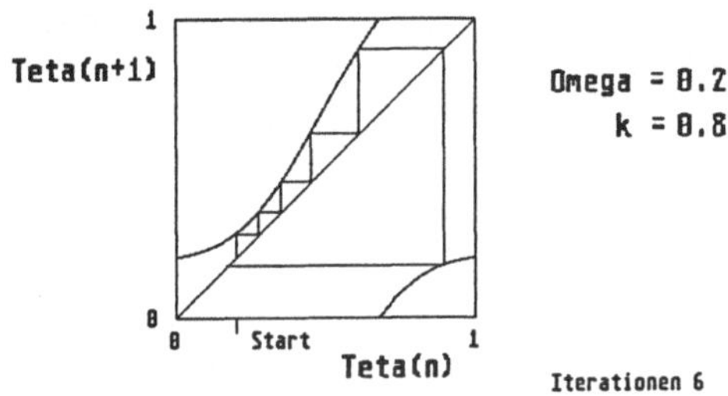

Bild 3.35 Darstellung der Funktion (3.152) $f(\theta_n)$ im Einheitsquadrat und eine, der im allgemeinen nicht periodischen Iterationen

Bild 3.35 zeigt die iterative Abbildung des Intervalls $0 \leq \theta_n < 1$ auf sich selbst. Nun ist θ_{n+1} keine lineare Funktion mehr von θ_n, und es ist im allgemeinen nicht zu erwarten, daß eine periodische Bahn entsteht. Wie das Beispiel des Bildes 3.35 zeigt, kehrt das System nach sechs Iterationen nur annähernd in sich zurück, so daß es nach 200 Iterationen zu einem breiten, nur annähernd periodischen Band geworden ist, daß mit zunehmendem n immer mehr zusammenwächst. Ist die experimentelle Beobachtungszeit nicht lang genug, so gewinnt man hierbei oft den Eindruck, daß es sich um periodische Vorgänge handelt, die ein ganz klein wenig „*driften*".

Diese Kreisabbildungen geben die Möglichkeit, eine ganz neue Art von Bifurkationen zu veranschaulichen: die *Tangentenbifurkationen*, die insbesondere Manneville und Pomeau (1979,1980) am Beispiel des Lorenz-Modells erstmals eingehend untersucht haben.

Das Bild 3.36 zeigt eine Situation, in der die Funktion $f(\theta_n)$ die Winkelhalbierende zweimal kreuzt. Nur einer der beiden Kreuzungspunkte ist ein stabiler Punkt; der andere ist instabil. Dementsprechend laufen die beiden Iterationen auf diesen attraktiven, stabilen Punkt hin. Der Bifurkationspunkt, in dem die Funktion die Winkelhalbierende nur noch tangential berührt, liegt in diesem Fall im Intervall [0,1273,0,1274].

Nach der erfolgten Tangentenbifurkation verweilt das iterierte System noch für recht lange Zeit in der Nähe des Bifurkationspunktes, ehe es mit nur wenigen Schritten diesen „*laminaren*" Bereich für kurze Zeit auf einer chaotischen Bahn verläßt, um dann schnell wieder dorthin zurückzukehren. Dieses Verhal-

109

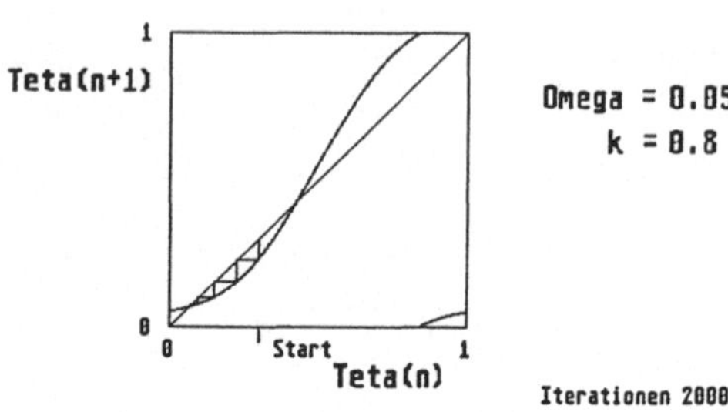

Bild 3.36 Instabiler und stabiler Schnittpunkt der Funktion $f(\theta_n)$ und der Verlauf der Iteration zum (linken) stabilen Schnittpunkt hin

ten wird auch als „*Intermittenz vom Typ I*" bezeichnet und wurde erstmals bei numerischen Untersuchungen am Lorenz-Modell gefunden.

In den Bildern 3.37 ist die Iterierte θ_{n+1} als Funktion von $(n+1)$ aufgetragen. Ganz deutlich erkennt man den „laminaren" Bereich zwischen den beiden Ausbrüchen. Übersetzen wir dieses Bild wieder in das oszillatorische Geschehen, dann bedeutet der laminare Bereich, daß das dynamische System für längere Zeit wie auf einem Grenzzyklus auf fast immer der gleichen Bahn umläuft, um dann für nur wenige Umläufe davon abzuweichen.

Betrachten wir an dieser Stelle einmal die durch Palladium katalysierte Oxidation des Methanols. Bei dieser stark exothermen Reaktion können wir die Temperaturentwicklung im Katalysator leicht mit einem Thermoelement verfolgen. Bild 3.38 zeigt einen von E. van Raaij (1978) vermessenen sehr interessanten Verlauf der Katalysatortemperatur bei dieser Reaktion.

Nach den bisherigen Ausführungen könnte man diese experimentelle Zeitserie in ganz einfacher Weise durch eine einzige iterierte Funktion der Gestalt

$$T_{n+1} = T_n[T_n + \Omega + \frac{K}{2\pi} \sin(2\pi T_n)] \tag{3.153}$$

darstellen. Die eckigen Klammern sind wieder als *Gauß-Klammern* zu lesen. Wir hätten bei dieser Darstellung zwar ein Problem bei der chemischen Interpretation der einzelnen Terme dieser iterativen Gleichung, aber für eine Reihe von Fragen wäre diese Beschreibung durchaus geeignet.

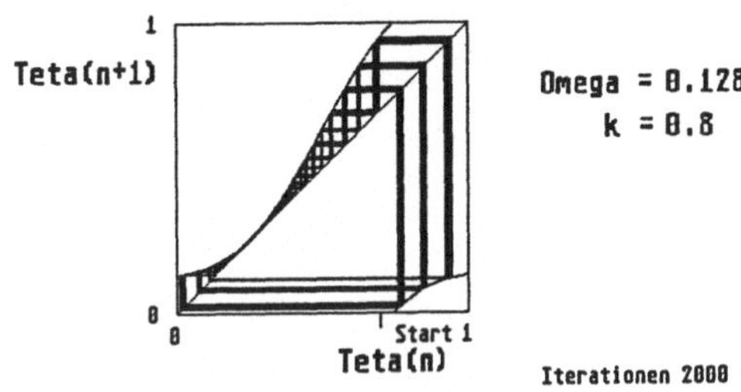

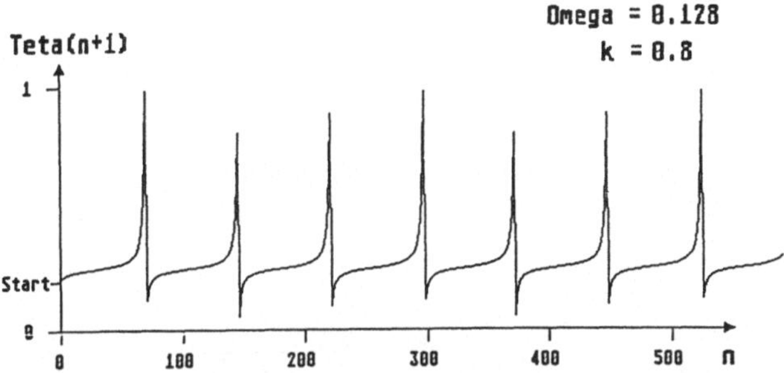

Bild 3.37 a) Die Iterierte θ_{n+1} in unmittelbarer Nähe des Bifurkationspunktes für die Tangentenbifurkation; b) „Zeitserie" dieser Iteration

In den folgenden Kapiteln werden Modelle entwickelt werden, die auch eine chemische Interpretation der einzelnen Schritte bei iterativen Gleichungen zulassen.

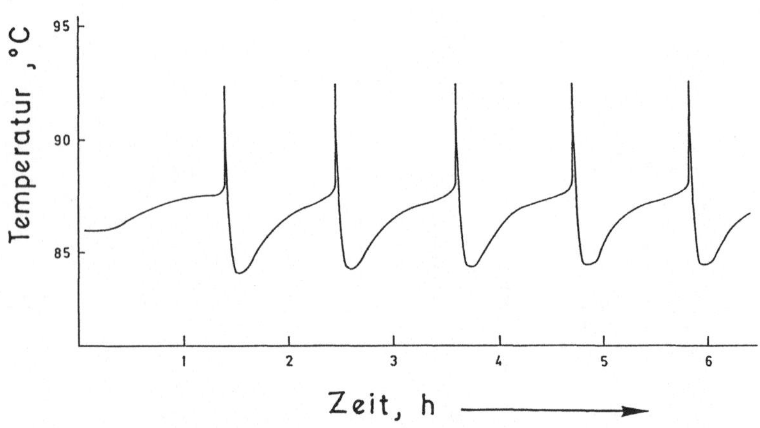

Bild 3.38 Zeitserie der Temperaturoszillation bei der an Palladium-Trägerkatalysatoren im Strömungsreaktor durchgeführten Methanoloxidation (Versuch von E. van Raaij)

Kapitel 4
Fraktale in der Chemie

4.1 Wachstumsphänomene bei fraktalen Metallabscheidungen

4.1.1 Fraktale Zinkbäume

Bei elektrochemischen Auflösungs- und Abscheidungsprozessen behält die Elektrode normalerweise ihre geometrische Gestalt bei und verändert auch ihre Oberflächengröße nicht wesentlich. Die Elektrodenoberfläche kann dabei durchaus etwas rauher werden und sie mag sich auch etwas vergrößern, aber selbst eine Verdopplung der Oberfläche müssen wir als klein betrachten im Vergleich zu den Oberflächenvergrößerungen bei den elektrochemischen Prozessen, die wir hier behandeln werden.

Vergößern wir die Wahrscheinlichkeit dafür, daß die Metallionen bei ihrer Wanderung zur Elektrode an ihr haften bleiben, dann werden zufällig entstehende räumliche Unterschiede beim Abscheiden der Metalle an der Elektrode sich immer mehr entwickeln und schließlich poröse, schwammartige Strukturen ausbilden.

In der Technik ist dieser Prozeß meistens nicht erwünscht, wie etwa beim Galvanisieren. Man verlangt z.B. beim Verchromen nach einer fest anhaftenden, glatten und metallisch glänzenden Chromschicht und nicht nach einer Schicht, die sich schon mit der Hand leicht abreiben ließe.

Es gibt aber auch technisch wichtige Produkte, wo eine solche „schwammartige" Abscheidung erwünscht ist, wie z.B. beim Platinschwamm (platiniertes Platin) oder beim Palladiummohr auf Palladium. Beide Produkte dienen als Metallelektroden, die bei vielen elektrochemischen Prozessen als chemisch nicht angreifbare Elektroden mit besonders großer Oberfläche eingesetzt werden.

Eine „schwammartige" Struktur besitzt auch die aus dem Haushalt bzw. der Apotheke bekannte *Aktivkohle*, die auf Grund ihrer großen *inneren Oberfläche* dazu benutzt wird, in wässerigen Lösungen bzw. im Magen/Darm-Bereich

113

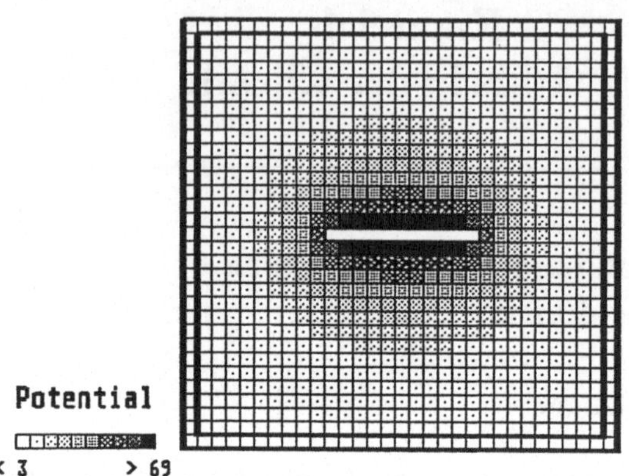

Bild 4.1 Durch Grauwerte dargestellte Potentialverteilung zwischen einem eindimensionalen Leiter (weiß; Potential $U = 80$, im Zentrum) und einem ihn umgebenen quadratischen Leiter (weiß; Potential $U = 0$, auf dem Rand)

Schadstoffe zu adsorbieren. Über ähnliche Eigenschaften verfügen auch die schwammartigen Abscheidungen der Metalle. Während z.B. das kompakte Palladium bei Zimmertemperatur „nur" rund das 600fache seines eigenen Volumens an Wasserstoff zu absorbieren vermag, absorbiert *feinverteiltes* Palladium (Palladiumschwamm) bereits das 800fache und eine wässerige Suspension von *feinstverteiltem* Palladium (Palladiumscharz, Palladiummohr) schon das 1200fache. Dieser in Palladium gelöste Wasserstoff ist besonders reaktionsfähig und läßt sich deshalb für viele Reduktionszwecke verwenden. Platin ist bezüglich der hier genannten Eigenschaften mit dem Palladium vergleichbar. Auch bei den katalytischen Feuerzeugen, wie dem nun schon historischen *Döbereiner Feuerzeug* oder dem heute noch gebräuchlichen katalytischen Gasanzünder, spielen solche „schwammartigen Oberflächen" auf Grund ihrer sehr stark vergrößerten Oberfläche eine große Bedeutung.

Zur Erzeugung glatter Oberflächen verringert man in der Technik die Haftwahrscheinlichkeit der Kationen an der Elektrode durch entsprechende Zusätze von oberflächenaktiven Salzen. Wir wollen zur Erzeugung schwammartiger Oberflächen die Haftwahrscheinlichkeit jedoch vergrößern! Dies kann geschehen, indem wir die Feldstärke an einem Ort der Elektrode heraufsetzen, so daß sich dort die Wahrscheinlichkeit für das Entladen der Ionen vergrößert. Man kann das dadurch erreichen, daß man feine, spitze Elektroden verwendet, an denen das elektrische Feld besonders stark ist. Es ist nämlich so, daß in einem elektrischen Leiter sich die aufgegebenen Ladungen so verteilen, daß an der Oberfläche des Leiters überall dasselbe Potential vorhanden ist. Auf Grund dieser Randbedingung für das elektrische Potential ist die Ladungsdichte dort am größten, wo der Krümmungsradius des Leiters, in diesem Fall also der Elektrode, am kleinsten ist. Damit ist auch das an der Oberfläche außerhalb des Leiters vorhandene elektrische Feld an diesen Orten größer als an jenen, wo die Krümmung kleiner (d.h. wo der Krümmungsradius größer) ist.

Beim Anlegen eines elektrischen Feldes an die Elektrode fällt vor den Spitzen der Elektrode das elektrische Potential in der Lösung besonders stark ab, und es herrscht somit an ihnen eine große Feldstärke.

In Bild 4.1 ist ein eindimensionaler Leiter von einem geschlossenen eindimensionalen, quadratisch geformten Leiter umgeben. Die „Grauwerte" der Farbtafel geben die Größe des Potentials in dem entsprechenden Raumbereich wieder. Schwarz bedeutet ein „hohes" Potential und weiß ein „niedriges" Potential. Das Potential des quadratischen Leiters am Rande ist null. Die im Bild 4.1 gezeigte zweidimensionale Potentialverteilung ergibt sich auf Grund eines Iterationsverfahrens für die Lösung der *Laplace-Gleichung*

$$\frac{\partial^2 U}{\partial x^2} + \frac{\partial^2 U}{\partial y^2} = 0 \qquad (4.1)$$

unter der Randbedingung, daß das Potential im eindimensionalen Leiter und auf dem ebenfalls leitenden Rand für sich jeweils konstant ist. An der Potentialverteilung in unmittelbarer Nähe des eindimensionalen Leiters erkennt man, daß an den Leiterenden das Potential besonders stark abfällt, während es in der Leitermitte sich wesentlich langsamer zum umgebenden Rand hin verringert. Damit das Potential in dem Leiterstück überall als gleich angenommen werden kann, muß die Ladungsverteilung im Leiter ungleichförmig sein. Das daraus resultierende elektrische Feld außerhalb des Leiters ist in Bild 4.2 wiedergegeben.

Die Ionen folgen nun bei ihrer zufälligen Wanderung weitgehend den Feldlinien und je stärker das lokale elektrische Feld ist, desto stärker werden die Ionen von der Elektrode angezogen. Wir erhöhen auf diese Weise die lokale Trefferhäufigkeit und – vermittelt durch das starke elektrische Feld – auch die lokale Haftwahrscheinlichkeit.

An einem zweidimensionalen Beispiel kann man auf makroskopischer Ebene die Bildung solcher schwammartiger Strukturen besonders schön verfolgen:

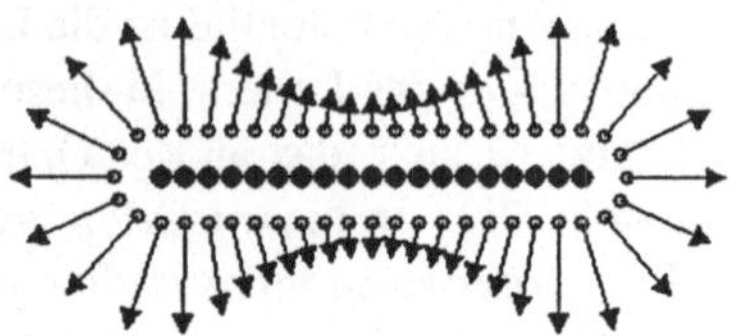

Bild 4.2 Schematische Darstellung des elektrischen Feldes in der Nähe eines eindimensioanlen Leiters in der Ebene

Man taucht eine gut leitende Elektrode, z.B. das flache Ende einer Bleistiftmine, in die Grenzfläche einer wässerigen $2n$ Zinksulfatlösung und einer darüberliegenden organischen Füssigkeit, z.B. n-Butylazetat. Die beiden Flüssigkeiten sind praktisch nicht miteinander mischbar. Das Ende der Bleistiftmine bildet nun einen Kreis in der Grenzschicht. Als anodische Gegenelektrode verwendet man einen in großem Abstand von der Kathode befindlichen, zu einem Kreis (($r \approx 7{,}5$ cm) gebogenenen Streifen eines Zinkbleches, so daß all die Zinkionen, die an der Kathode abgeschieden werden, von der sich auflösenden Zinkanode nachgeliefert werden. Auf diese Weise bleibt die durchschnittliche Zinkionenkonzentration während der ganzen Versuchszeit über konstant; vgl. Bild 4.3.

Idealisiert können wir uns die Situation so vorstellen, daß die Deckfläche des Zylinders der zylinderförmigen Bleistiftmine gerade mit der Ebene der Grenzfläche der beiden nicht mischbaren Flüssigkeiten zusammenfällt. Dann herrscht am Rand dieser Deckfläche die größte Feldstärke (Bild 4.4), denn der Rand besitzt den kleinsten Krümmungsradius r, während die ebene Deckfläche selbst den unendlich großen Krümmungsradius $r = \infty$ besitzt.

Man könnte nun einwenden, daß es sich bei der gewählten Versuchsanordnung doch um ein dreidimensionales Problem handelt. Die Bleistiftmine wird stets ein wenig in die wässerige Schicht eintauchen. Dann kann man den eingetauchten Teil der Mine als dünne, zylindrische Scheibe begreifen. Die Deckfläche hätte dann wieder einen unendlichen Krümmungsradius, der Zylindermantel der Scheibe besitzt wieder den Krümmungsradius r, aber die Kante zwischen der Deckfläche und dem Zylindermantel hat nun einen noch viel klei-

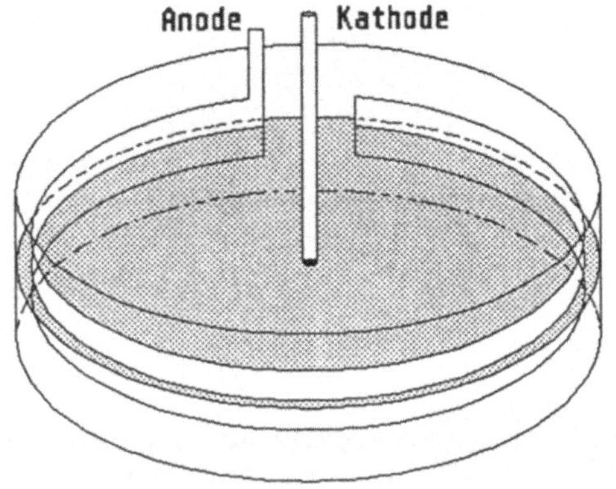

Bild 4.3 Versuchsanordnung zur Erzeugung zweidimensionaler fraktaler Zinkabscheidungen: Petrischale mit stabförmiger Kathode und konzentrisch dazu angeordneter Zinkanode

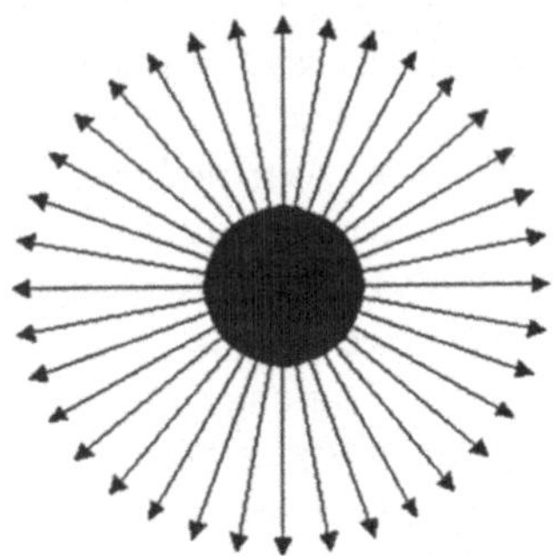

Bild 4.4 Radiale Feldlinienverteilung in der zweidimensionalen Ebene der Deckfläche der kreisförmigen Bleistiftelektrode vom Radius r

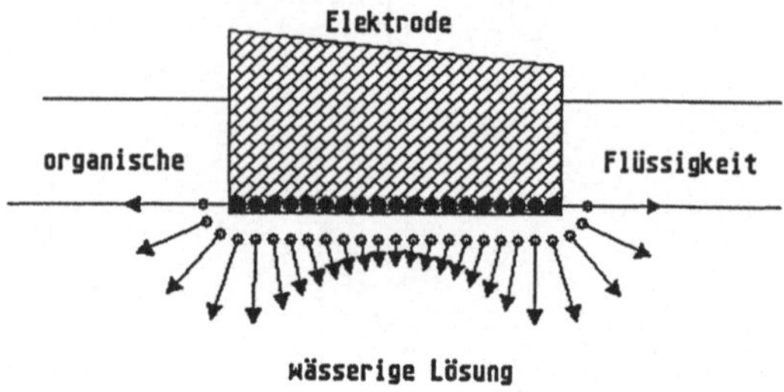

Bild 4.5 Seitenansicht der in die Grenzfläche zwischen den beiden Flüssigkeiten eintauchenden Elektrode mit zugehörigen Feldstärkevektoren an ihrer Oberfläche

neren Krümmungsradius, der im Idealfall einer unendlich scharfen, rechtwinkligen Kante gleich null ist; vgl. Bild 4.5. Was im zweidimensionalen Fall der Kreis vom Radius r der Mine ist, ist im dreidimensionalen Fall die kreisförmige Kante mit demselben Radius r, an dem die größte Feldstärke anzutreffen ist. Zu diesem Kreis hin werden sich die Zinkionen bewegen.

Die Zinkionen werden also in diesem Bereich hoher Feldstärke zwischen den beiden Flüssigkeiten auf die Elektrode treffen und sich dort entladen. Da die Zinkionen sich nur in der wässerigen Schicht bewegen können, treffen sie nur von dieser Seite her auf die Elektrode. In der Grenzebene zwischen den Flüssigkeiten bzw. in ihrer unmittelbaren Nähe liegt ja auch die Deckfläche der Elektrode, die auf diese Weise vom Rande her vergrößert wird. Auf der Deckfläche hingegen werden im Vergleich dazu praktisch keine Zinkionen entladen, weil sie auf Grund der dort herrschenden geringen Feldstärke kaum dorthin gelangen werden. Insofern kann man aus gutem Grund idealisierend annehmen, daß die Zinkionen sich in einem zweidimensionalen Raum bewegen.

Alle Punkte des zuerst kreisförmig angenommenen Randes der Elektrode sind hinsichtlich der Zinkabscheidung gleichberechtigt. Aber rein zufällig werden an der einen oder anderen Stelle ein wenig mehr Zinkionen entladen, so daß aus der anfänglichen Kreisgestalt eine unregelmäßig berandete Fläche wird.

Der durch die zufällige Zinkabscheidung unregelmäßig gewordene Rand der ehemals kreisförmigen Elektrode führt nun dazu, daß gerade die stark konvex gekrümmten Randbereiche scheller wachsen, als die weniger stark gekrümm-

118

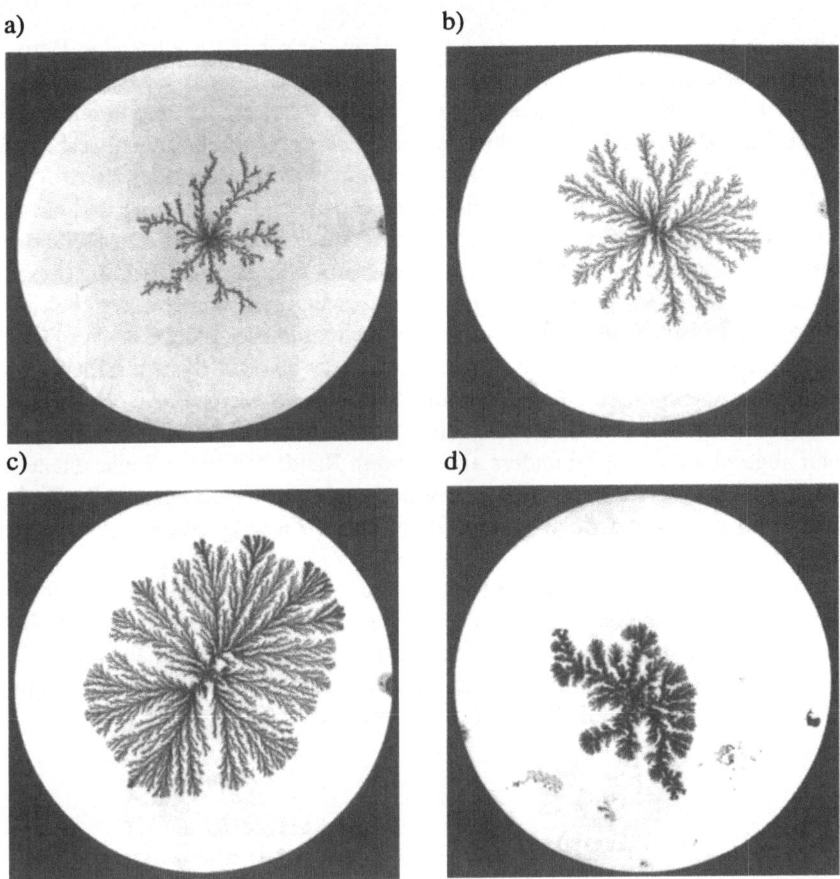

Bild 4.6 Zinkbäume bei verschiedenen Spannungen a) 4 Volt nach 350 s, b) 8 Volt nach 414 s, c) 12 Volt nach 414 s und d) 14 Volt nach 100 s (*Versuch: K. Koblitz u. P.Plath*)

ten oder gar konkaven Randbereiche der Elektrode. Die stark konvexen Randbereiche besitzen nämlich einen sehr kleinen Krümmungsradius, so daß an ihnen eine große Feldstärke anliegt, während die konvexen Bereiche einen „negativen" Krümmungsradius besitzen und damit eine noch geringere Feldstärke aufweisen als die geraden bzw. ebenen Bereiche der Elektrode.

Da auf Grund der hohen Feldstärke praktisch jedes auf den Rand treffende Zinkion an der Stelle seines Auftreffens entladen wird und dort haften bleibt, spielt der Zufall auch hierbei eine entscheidende Rolle. Auf diese Weise erhält man keine glatte Berandung – auch nicht der schnell wachsenden Bereiche – sondern in feinster Verästelung wachsen überall Randteile heraus. Durch wiederholte Verzweigung verschiedener Randzweige entstehen nun fast feldfreie „innere" Bereiche der Elektrode. Ionen die sich darin befinden, verhalten sich wie elektrisch geladene Teilchen in einem zweidimensionalen Faradaykäfig; sie unterliegen nur noch der einfachen Brownschen Bewegung und haben kaum noch Veranlassung, sich bevorzugt zu der einen oder anderen Stelle des „inneren" Randes dieses Käfigs hin zu bewegen, falls sie nicht zufällig diesen Randbereich treffen; vgl. Bild 4.6. Bei insgesamt größer werdender Elektrodenfläche nimmt auch die Feldstärke senkrecht zu dieser Fläche im Vergleich zur Feldstärke senkrecht zum Rand immer mehr ab. Das System nähert sich also immer mehr einem idealen zweidimensionalen System an. An der ebenen, immer weiter sich verzweigenden Zinkfläche werden immer seltener Zinkionen abgeschieden – ganz anders als an ihrem Rand. Auf diese Weise entsteht ein vor allem an seinem Rand wachsender nahezu zweidimensionaler Zinkbaum mit großen und vielen kleinen Ästen sowie Zweigen und einigen großen und vielen kleinen Lücken.

Die so aus dem anfänglichen Kreis entstandene Struktur besitzt eine hochkomplexe, fraktale Geometrie, die wir am besten dadurch charakterisieren, daß wir ihre Entstehungsgeschichte, wie in der Elektrochemie üblich, über die zeitliche Veränderung des Stromflusses verfolgen. Hält man die Spannung konstant, so ändert sich mit der Zeit die Stromstärke, da diese der pro Zeitein-

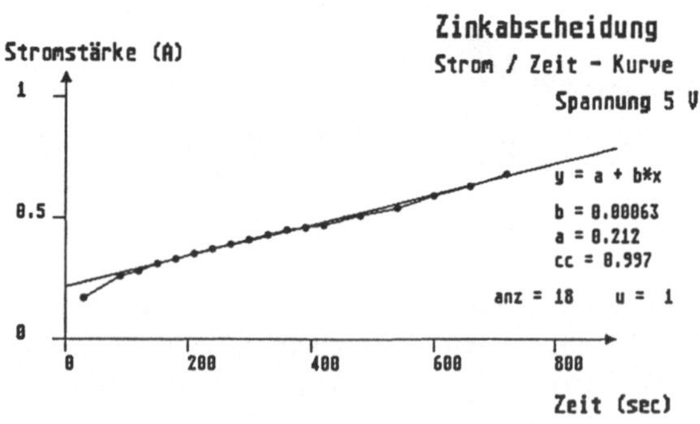

Bild 4.7 Stromstärke als Funktion der Zeit beim wachsenden Zinkbaum. Die Spannung zwischen den Elektroden wurde dabei konstant gehalten: $E = 5V$ (*Versuch: K.Koblitz*)

120

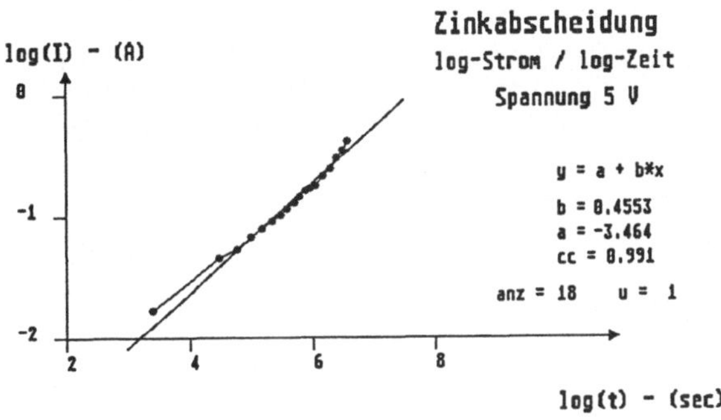

Bild 4.8 Doppellogarithmische Auftragung der Stromstärke als Funktion der Zeit beim wachsenden Zinkbaum, (5 Volt) (*Versuch: K. Koblitz*)

heit abgeschiedenen Menge von Zinkionen proportional ist (Bild 4.7 und Bild 4.8). Entsprechend der klassischen Beschreibung elektrochemischer Vorgänge ist bei konstanter Spannung die Stromstärke proportional der Größe der Fläche, an der die Entladung der Ionen stattfindet. Nun findet aber, das haben wir ja gerade festgestellt, die Abscheidung nicht so sehr an der Fläche statt als vielmehr an ihrem Rande, also müßte die Stromstärke doch eher proportional der Länge L des Randes als proportional zur Größe der Elektrodenfläche F sein. Das wäre jedoch eine Aussage, die nicht konform ist zu der wohlbegründeten, klassischen, elektrochemischen Auffassung. Wir wollen aus diesem Grunde zuerst einmal wieder auf das Experiment zurückgreifen, ehe wir diese Diskussion fortführen.

Wir können wegen der komplexen Geometrie weder die Länge des Randes der wachsenden Zinkelektrode, noch deren Fläche zu irgendeinem Zeitpunkt vorurteilsfrei, also ohne Angabe des verwendeten Maßstabes, genau angeben. Dagegen können wir aber recht einfach die zeitliche Veränderung der Radius r des kleinsten Kreises messen, der konzentrisch zum Ursprung, in dem sich unsere Bleistiftmine befindet, auch noch die entfernteste Verzweigung des Zinkbaumes gerade mit umschließt. Dieser Radius muß dann mit der Zeit wachsen (Bild 4.9)

$$r = f(t) . \tag{4.2}$$

Wäre die gesamte, durch r beschriebene Kreisfläche mit Zinkmetall vollständig erfüllt, so würde bekanntlich gelten, daß der Kreisumfang

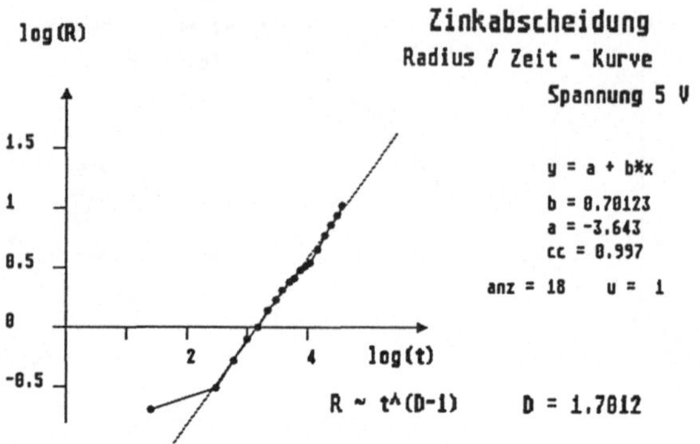

Bild 4.9 Doppellogarithmische Auftragung des *Radius* des Zinkbaumes als Funktion der Zeit bei konstanter Spannung von 5 Volt (*Versuch: K. Koblitz*)

$$U = 2\pi r \tag{4.3}$$

und die Kreisfläche F

$$F = \pi r^2 \tag{4.4}$$

ist. Das ist im Fall des stark verzweigten, „zweidimensionalen" Zinkbaumes aber sicher nicht der Fall, denn sein Rand besitzt gewiß eine größere Länge als die des Kreises, der den Zinkbaum umschreibt, und seine Fläche ist gewiß kleiner als die von diesem Kreis eingeschlossene Kreisfläche.

Wir wollen nun die Begriffe Umfang und Fläche mathematisch etwas allgemeiner schreiben, indem wir von einem ebenen, geometrischen Objekt – es sei ein beliebig geformtes, berandetes Gebilde – annehmen, daß eine ihm zugeordnete Größe L proportional der D-ten Potenz des Radius r des umgebenen Kreises sei:

$$L \propto r^D, \tag{4.5}$$

wobei der noch unbekannte Exponent D den Charakter einer Dimension habe. Wir wollen dabei zulassen, daß D nicht ganzzahlig zu sein braucht, sondern auch eine gebrochene Zahl sein kann. In diesem Fall nennt man nach B. Mandelbrot (1977) D eine *fraktionierte Dimension* und das durch diese Zahl charakterisierte Gebilde ein *Fraktal*. Ist $D = d_{\text{top}}$ ganzzahlig, so spricht man von einer *topologischen Dimension*. Wenn z.B. $d_{\text{top}} = 1$ ist, dann handelt es sich bei der Größe L um den Umfang, wie wir ihn vom Kreis her kennen; entsprechend bedeutet $d_{\text{top}} = 2$, daß wir es mit einer überall zusammenhängenden Fläche, wie von einer Kreisscheibe, zu tun haben.

Eine einfache Transformation von Gleichung (4.5) führt nun auf die doppellogarithmische Form

$$\log L \propto D \log r. \tag{4.6}$$

Die Diskussion endete vorhin ja mit der Abwägung der Frage, ob die Stromstärke mehr der Randlänge oder doch eher der Fläche der Elektrode proportional ist. Wir kennen aus dem Experiment bereits die Funktion $I = g(t)$, die die Stromstärke beschreibt; vgl. Bild 4.7. Von ihr wollen wir annehmen, daß sie von der Form

$$I \propto t^{\alpha} \tag{4.7}$$

sei, bzw. nach entsprechender Umformung den Ausdruck

$$\log I \propto \alpha \log t \tag{4.8}$$

ergibt. In dem als Beispiel gewählten Experiment ergab sich für α der Wert $\alpha = 0{,}4533$; vgl. Bild 4.8. Ebenso haben wir ja die Funktion $r = f(t)$ vermessen. Auch hier wollen wir einen exponentiellen Zusammenhang annehmen, so daß gilt:

$$r \propto t^{\beta} \tag{4.9}$$

bzw.

$$\log r \propto \beta \log t. \tag{4.10}$$

Aus den experimentellen Messungen erhalten wir für β den Wert: $\beta = 0{,}7012$; vgl. Bild 4.9. Mittels einer einfachen Umformung ergibt sich die Relation:

$$\log I \propto \frac{\alpha}{\beta} \log r \tag{4.11}$$

bzw.

$$I \propto r^{\frac{\alpha}{\beta}}. \tag{4.12}$$

Tragen wir also $\log I$ als Funktion von $\log r$ auf, so erhalten wir eine Gerade, deren Steigung den Wert $D = \frac{\alpha}{\beta}$ hat (Bild 4.10). Wir können die obige Frage demnach experimentell entscheiden: Die Stromstärke ist also weitgehend der Länge des Randes proportional, denn D ist mit $D = 0{,}648$ der topologischen Dimension des eindimensonalen Randes weit ähnlicher, als der topologischen Dimension $d_{\text{top}} = 2$ einer Fläche.

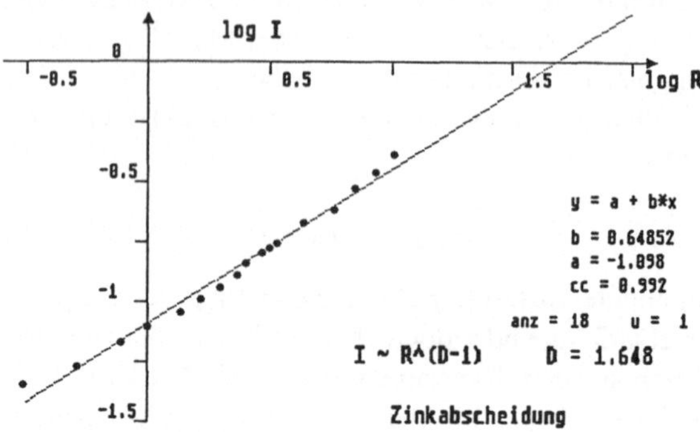

Bild 4.10 Doppellogarithmische Auftragung der Stromstärke als Funktion des *Radius* *r* des Zinkbaumes bei 5 Volt (*Versuch: K. Koblitz*)

Der Exponent D drückt die Zugänglichkeit des lokal eindimensionalen Elektrodenrandes für die Entladung der Zinkkationen an der Elektrode aus. Die mehr oder weniger zugänglichen Teile des Randes werden gewissermaßen als Lücken im Rand empfunden, der damit eine *fraktionierte Dimension* erhält, die kleiner als eins ist, $d_{top} \leq 1$, der topologischen Dimension eines *„glatten"*, nicht zerküfteten Randes. Die *fraktionierte Dimension* des von diesem Rand eingeschlossenen fraktalen Objektes – der Zinkelektrode – erhält man nun dadurch, daß man d um eins erhöht: $D_{Elek} = d + 1$. Diese zusätzliche Eins entspricht der lokalen toplogischen Dimension des Randes von dem aus das fraktale Wachstum in den zweidimensionalen Raum hinein begann.

Je nach der zwischen der Zinkbaumelektrode und der Gegenelektrode angelegten Spannung können sich in ihrer Gestalt unterschiedliche Muster für die Zinkbäume ergeben. Das Bild 4.6 zeigt einige Beispiele dafür.

Mit der Spannung nimmt die Feldstärke an der Elektrode zu, und es ist auf dieser Argumentationsebene verständlich, daß die Muster immer dichter werden. Mißt man auch hier wieder die Dimension der fraktalen Zinkbäume, so zeigt sich, daß diese bis zu einer bestimmten Spannung $E_k \approx 8{,}1$ V konstant ($D_{Elek} = 1{,}66 \pm 0{,}03$) bleibt, darüber hinaus jedoch näherungsweise linear bis D_{Elek} auf $d_{Elek} = d_{top} = 2$ ansteigt, wie Matsushita (1984) zeigen konnte; vgl. Bild 4.11. Es gibt also einen Schwellwert der Spannung, der grundsätzlich zwei verschiedene Prozesse signalisiert, die unterhalb und oberhalb von ihm stattfinden.

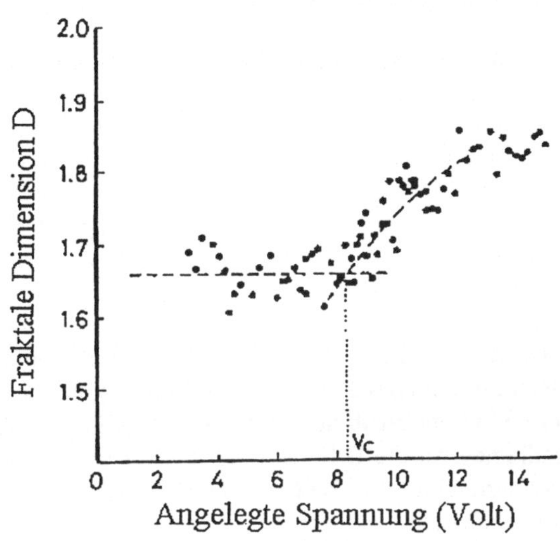

Bild 4.11 Dimension der Zinkbäume als Funktion der angelegten Spannung nach Matsushita (1984)

Unterhalb dieses kritischen Wertes U_k der Spannung findet die Entladung der Zinkionen und damit der Stromfluß nur durch den eindimensionalen Rand der fraktalen Zinkelektrode statt, wofür die Dynamik einer *diffusions-limitierten Aggregation* bestimmend ist. Oberhalb des Werte U_k findet die Entladung der Zinkionen ebenfalls weitgehend am Rande der Elektrode statt, so daß d der Bedingung genügt: $0{,}66 \leq d \leq 1$.

Aber es findet mehr und mehr auch eine „*ballistische Aggregation*" statt, wie P. Meakin (1986) sie beschreibt. Dabei werden auf Grund der großen Feldstärke am Rand der Elektrode die Zinkionen kaum noch erratisch wandern, sondern den Feldlinien folgend, gewissermaßen in einem *ballistischen Flug*, auf den Rand treffen. Dieser Prozeß wird zum bestimmenden Prozeß, wenn die angelegte Spannung soweit gesteigert worden ist $U \geq 14$ V, daß $D_{\text{Elek}} \approx 2$ wird.

4.1.2 Modell der diffusions-limitierten Aggregation

Die Tragfähigkeit unserer Vorstellungen über die chemisch physikalischen Vorgänge bei der geschilderten Abscheidung von Zinkmetall in Form eines fraktalen Zinkbaumes läßt sich am besten dadurch überprüfen, daß wir sie in einem mathematischen Formalismus fassen, um sie simulieren zu können.

Die hinsichtlich unserer Diskussion entscheidende Idee war die Reduktion des dreidimensionalen Prozesses der Metallabscheidung auf ein weitgehend zweidimensionales Problem. Wir haben dafür eine entsprechende Versuchsanordnung gewählt. Es soll hier nicht verschwiegen werden, daß man auch dreidimensionale fraktale Strukturen, z.B. bei der Metallabscheidung von Kupfer, beobachtet hat. Diese von Brady und Ball 1984 durchgeführten Versuche haben wir hier nicht diskutiert, um das Problem so einfach wie möglich zu gestalten.

Das elektrische Feld unterhalb des kritischen Potentials U_k diente uns nur dazu, einen Gradienten für die Diffusion der Zinkionen zu erzeugen und für die Metallabscheidung einen so „flachen Raum“ zu schaffen, daß wir diesen auf einen zweidimensionalen reduzieren konnten, ohne dabei einen zu großen Fehler zu machen. Neben dieser Näherung ist die für die mathematische Modellbildung entscheidende Annahme, daß die Zinkionen bei ihrer Diffusion eine Zufallsbewegung durchführen. Damit ist auch der Ort, wo sie, geführt vom Gradientenfeld, auf die Elektrode treffen, zufällig bestimmt. Bei Spannungen oberhalb von U_k wird die Zufallsbewegung jedoch mehr und mehr durch die *ballistische Bewegung* im elektrischen Feld ersetzt.

Diese, auf das für uns Wesentliche, reduzierte Darstellung der elektrolytischen Zinkabscheidung läßt sich mathematisch auch leicht formulieren. Dazu zergliedern wir den zweidimensionalen Raum z.B. in lauter quadratische Teilräume – Zellen genannt – die ihrerseits nun wiederum ein quadratisches Gitter bilden. Wir zeichnen eine weitgehend kreisförmige Menge dieser Zellen im quadratischen Gitter als Elektrode aus, indem wir ihnen einen Zustand *Zwei*: $z = 2$ zuordnen und lassen von einem zufällig gewählten Ort auf einem „Startkreis“ mit einem genügend großen Radius r Zustände *Eins* mit $z = 1$ „diffundieren“; vgl. Bild 4.12.

Alle Zellen im Zustand *Null* mit $z = 0$ heißen „freie Zellen“, da die *Eins*-Zustände sie durch Diffusion erreichen können. Dabei nehmen sie vorübergehend den Zustand *Eins* an. Die Zellen der Elektrode, wie auch die fixierten Zustände, die den abgeschiedenen, entladenen Metallatomen entsprechen, erhalten den Zustandswert *Zwei* ($z = 2$).

Die Zustände *Eins* einer Zelle können nun insofern „diffundieren“, als sie bei jedem Zeitschritt zufällig einer der neun benachbarten Zellen ihren Zustand

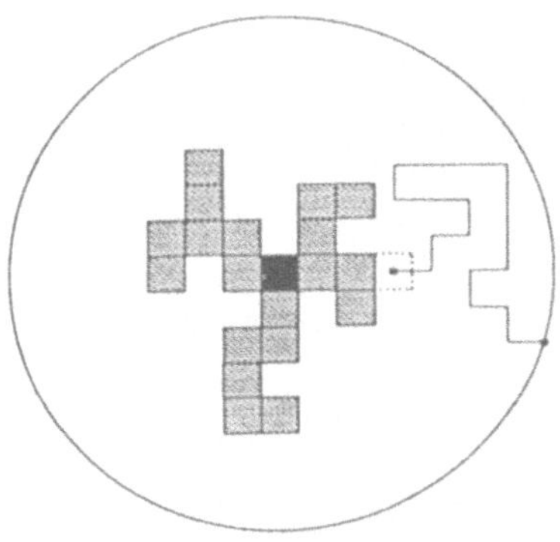

Bild 4.12 Skizze für die Trajektorie von *Eins-Zuständen* bei der *diffusionslimitierten Aggregation* nach Witten und Sander; nach Peitgen et al. (1992)

„übergeben" und dafür deren Zustand übernehmen. Hierbei wird eine Zelle als zu sich selbst benachbart begriffen. Es muß an dieser Stelle angemerkt werden, daß hier die Diffusion der Teilchen als ein Austausch von Zuständen $z = 1$ und $z = 0$ einer Zelle beschrieben wird. Trifft nun ein solcher Zustand *Eins* bei seiner „erratischen Wanderung" auf einen ihm benachbarten Zustand *Zwei*, so wandelt sich sein Zustand mit der Wahrscheinlichkeit p von *Eins* in *Zwei* um, und er wird lokal fixiert, indem er nicht weiter diffundieren kann.

In dieser Simulation wird immer nur ein „*Eins*-Zustand" „diffundieren". Damit seine Aggregation am Cluster nicht von seiner Positionierung in der Ebene zur Zeit $t = 0$ abhängt, beginnt seine Wanderung von einer zufällig gewählten Zelle auf einem „Startkreis", der stets genügend viel größer ist als der Kreis, dessen Radius den wachsenden Aggregationscluster gerade umschreibt. Ist ein „*Eins*-Zustand" im Verlauf seiner Wanderung auf einen „*Zwei*-Zustand" getroffen und daraufhin in einen solchen verwandelt worden, dann wird ein neuer Zustand *Eins* irgendwo auf dem Startkreis initiiert und beginnt nun seinerseits seine Zufallswanderung.

Das Gebilde, das auf diese Weise entsteht, ist ein Fraktal, das insbesondere durch T.A. Witten und L.M. Sander (1981) als *diffusions-limitierter Aggregationcluster* (DLA-Cluster) bekannt geworden ist. Es besitzt eine sehr große Ähnlichkeit mit unserem zweidimensionalen Zinkbaum; vgl. Bild 4.13.

Durch Änderung der Wahrscheinlichkeit p für die Umwandlung eines Zustandes *Eins* in den Zustand *Zwei*, wenn der Zustand *Eins* einer Zelle mit ei-

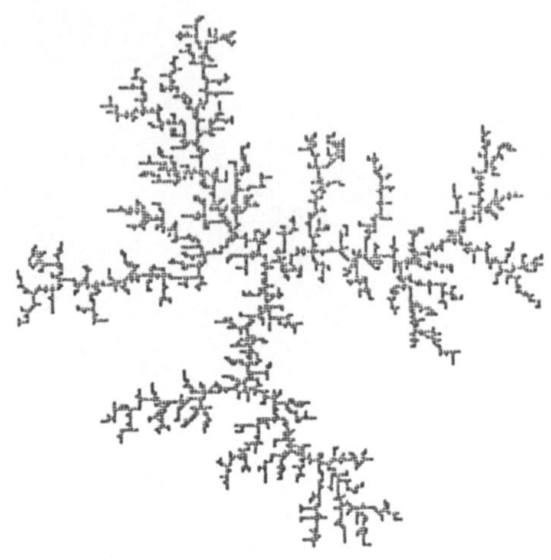

Bild 4.13 Cluster der *Zwei-Zustände* bei der diffusionslimitierten Aggregation nach Witten und Sander (1982)

nem Zellzustand *Zwei* benachbart ist, kann man die Gestalt und auch die Dimension des DLA-Clusters modifizieren. Die Wahrscheinlichkeit p ist nichts anderes als die zu Beginn dieses Abschnittes erwähnte Haftwahrscheinlichkeit der Zinkionen bezüglich ihrer Entladung zu den an der Elektrode festhaftenden, ungeladenen Metallatomen. Sehr kleine Wahrscheinlichkeiten p erzeugen sehr „glatte" DLA-Cluster, während die Wahl von $p \approx 1$ zu sehr schön ausgebildeten, bizarren Fraktalen führt.

Es handelt sich bei diesen DLA-Clustern um Fraktale, die im Hinblick auf ihre zufallsbedingte Struktur *„selbstähnlich"* sind, nicht jedoch im Sinne einer streng geometrischen Konstruktion. Für diese DLA-Cluster gibt es anders als beim *Sierpinskii-Dreieck* oder auch beim *Barnsley-Farn* kein Erzeugenden-System, also keine streng deterministische Grammatik. Dennoch kann man der Struktur eines DLA-Clusters eine sie charakterisierende Zahl zuordnen, um sie zu klassifizieren.

Für den Fall, daß das Wachstum des DLA-Clusters von einem „*Keim*" – in unserem Fall von der Bleistiftmine – ausgeht, konnten Muthukumar (1983) sowie Tokuyama und Kawasaki (1984) für die Dimension D des DLA-Clusters den Ausdruck

$$D = \frac{d_{\mathrm{raum}}^2 + d_{\mathrm{sub}}}{d_{\mathrm{raum}} + d_{\mathrm{sub}}} \qquad\qquad (4.13)$$

ableiten. d_{raum} ist hier die topologische Dimension des *euklidischen Raumes*, in den hinein das Fraktal wächst, und d_{sub} ist die lokale topologische Dimension des Substrats, also z. B. der Rand der Elektrode, von dem aus das Fraktal wächst. In unserem Fall ist $d_{\mathrm{raum}} = 2$ und $d_{\mathrm{sub}} = 1$. Somit erhalten wir für die Dimension des DLA-Clusters $D = \frac{2^2+1}{2+1}$ bzw. $D = 1{,}66...$

Ein ganz einfaches Verfahren, der gebildeten DLA-Struktur eine *fraktale Dimension D_0* zuzuordnen, beruht auf der Nutzung des zugrundegelegten quadratischen Gitters. Man bildet ausgehend von irgendeiner Zelle Quadrate mit der Kantenlänge von $q = 1,2,3,\ldots,n$ Zellen und zählt dann die Zustände *Zwei* in diesen Quadraten. Man erhält so die Zahl $z_i(q,2)$ der Zellzustände *Zwei* in den Quadraten der Kantenlänge q, wobei man stets von der i-ten Startzelle ausgeht. Dies macht man für N verschiedene, zufällig ausgewählte Startzellen i und mittelt dann die Anzahl der Zustände *Zwei* der jeweiligen Quadrate der Kantenlänge q über die N verschiedenen Startpositionen i:

$$\overline{Z} = \frac{1}{N} \sum_{i=1}^{N} z(q,2). \qquad\qquad (4.14)$$

Trägt man nun den Logarithmus $\ln \overline{Z}$ der gemittelten Anzahl der Zustände *Zwei* der Quadrate der Seitenlänge q als Funktion des Logarithmus $\ln q$ eben jener Kantenlängen q auf, so erhält man eine Gerade, aus deren Steigung man die *fraktale Dimension D_0* des DLA-Clusters bestimmen kann. Dieses Verfahren ist unter dem Namen „*Box-Counting*" bekannt.

Nutzt man die besondere Zentralgeometrie des hier geschilderten mathematischen Experimentes aus, so kann man auf die Mittelung verzichten. Das Box-Counting Verfahren läßt sich auch sehr leicht auf das physikalisch-chemische Experiment übertragen. Dabei erhält man ein äußerst interessantes Ergebnis. Die *fraktale Dimension* der Zink-DLA-Cluster wächst von einem gewissen Schwellenwert U_{krit} für $U \geq U_{\mathrm{krit}}$ linear mit der Spannung an, bis sie den Wert $D = 2$ erreicht, während sie unterhalb des kritischen Schwellwertes für $U \leq U_{\mathrm{krit}}$ konstant den Wert $D \approx 1{,}66$ besitzt.

Man kann aber relativ einfach noch andere Zahlen ermitteln, die im Sinne einer Dimension das fraktale Gebilde charakterisieren. Dazu machen wir uns bewußt, daß das soeben beschriebene Box-Counting-Verfahren und die daraus abgeleitete *fraktale Dimension D_0*, wie H.P. Herzel (1987) gezeigt hat, auf der Bildung des *harmonischen Mittels h* beruht:

$$h = \left(\frac{1}{N} \sum_{i=1}^{N} x_i^{-1} \right)^{-1} \tag{4.15}$$

$$h \propto \epsilon^{D_0} \tag{4.16}$$

bzw.

$$D_0 = \frac{\ln h}{\ln \epsilon}, \tag{4.17}$$

wobei x_i die „Zufallsgröße" ist. Im vorliegenden Fall ist diese Zufallsgröße die von der Kantenlänge ϵ des hinreichend klein gewählten Quadrates (bzw. der Box) abhängige Zahl $n_i(\epsilon)$ der zu zählenden Zustände.

Natürlich kann man auch eine andere Mittelwertbildung zur Dimensionsbestimmung von Fraktalen heranziehen. So führt nach H.P. Herzel et al. (1987) das *geometrische Mittel g*

$$g = \left(\prod_{i=1}^{N(\epsilon)} x_i \right)^{1/N(\epsilon)} \tag{4.18}$$

auf die *Informationsdimension* D_1:

$$D_1 = \lim \epsilon \to 0 \frac{I(\epsilon)}{|\ln \epsilon|}, \tag{4.19}$$

bzw. es gilt:

$$I \propto |\ln \epsilon|^{D_1}. \tag{4.20}$$

Dabei ist $I(\epsilon)$ die auf eine Box bezogene und von deren Größe ϵ abhängige *Information*

$$I(\epsilon) \propto -\frac{1}{N(\epsilon)} \sum_{i=1}^{N(\epsilon)} p_i \ln p_i, \tag{4.21}$$

die hier für den *natürlichen Logarithmus* statt des *dualen Logarithmus* umgeschrieben wurde.

Der Logarithmus des geometrischen Mittels g ist nämlich

$$\ln g = \frac{1}{n(\epsilon)} \ln \left(\prod_{i=1}^{N(\epsilon)} x_i \right) = \frac{1}{N(\epsilon)} \sum_{i=1}^{N(\epsilon)} \ln x_i. \tag{4.22}$$

Wenn $x_i = \left(\frac{1}{p_i} \right)^{p_i} = p_i^{-p_i}$ ist, folgt:

$$\ln g = -\frac{1}{N(\epsilon)} \sum_{i=1}^{N(\epsilon)} p_i \ln p_i, \qquad\qquad (4.23)$$

wobei $p_i = \frac{n_i(\epsilon)}{\epsilon^2}$ die „Wahrscheinlichkeit" ist, mit der eine Box der Größe ϵ mit der Häufigkeit $n_i(\epsilon)$ belegt ist. Im eingangs diskutierten Beispiel ist $n_i(\epsilon)$ die Zahl der Zellen im Zustand *Zwei* innerhalb einer solchen Box.

Verwendet man zur Dimensionsbestimmung den von A. Rényi (1970) entwickelten Begriff der *verallgemeinerten Information* I_q, der auf der *verallgemeinerten Mittelwertbildung* beruht,

$$I_q(\epsilon) = \frac{1}{1-q} \ln \sum_{i=1}^{n(\epsilon)} p_i^q \qquad \text{mit} \qquad q \in \{\mathbf{Z}\backslash 1\}, \qquad (4.24)$$

dann kann man nach P. Grassberger und I. Procaccia (1983) die *verallgemeinerte Dimension* D_q in der Form schreiben:

$$D_q = \lim_{\epsilon \to 0} \frac{I_q(\epsilon)}{|\ln \epsilon|}. \qquad\qquad (4.25)$$

So wie es unendlich viele Mittelwertbildungen gibt, wird eine fraktale Struktur also durch unendlich viele Dimensionen charakterisiert. Im Fall der Geraden, der Ebene oder des dreidimensionalen *euklidischen Raumes* sind diese verallgemeinerten Dimensionen alle einander gleich, nicht aber im Fall des Fraktals, das den jeweiligen Raum nur unvollkommen ausfüllt. In diesem Sinne kann man von einem Spektrum der Dimensionen sprechen, das die fraktale Struktur charakterisiert.

Wir haben hier nur zwei Dimensionen aus dem Spektrum aller Dimensionen ausgewählt. Aber diese Auswahl ist keineswegs willkürlich, denn man kann allgemein zeigen, daß für das diskrete Dimensionsspektrum gilt, daß die *verallgemeinerten Dimensionen* D_q mit wachsendem q monoton fallen:

$$\cdots D_0 \geq D_1 \geq D_2 \cdots . \qquad\qquad (4.26)$$

Mit D_0 und D_1 lassen sich also obere Schranken angeben, die bereits einen Aufschluß über die Struktur des Dimensionsspektrums geben.

Um eine solche komplexe geometrische Struktur wie die DLA-Cluster annähernd zu beschreiben, genügt es, Dimensionswerte um $q = 0$ herum anzugeben, da die Folge der Dimensionen des Spektrums stark konvergiert. Wir können auf diese Weise über das Dimensionsspektrum der resultierenden makroskopischen Struktur des DLA-Clusters auch den zugrundeliegenden Prozeß beschreiben, wenn auch nicht in seinen molekularen Aspekten, so doch hinsichtlich der Wachstumseigenschaften solcher Cluster.

4.2 Chemisch zerbrechende Kristalle

Teetrinker, besonders in Ostfriesland, werden das eigentümliche, leise knisternde Geräusch gut kennen, wenn man Kluntjes (große Einkristalle des Zuckers) in heißen Tee taucht oder sie mit demselben genießerisch, vorsichtig übergießt. Dieses Geräusch besitzt eine fraktale Struktur, ebenso wie die Menge der vielen Risse, die das langsam zerplatzende Zuckerstück anschließend durchziehen.

Überhaupt erzeugen brechende Materialien wie Metall oder Glas oder das Zerplatzen von Eiswürfeln in heißem Wasser fraktale Klänge, da der dabei zugrundeliegende physikalische Prozeß der Rißbildung fraktal ist. J. Schwietering (1992) hat solche *„natürlichen"* aber auch *„künstlichen"* fraktalen Klänge mathematisch generiert und ihre graphische Repräsentation untersucht (Tafeln 9 und 10). Die Fraktalität eines solchen Klanges liegt dabei im einfachsten Fall sowohl in der zeitlichen Abfolge der Klangereignisse und der Bewegung, die in der musikalischen Literatur als die Geschwindigkeit bezeichnet wird, mit der die einzelnen Elemente der Folge eines Klanges einander folgen, als auch in der Lautstärke.

Es ist leicht vorstellbar, daß von außen auf ein System einwirkende *mechanische Kräfte* in diesem Bruchstrukturen erzeugen können. Aus unseren Kindheit ist das eine uns wohlbekannte Erfahrung. Zu oft gingen Spielzeug, Vasen und Geschirr mit lauten Krach entzwei, wenn wir etwa versehentlich darauf traten oder die kostbaren Sachen fallen ließen. Es ist aber auch möglich, eine Substanz, z.B. einen Kristall, *chemisch* zu zerbrechen! Wie das möglich ist, soll an einem Beispiel erläutert werden.

Schwefelwasserstoff kann in den Kristallen des Alumosilikats Zeolith-X vom Faujasith-Typ mit Luftsauerstoff zu Schwefel oxidiert werden:

$$2H_2S + O_2 \rightarrow 2S + 2H_2O \tag{4.27}$$

Die technische Anwendung eines Zeolith-X Katalysators für diese Reaktion wurde in den achtziger Jahren im Hinblick auf die Entschwefelung von Abluft diskutiert, mußte jedoch wieder verworfen werden, da die relativ großen Zeolith-X Kristalle bei der Schwefelwasserstoffoxidation im Laufe der Zeit zerbrechen, so daß die Katalysatorschüttung dadurch zu stark verdichtet wird.

Das Zerbrechen der oktaedrischen Zeolith-Einkristalle bei der Oxidation des Schwefelwasserstoffes zu Schwefel ist sehr verwunderlich, sind diese Kristalle doch sonst für viele katalytische Reaktionen gut verwendbar.

Zeolithe bilden eine große Klasse von Alumosilikaten mit einer Raumnetzstruktur. Auch der Einbau von Schwefel in zeolithische Gitter kann zu sehr stabilen Strukturen führen. So gehört das *Ultramarinblau* – ein zeolithähnliches, Schwefel enthaltendes Alumosilikat mit Raumnetzstruktur – zu den stabilsten blauen Farbstoffen. Das dem Maler als hochwertiger blauer Farbstoff so bekannte *Ultramarinblau*, das seinen Namen daher hat, daß es früher einmal aus Übersee importiert werden mußte, wurde damals aus dem naürlich vorkommenden, sehr kostbaren blauen *Lapislazuli* gewonnen. F. Seel (1974) hat in sehr informativer Weise die Kulturgeschichte dieses bedeutsamen Halbedelsteins aus der Sicht eines Chemikers beschrieben, der von der Schönheit dieses Steins tief beeindruckt ist. Das aus chemischer Sicht so Interessante am *Ultramarinblau* bzw. am *Lapislazuli* ist, daß sie sich in keinem üblichen Lösungsmittel ohne Zersetzung des „Farbstoffes" lösen lassen. So ergibt die saure Hydrolyse außer Kieselsäure und Aluminiumsalzen eine Reihe von Schwefelverbindungen, wie Schwefelwasserstoff, elementaren Schwefel, Schwefeldioxid, Polythionsäuren und Schwefelsäure; aber keiner dieser Stoffe ist blau! Beim *Lapislazuli* handelt es sich um den zeolithähnlichen Sodalith, in dessen Hohlräume die *Polysulfidradikalionen* S_3^- und S_4^- stabilisiert werden, die ESR-spektroskopisch nachgewiesen wurden. Die geladenen Schwefelteilchen ersetzen die sonst im Sodalithen $Na_6[Al_6Si_6O_24]Cl_2Na_2$ vorhandenen, „frei verfügbaren" Chlorionen. Beim *Ultramarinrot* treten auch ungeladene, rote S_4-Moleküle im Sodalithgerüst auf.

Das Kristallgitter der Faujasithe (Zeolith X und Y) (vgl. Bild 4.14) enthält eine völlig regelmäßige, räumliche Anordnung vieler großer Hohlräume (α-Käfige), die tetraedrisch durch weite Kanäle miteinander verbunden sind. Dieses Hohlraumgerüst entspricht strukturell dem System der kovalent gebundenen Kohlenstoffatome im Diamantgitter, wenn man sich die α-Käfige durch die Kohlenstoffatome des Diamantgitters ersetzt denkt.

Durch dieses System der Kanäle und Hohlräume können kleine Moleküle wie H_2S (Schwefelwasserstoff) und O_2 (Sauerstoff) in den Zeolithen hinein diffundieren. H.G. Karge (1978) nimmt an, daß es bei der Adsorption von H_2S in den Hohlräumen des Zeolithen X zu einer heterolytischen Dissoziation kommt:

$$H_2S \rightarrow HS^- + H^+, \tag{4.28}$$

wobei sich die Protonen H^+ unter Bildung von SiOH-Gruppen an den Gitter-

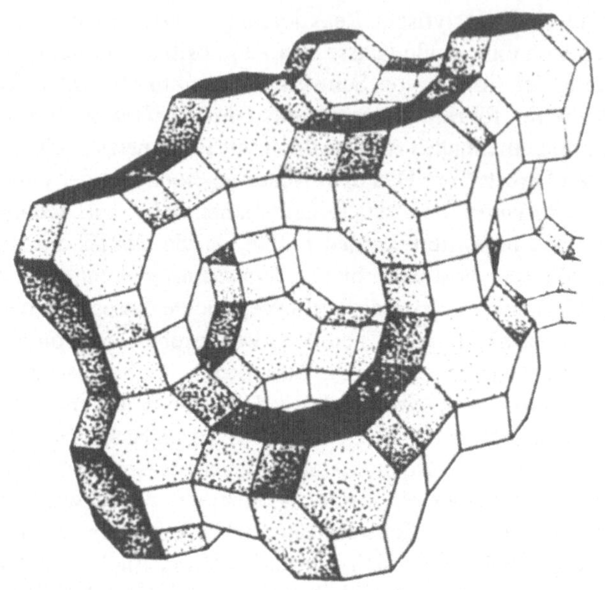

Bild 4.14 Kristallgitter eines Zeolith-X Kristalles. Die Kanten der hier dargestellten Polyeder entsprechen den Sauerstoffatomen zwischen den in den Ecken befindlichen Silizium- bzw. Aluminiumatomen

sauerstoff anlagern. Nach Z. Dudzik et al. (1978) wird der Sauerstoff durch die Na^+-Ionen des Zeolithgitters adsorbiert und dazu befähigt, Schwefelwasserstoffradikale $HS^\bullet$ zu bilden, gemäß der Reaktionsgleichung:

$$HS^- + O_2(Na^+) \rightarrow HS^\bullet + (O_2^{\bullet})^- + Na^+. \tag{4.29}$$

Die Bildung des elementaren Schwefels, der zu Diradikalketten polymerisieren kann, wird nach S. Takahashi (1970) als Radikalverschiebung postuliert:

$$2HS^\bullet \rightarrow H_2S + {\bullet}S{\bullet}. \tag{4.30}$$

Das Wachsen der Schwefelkette kann entweder diradikalisch erfolgen:

$$\bullet S_n \bullet + HS_n^\bullet \rightarrow HS_{n+1}^\bullet \tag{4.31}$$

oder mit nachfolgender Dehydrierung:

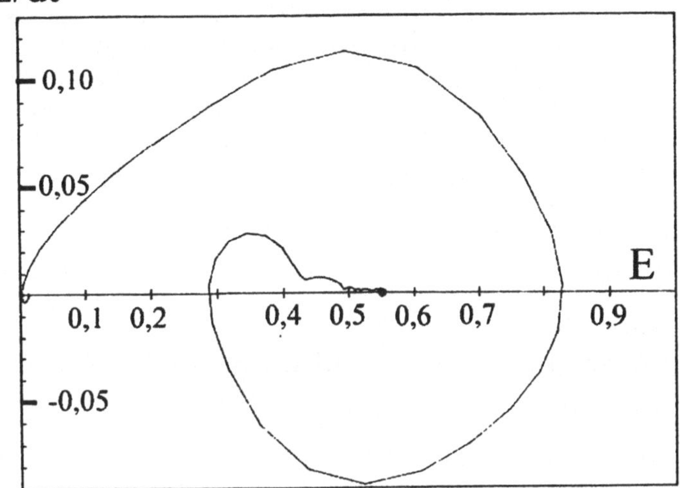

Bild 4.15 „Einstrudeln" der H_2S-Oxidation im Zeolith-Einkristall bei $T = 200°C$ Konzentrationsverhältnis: $H_2S/O_2 = 0.91$. Phasenraumdarstellung der zeitlichen Änderung der Extinktion dE/dt als Funktion der Extinktion E bei 500 nm zur Zeit t; *Versuch: H. Prüfer 1986*

$$HS^{\bullet}_{n+1} + (O_2^{\bullet})^- \to \bullet S_{n+1} \bullet + HO_2^-. \tag{4.32}$$

H. Prüfer (1986) hat nun unter dem Mikroskop die Dynamik der H_2S-Oxidation in Zeolith-Einkristallen bei verschiedenen Temperaturen spektroskopisch verfolgt. Er kam auf Grund seiner Untersuchungen über das Verhalten dieser Reaktion in der Startphase zu dem Schluß, daß es durch intermediäre Sulfanbildung

$$H_2S + S_n \to H_2S_{n+1} \tag{4.33}$$

zu einer autokatalytischen Reaktion kommt, die hier im Detail nicht weiter diskutiert werden soll. Es soll an dieser Stelle aber betont werden, daß es eine große Vielfalt von Vorschlägen zum Mechanismus dieser Reaktion gibt, und daß alle diese Vorschläge von einer Kompliziertheit sind, wie sie den mechanistischen Beschreibungen der Beloussow-Zhabotinkii-Reaktion eigen sind.

Es ist deshalb kaum verwunderlich, daß H. Prüfer (1986) ein Einstrudeln der Reaktion (vgl. Bild 4.15) auf einen Punktattraktor beobachten konnte. Die

Verfolgung der Reaktion in den Zeolith-Einkristallen unter dem Mikroskop ermöglichte es aber auch, die Zerstörung der Einkristalle im Verlauf der Reaktion zu beobachten. So konnte H. Prüfer feststellen, daß nach der Reaktion beim Tempern unter 150 °C viele der oktaedrischen Kristalle scharfe Konturen in der durch die Schwefeleinlagerung bedingten Farbgebung (gelbliche Opaleszenz) aufweisen. Beim Abkühlen der Kristalle wachsen auf den äußeren Oberflächen Schwefelausblühungen hervor, während das Innere des Kristalls wieder transparent wird. Er konnte (1982) zeigen, daß eine solche Ausblühung von Schwefel durch Einwirkung von Wasserdampf auf die schwefelhaltigen Zeolith-Kristalle bereits bei Raumtemperatur hervorgerufen werden kann. Zugleich wurde die Ausbildung von Rissen bei der Verdrängung des Schwefels aus dem Zeolithkristall festgestellt.

Bei der Oxidation des H_2S zu Schwefel wird letztlich Wasser gebildet:

$$H_2S + \frac{3}{2}O_2 \to SO_2 + H_2O, \tag{4.34}$$

so daß der hier angenommene Prozeß der Schwefelaustreibung durch Wasser sehr wahrscheinlich ist. Weiterhin treten im Reaktionsverlauf auch Protonen auf (siehe Gl. 5.17), so daß lokal stark saure Bereiche gebildet werden können, die das Kristallgerüst des säureempfindlichen Zeolith-X destabilisieren und partiell zerstören.

Die Ausblühungen des Schwefels wie auch die Rißbildung bei der Behandlung von Zeolithen mit Wasserdampf erfolgt nun entlang der Netzebenen des Zeolithkristalls (siehe Bild 4.16). Das Interessante dabei ist aber, daß diese Risse ein fraktales Netzwerk, aus ganz großen und ganz kleinen Spalten bestehend, ergeben.

B. Mandelbrot et al. (1984) hatten wohl als erste vorgeschlagen, daß man die Bildung von Brüchen in Metallen als Ausbildung fraktaler Flächen begreift. E. Louis (1986) aus Alicante in Spanien hat dann ein diskretes mathematisches Modell entwickelt, um das Zerbrechen eines Kristalls zu beschreiben.

Dabei geht er von der Elastizitätsgleichung des Kontinuums aus,

$$(\lambda + \mu)\partial_i(\sum_j \partial_j u_j) + \mu(\sum_j \partial_j^2)u_i = 0, \tag{4.35}$$

wobei λ und μ die Lamé-Koeffizienten sind, ∂_i die partiellen Ableitungen bezüglich der Komponente i des Gittervektors r und u_i die Komponenten des Druckfeldes darstellen.

Unter Verwendung eines Dreiecksgitters wurde diese Gleichung diskretisiert. Die beiden Basisvektoren dieses Gitters sind:

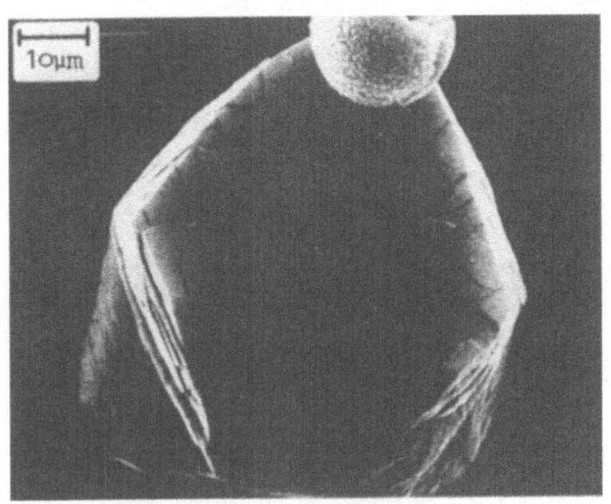

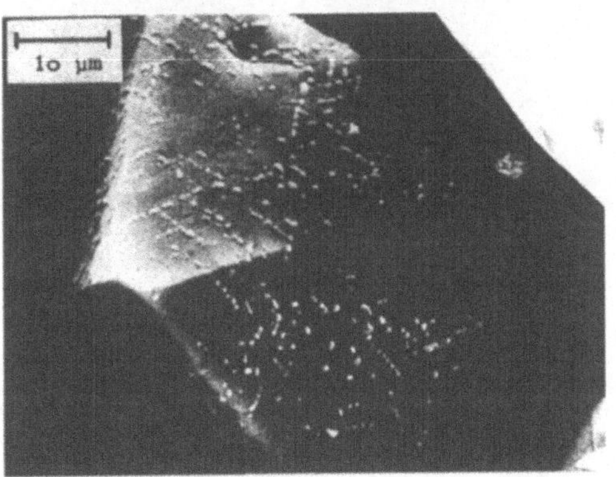

Bild 4.16 a) Rißbildung in einem Zeolith-Einkristall während der H_2S-Oxidation bei 85 °C ($H_2S/O - 2 = 0.67$) nach ca. 1h Reaktionsdauer. b) Schwefelausblühung entlang den Netzebenen des Zeolith-Einkristall im Verlauf der H_2S-Oxidation; *Versuch H. Prüfer (1981)*

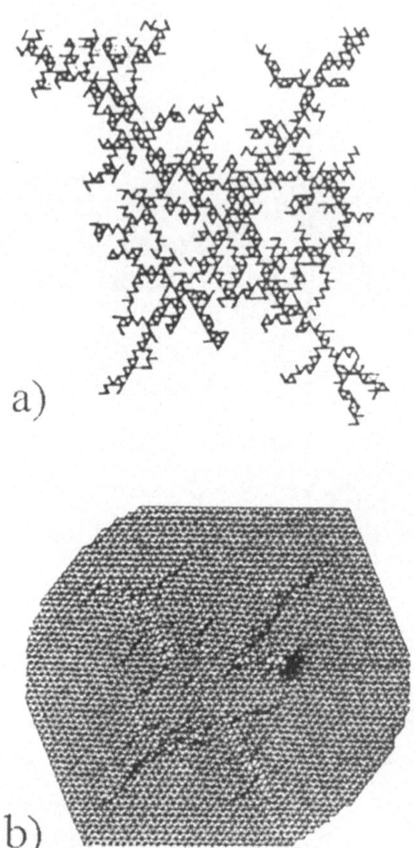

Bild 4.17 a) Fraktale Struktur der Menge der durch Einwirkung von Schärkräften auf das dreieckige Gitter entstandenen zerbrochen Bindungen b) Die durch die Schärkräfte hervorgerufne Verschiebung der „Atome" im dreieckigen Gitter; *E. Louis (1986)*

$$\vec{a}_1 = a(1,0) \qquad \vec{a}_2 = a(-\frac{1}{2},\frac{\sqrt{3}}{2}), \qquad (4.36)$$

so daß sich folgende diskrete, iterative Gleichung ergibt:

$$4u_i(l,m) - u_i((l+1,m) - u_i(l-1,m)$$

138

$$-u_i(l+1,m+1) - u_i(l-1mm-1)$$
$$+2u_j(l,m) - u_j(l+1,m+1) - u_j(l-1,m-1) \quad = \quad 0,$$
$$i,j \in \{1,2\}, \qquad (4.37)$$

wobei $u_i(l,m)$ die i-te Komponente des Verschiebungsvektors in Richtung des Basisvektors $\vec{a}_i$ am Gitterpunkt (l,m) ist.

Wird nun eine Bindung im Gitter über ein bestimmtes Maß hinaus verzerrt, dann wird diese Bindung gebrochen und relaxiert gemäß Gleichung (4.37). Infolgedessen wird eine der benachbarten Bindungen zufällig zerbrechen und zwar proportional zum Streß, der sich in ihr akkumuliert hat. Dies wird nun solange fortgesetzt, bis eine genügende Zahl von Bindungen zerbrochen sind. Das Muster der entstandenen Brüche ist ein Fraktal mit einer Dimension von $D = 1{,}62 \pm 0{,}05$ bzw. $D = 1{,}64 \pm 0{,}05$ je nachdem welche Expansions- oder Schärkräfte angenommen werden; vgl. Bild 4.17.

4.3 Fraktale Polymere in porösen Kristallen

Zeolithe vom Faujasith-Typ X sind bereits im vorigen Abschnitt kurz geschildert worden. Zeolith-Mineralien und ihre Verwandten sind wahre Wundersteine, da sie ein fast unerschöpfliches Potential an Variationsmöglichkeiten bieten. Als künstlich erzeugte Mineralien begegnen wir ihnen vor allem in den phosphatfreien Waschmitteln, wo Zeolithe A als mineralische Ionenaustauscher zur Enthärtung des Wassers dienen. Als natürliche Mineralien kommen sie in vielen bizarren Gebirgsformationen vor. Die Bad Lands in South Dakota, die aus vielen Indianergeschichten bekannt sind, bestehen fast vollständig aus Zeolithgestein, und das Grundgestein auf dem der berühmte ungarische Tokayer Wein wächst, ist ebenfall Zeolithgestein. Möglicherweise ist ja gerade deshalb der Wein so gut?

Aber auch als Katalysatoren spielen Zeolithe eine große Rolle in der petrochemischen Industrie. So war es einerseits im Hinblick auf ihre speziellen katalytischen Eigenschaften und andererseits auf ihre Verwendung als elektronische Speicherbausteine von Interesse, sie mit polymeren Metall-Phthalocyaninen zu „dotieren".

Das Kobaltphthalocyanin (CoPc) kann in ihrem Innern synthetisiert werden, wenn man, wie E. Ignatzek (1987) und G. Meier (1984) gezeigt haben, die Natriumionen Na^+ des auf Grund seiner Synthese Na^+-haltigen NaX-Zeolithen zuvor durch Ionenaustausch in wässeriger Lösung durch Kobaltionen (Co^{2+})

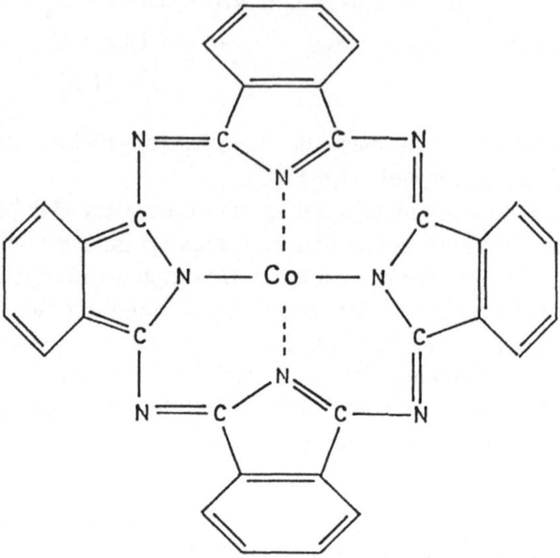

Bild 4.18 Strukturformel des Kobaltphthalocyanins

ersetzt, anschließend trocknet (über 24 Stunden lang bei 300 °C) und dann mit Dicyanobenzol (Dcb) im Autoklaven (16 Stunden lang bei 300 °C) reagieren läßt (Bild 4.18). Ein Mechanismus für diese komplizierte Reaktion läßt sich auch heute noch nicht angeben. Vermutlich ist diese Reaktion mit einer partiellen Auflösung des Zeolithgerüstes verbunden – einerseits indem es über seine X-OH-Gruppen an der Oxidation der Kobaltionen beteiligt ist, andererseits über dabei entstehende Protonen und die Säureempfindlichkeit des Zeolith-X-Gerüstes:

$$2XOH + H_2O \quad \leftrightarrow \quad 2XO^- + \frac{1}{2}O_2 + 4H^+ + 2e^-$$

$$Co^{2+} + 2e^- \quad \leftrightarrow \quad Co^0$$

$$Co^0 + 4C_6H_4(CN)_2 \quad \rightarrow \quad Co^{(2+)}Pc^{(2-)}. \tag{4.38}$$

Man kann annehmen, daß die großen, sperrigen CoPc-Moleküle je einen großen Hohlraum – die sogenannten „Supercages"– des Zeolithen-X völlig ausfüllen. Sind sie einmal in einem solchen Hohlraum synthetisiert worden, dann sind sie in ihm „gefangen". Das hat den CoPcX-Zeolith-Katalysatoren den schönen Namen *„Buddelschiffkatalysatoren"* eingetragen (vgl. Bild 4.19). Solche „CoPc-Buddelschiffkatalysatoren" katalysieren beispielsweise die Oxidation von Äthylbenzol zu Acetophenon und Methylphenylcarbinol, während kristallines CoPc für sich genommen oder auf amorphen Silikatträgern diese Reaktion praktisch nicht katalysiert.

Vermißt man, wie man es gewöhnlich bei der heterogenen Katalyse tut, die Oberfläche, bzw. die *„innere Oberfläche"* dieser CoPcX-Katalysatoren nach der BET-N_2-Adsorptionsmethode, so stellt man fest, daß diese nicht wie zu erwarten wäre, quadratisch oder kubisch mit der Kantenlänge der Kristalle wächst, sondern mit einer ungeradzahligen Potenz. Aus dieser Abhängigkeit der Oberfläche $O = O(r)$ läßt sich die Dimension D der in den dreidimensionalen Raum hinein zerklüfteten „zweidimensionalen" Oberfläche bestimmen; sie beträgt, wie E. Ignatzek et al. (1987) gezeigt hat, $D = 2{,}71$ oder $D = 2{,}58$, je nach der verwendeten Synthesemethode. Führt man die gleiche Oberflächenbestimmung an mit Co^{2+}-ionen ausgetauschten $Co^{2+}X$-Zeolithen durch, dann beträgt die Dimension $D = 2{,}97 \approx 3$ wie es von einem Zeolithkristall zu erwarten ist.

Bei der von S. Brunauer, P.H. Emmett und E. Teller (1937/1938) entwickelten BET-Methode zur Oberflächenbestimmung werden inerte Gase wie Stickstoff oder Argon bei sehr tiefen Temperaturen auf bzw. in der Probe adsorbiert. D. Avnir (1984) hat nun gezeigt, daß bei Verwendung eines fest gewählten Maßstabes für die vermessene Oberfläche O unterschiedlich großer fraktaler Körper die Beziehung gilt:

$$O \propto d^{D-3}, \tag{4.39}$$

wenn d ihr Durchmesser und D ihre fraktale Dimension ist.

Man kann die dieser Beziehung zugrundeliegende Idee D. Avnirs ganz einfach verstehen. Danach existiert Selbstähnlichkeit nicht nur innerhalb ein und desselben Objektes, sondern auch zwischen verschiedenen Objekten. Ausgehend von der intuitiven Interpretation der Selbstähnlichkeit scheint es evident zu sein, daß die vergrößerten Bilder verschieden großer Teile eines selbstähnlichen Objektes ununterscheidbar sind.

In der gleichen Weise kann die Selbstähnlichkeit zwischen den verschiedenen Teilchen einer Menge möglicherweise selbstähnlicher Objekte (engl. *inter-particle self-similarity*) durch folgende Vorgehensweise verstanden werden. Betrachtet man zwei Teilchen, ein kleines und ein großes, dann kann das Bild des kleineren Teilchens durch „Vergrößerung" auf die Größe des großen Teilchens gebracht werden. Wenn die Eigenschaft der Ununterscheidbarkeit

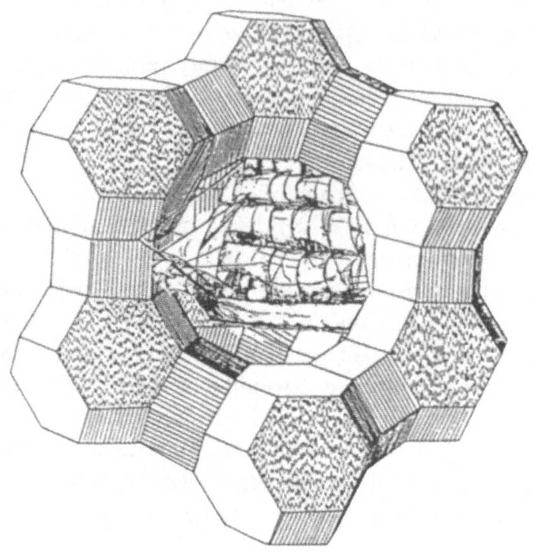

Bild 4.19 Zeolith- „Buddelschiff" (mit freundlicher Genehmigung von E. Ignatzek (1987))

der dabei entstehenden Bilder auch hierbei anwendbar bleibt, kann man diese Menge als selbstähnlich begreifen.

Die Fläche eines einzelnen klassisch-geometrischen Objektes wächst nun bekanntermaßen quadratisch mit seinem Durchmesser $d = 2r$. Die Oberfläche der Kugel ist zum Beispiel $O = 4\pi r^2 = (2r)^2\pi = d^2\pi$.

Wenn nun die Teilchen *Oberflächen-* und keine *Massenfraktale* sind, dann enhält eine Masseneinheit eines Pulvers aus kleinen Teilchen vom Radius r ungefähr r^{-3} Teilchen. Teilt man beispielsweise einen Würfel der Kantenlänge $r = 1$ in lauter Würfel der Kantenlänge $r = \frac{1}{2}$ auf, so erhält man, wie leicht nachvollziehbar ist, $r^{-3} = (\frac{1}{2})^{-3} = 2^3 = 8$ kleine Würfel.

Die Oberfläche pro Gramm der fraktalen Teilchen ist dann proportional der Anzahl d^{-3} der Teilchen:

$$O \propto d^{D_r} d^{-3} = d^{D_r - 3}, \tag{4.40}$$

sowie der D_r-ten Potenz des mittleren Durchmessers, d^{D_r}, der Teilchen.

142

Diese Beziehung wurde von E. Ignatzek et al. (1987) benutzt, um die Dimension der CoPc-beladenen Zeolithe zu ermitteln, indem die Gleichung (5.29) wie üblich logarithmiert wurde:

$$\log O = (D_r - 3) \log d + \text{const}. \qquad (4.41)$$

Aus der Steigung dieser Geraden wurde die Dimension D_r ermittelt.

Für den Fall des einfachen CoX-Zeolithen ergab sich, daß die Oberfläche pro Gramm Zeolith nicht vom Radius der Zeolithkristalle abhängig ist (Bild 4.20). Das bedeutet, daß die *„innere Oberfläche"* dieses Zeolithen für die N_2 Moleküle bei Anwendung der BET-Methode voll zugängig ist, so daß sich eine Dimension $D_r \approx 3$ ergibt.

D. Avnir (1989) führt in seinem sehr informativen Buch „The Fractal Approach to Heterogeneous Catalysis" diesen Gedanken noch weiter und dehnt ihn auf die in der technischen Chemie bekannten Rauhigkeitsuntersuchungen von Katalysatoren aus. Danach kann der Quotient:

$$\frac{d^{D_r}}{d^3} \qquad (4.42)$$

auch als verallgemeinerter *Rauhigkeitsfaktor* begriffen werden. Allgemein wird die Rauhigkeit nämlich durch den Parameter r_f beschrieben, der das Verhältnis der in einem Adsorptionsexperiment offenbar vermessenen Oberfläche O und der geometrischen Oberfläche $O_g \propto R^{-1}$ pro Gramm bezeichnet:

$$r_f = \frac{O}{O_g} \propto \frac{O}{R^{-1}}. \qquad (4.43)$$

In diesem Sinn ist r_f also auch ein *Porositätsmaß*. Für praktisch nicht zerklüftete Teilchen ist $O \propto R^2$ oder pro Masseneinheit: $O \propto R^{2-3}$. Der andere Extremfall ist der, wo die äußere Oberfläche gegenüber der inneren Oberfläche völlig vernachlässigbar ist, so daß für die Oberfläche pro Masseneinheit gilt, $O \propto R^{3-3}$, wodurch sie unabhängig von R wird. Der Rauhigkeitsfaktor r_f nimmt damit die Gestalt an:

$$r_f = \frac{O}{R^{-1}} \propto \frac{R^{D_f-3}}{R^{-1}} = R^{D_f-2}. \qquad (4.44)$$

Kehren wir nun nach diesem kurzen Diskurs wieder zu den Zeolithen zurück. Wenn nun aber die CoPc-beladenen Zeolithe eine stark zerküftete Oberfläche der Dimension $D \approx 2{,}72$ besitzen, wie muß man sich dann die Verteilung der CoPc-Moleküle im Zeolithen vorstellen?

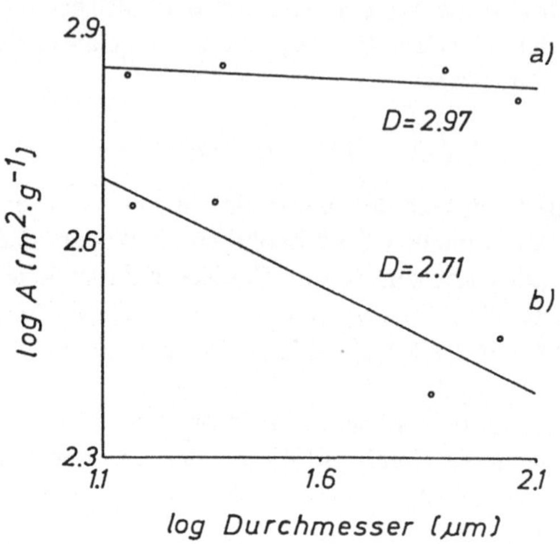

Bild 4.20 Doppellogarithmische Auftragung der spezifischen BET-N$_2$-Oberfläche als Funktion der mittleren Kristallgröße: a) von CoX-Zeolith, b) von CoPc beladenem Zeoltith – CoPcX

Ein weitere Frage schließt sich an: ist ein solcher CoPc-beladener Zeolith überhaupt noch ein Kristall? Oder handelt es sich hierbei nur um die *Mimikry* eines bereits amorphen Systems, das in der Tracht eines oktaedrischen Kristalls auftritt?

Während die meisten CoPc-beladenen Zeolithe-X einheitlich blau oder grün ausschauen, und die Intensität der Farbverteilung nur eine geringe Strukturierung aufweist, zeigen die Schnitte dieser Kristalle bzw. entsprechend gewachsener Kristallscheiben eine wunderschöne Musterung: blaue CoPc-Flüsse durchziehen die Zeolithe; vgl. Tafel 11.

Diese Aufnahmen machen es verständlich, daß man bei den BET-N$_2$ Messungen eine nicht ganzzahlige, fraktionierte Dimension ermitteln konnte; (siehe Bild 4.20).

Führt man mit diesen CoPc-beladenen Zeolithen nun einen Ionenaustausch durch, der nicht komplexierte Co^{2+}-Ionen gegen Na$^+$-Ionen austauscht, so erweist sich dieses System auch in diesem Fall als fraktal: die Dimension dieses Prozesses ist $D \approx 2{,}77$ bzw. $D \approx 2{,}60$, – je nach Synthesebedingungen – wenn man analog zur Dimensionsbestimmung bei der BET-Methode nun den

Logarithmus der Menge der rückausgetauschten Co^{2+}-Ionen als Funktion des Logarithmus des mittleren Kristalldurchmessers darstellt.

Die Synthese des Kobaltphthalocyanins im Zeolithen weist, wie E. Ignatzek (1986) gezeigt hat, noch eine sehr interessante Besonderheit auf: Die Farbe der großen Kristalle ist durchweg dunkelblau bis blau, verändert sich aber mit der Kristallgöße. Mit kleiner werdenden Zeolithkristallen wird die Farbe dunkelgrün und manchmal sieht man auch große, gelbe Bereiche in den kleinen, ansonsten grünen Kristallen.

E. Ignatzek konnte spektroskopisch zeigen, daß es sich bei diesem gelben Produkt hauptsächlich um *Triazin*, ein kobaltfreies Trimeres aus drei *Dicyanobenzolmolekülen* handelt, das sich durch Extraktion mit Aceton und Pyridin nicht mehr aus dem Zeolithen entfernen ließ. Das Auftreten dieses Produktes ist umso erstaunlicher, da doch gerade bei den kleinen Kristallen noch viele Kobaltionen im CoPc-beladenen Zeolithen vorhanden sind, wie die Rückaustauschreaktion zeigt. Demgegenüber wird das Triazin insbesondere bei den kleinen Kristallen zum wesentlichen Produkt der Reaktion (vgl. Tafel 12).

Diese Ergebnisse belegen, daß im Fall fraktaler Reaktionsräume die Gesamtgröße des Raumes den Reaktionsverlauf wesentlich beeinflussen kann. Dies kann man qualitativ verstehen, wenn man berücksichtigt, daß die beginnende Komplexbildung eine fraktale Struktur im Zeolithen erzeugt, die die weitere Diffusion der Kobaltionen so stark behindert, daß sich vielerorts Triazin bilden kann, weil die Kobaltionen in diesen Teilräumen nicht schnell genug zur Verfügung gestellt werden können. Wenn irgendwo Co^{2+}-Ionen zugänglich sind, dann sollte sich kein Triazin bilden, da die Komplexbildung des Kobaltphthalocyanins gegenüber der Bildung des Triazins stark bevorzugt ist. Dennoch gibt die Bildung der fraktalen Landschaft der CoPc-Flüsse und die eben diskutierte Triazinstruktur noch viele Rätsel auf, widerspricht sie doch der landläufigen Vorstellung – auch der Zeolithspezialisten – über die stochastische Einlagerung der CoPc-Moleküle in die großen Hohlräume (Supercages) der Zeolith-X Kristalle. Eines dieser Rätsel ist mit der Frage verbunden, wie die polymeren Fraktale im Zeolithen eingebaut werden können. Wo kommt der Platz dafür her? Die eingangs erwähnte partielle Zerstörung des Zeolithgerüstes könnte hier ein Hinweis sein, doch noch ist das Rätsel ungelöst.

Sicherlich könnte man von der Annahme ausgehen, daß es sich bei der Bildung dieser Fraktale um einen diffusions-limitierten Prozeß handelt, ähnlich dem, wie er im Kapitel 4.1 bereits beschrieben wurde. Es müßte sich dann sicherlich um eine diffusions-limitierte Reaktion handeln, wobei das Dicyanobenzol wahrscheinlich als die diffusions-limitierte Spezie zu betrachten ist.

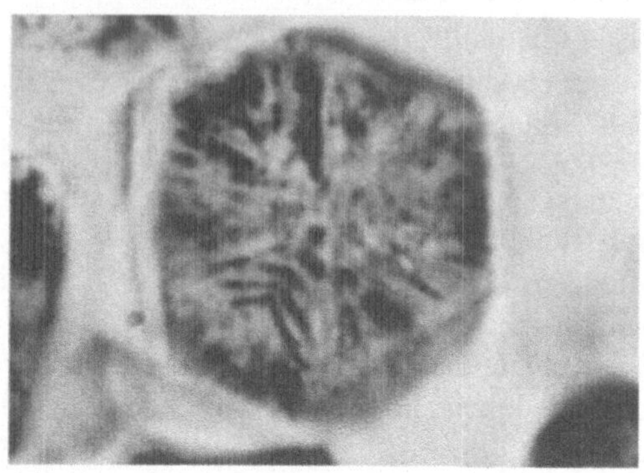

Bild 4.21 Photographie CoPc-beladener Zeolith-X-einkristalle. Man erkennt deutlich eine nicht gleichförmige Beladung der einzelnen Kristalle; (mit freundlicher Genehmigung von E. Ignatzek (1987))

Nun zeigen die Photographien der CoPc-beladenen Zeolithkristalle aber nicht unbedingt die von den DLA-Clustern her bekannten Strukturen; Bild 4.21.

Um welche Prozesse aber handelt es sich bei der Entstehung der CoPc-Muster im Zeolithen? Offen gesagt, diese Prozesse sind uns bisher ebensowenig bekannt wie die Chemie dieses Systems.

Wenn es gelänge, einen Formalismus zu finden, der ein zumindestens qualitativ den Photographien ähnliches Bild erzeugen würde, dann könnte man vielleicht Rückschlüsse auf die dem Experiment zugrundeliegenden dynamischen Prozesse ziehen.

Nun hat M.F. Barnsley (1986) mit seinen „Iterated-Function-Systems" (IFS) eine sehr interessante Idee zur Erzeugung fraktaler Strukturen in der Ebene veröffentlicht. Im einfachsten Fall legt er drei markante Punkte in beliebiger Lage in die Ebene und läßt einen vierten Punkt, von diesen drei Punkten „erratisch angezogen", zwischen ihnen wandern. Dabei wird der Abstand zwischen dem iterierten vierten Punkt zur Zeit t und einem der zufällig ausgewählten drei fixierten Punkte $i = 1,2,3$ in einem bestimmten Verhältnis d geteilt, um die neue Position des vierten Punktes zur Zeit $(t + 1)$ festzulegen:

$$
\begin{aligned}
x_4(t + 1) &= |x_i - x_4(t)|d + x_i \\
y_4(t + 1) &= |y_i - y_4(t)|d + y_i.
\end{aligned}
\tag{4.45}
$$

146

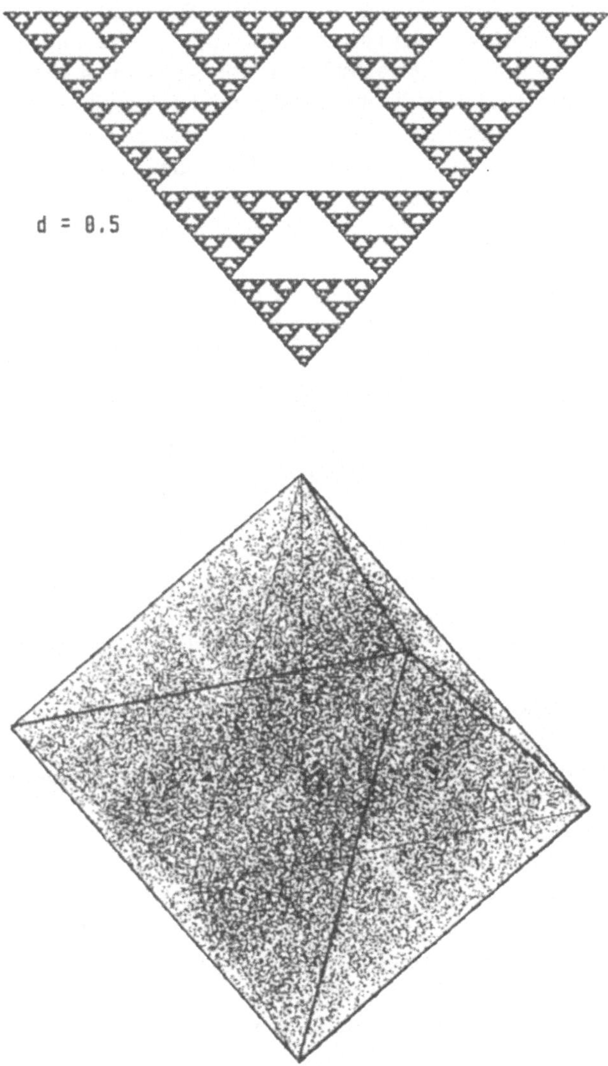

Bild 4.22 Mit Hilfe des *iterierten Funktionen-Systems* der Gleichung (4.45) für $d =$ 1/2 a) erzeugtes Sierpinskii-Dreieck und b) generierter fraktaler Oktaeder

Ist nun das Teilungsverhältnis $d = \frac{1}{2}$, so ergibt sich bei diesem Prozeß das bekannte Bild des Sierpinskii-Dreiecks. Mit anderen Worten: Das Sierpinskii-Dreieck ist der Attraktor dieses iterativen Prozesses (Bild 4.22a).

Man kann diesen Prozeß der iterativen Funktion aber auch im dreidimensionalen Raum durchführen, so z.B. in dem durch die sechs Ecken eines Oktaeders aufgespannten Teilraum. Ist $d = 0{,}5$, so erkennt man in der Projektion des Attraktors dieses Systems in die Ebene kaum eine Struktur. Die Punkte scheinen im wesentlichen zufällig verteilt zu sein, so daß eine fraktale Struktur nicht zu vermuten ist; Bild 4.22b.

Ähnlich ist es mit den Photographien der gut ausgebildeten Oktaeder der CoPc-beladenen Zeolith-X Einkristalle, wenn diese parallel zu einer der trigonalen Achsen des Kristalls betrachtet werden. Bei einer solchen Aufnahme ist man fast überzeugt, daß die Zeolithe im zufälligen Sinn gleichmäßig mit CoPc ausgefüllt sind.

Schneidet man aber in geschickter Weise Scheiben aus dem Attraktor des IFS heraus, so erkennt man in den vielen möglichen Mustern dessen fraktale Struktur. Modifiziert man die einfache Regel ein wenig, um der tetragonalen Struktur der Umgebung eines großen Hohlraumes etwas gerecht zu werden, dann gleicht dieses Muster doch weitgehend den photographischen Bildern der Schnitte der CoPc-beladenen Zeolithe; Bild 4.23.

Nun gut, die Bilder mögen sich vieleicht ähneln, aber deswegen müssen die ihnen zugrundeliegenden Prozesse sich ja noch nicht gleichen! Es ist nun aber die Eigenschaft des Attraktors dieses iterierten Funktionensystems, daß dieser sehr attraktiv, also sehr stark anziehend, auf alle benachbarten Bewegungen ist. Schon nach wenigen Iterationen bewegen sich die Punkte praktisch nur noch auf der Punktmenge des Attraktors, bzw. in unmittelbarer Nähe derselben. Diese Eigenschaft nutzend, kann man den einen „unendlich" oft zu iterierenden Punkt durch sehr viele Punkte ersetzen, die nur wenige Male iteriert werden. Betrachtet man nur die Punktmenge, die auf diese Weise nach einer bestimmten, aber kleinen Zahl von Iterationen erzeugt wurde, so bildet sie den Attraktor ebensogut ab wie die Menge aller Punkte bei der schier endlosen Iteration nur eines einzelnen Punktes. Die Bilder 4.23 sind auf diese Weise erzeugt worden. Für diesen Iterationsprozeß der vielen Startpunkte kann man nun einen „chemisch analogen" Prozeß finden:

     – die „erratische Diffusion" des Dicyanobenzols bevor es mit den Co^{2+}-Ionen reagiert;

     – die Bildung des CoPc-Komplexes entspricht dann dem Abbruch der Iteration;

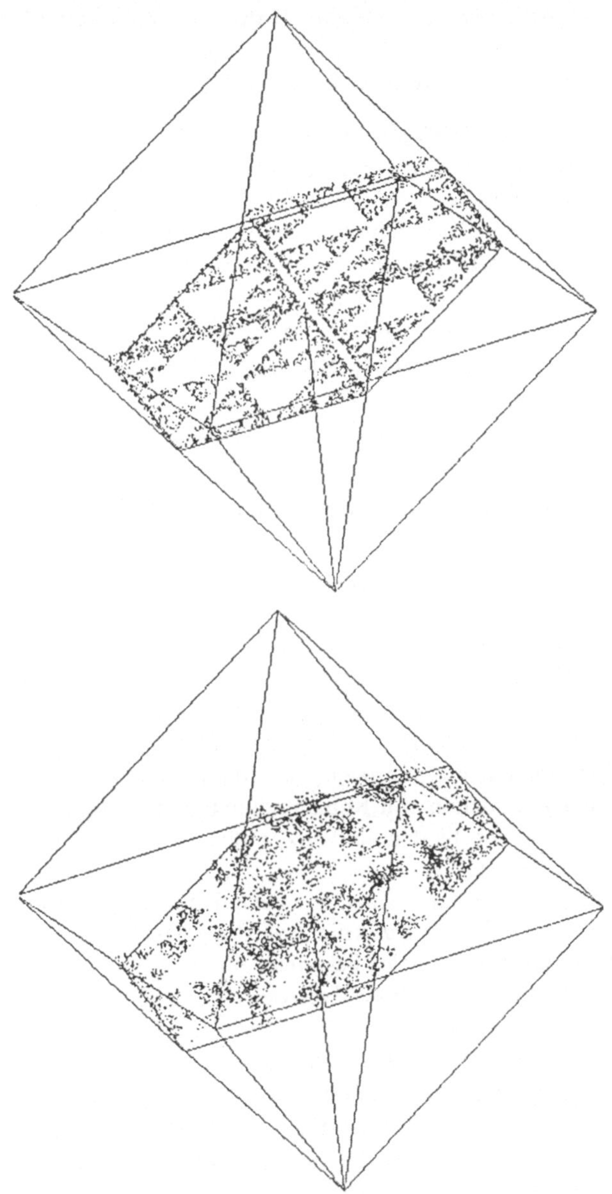

Bild 4.23 „Herausgeschnittene" dünne Scheibe aus dem „fraktalen Oktaeder" des IFS:
a) ohne und b) mit tetraedrischer Verzerrung gerechnet

– der Attraktor des erratischen Diffusionsprozesses wird durch
die Verteilung der CoPc-Komplexe sichtbar:
– der so erzeugt Attraktor ist fraktal!

Natürlich handelt es sich hierbei nur um eine Beschreibung der photographischen Bilder und man kann nicht sagen, daß dieser iterative Prozeß eine getreue Abbildung des chemischen Reaktions-Diffusions-Prozesses ist. Aber ist nicht jede Aussage über eine Beobachtung eine Beschreibung von Bildern, die wir sahen? Oder anders gefragt: Stellen unsere naturwissenschaftlichen Gesetze im eigentlichen Sinn nicht auch nur Beziehungen zwischen dem Gesehenen dar?

Vielleicht muß man die komplexen Muster, die wir beobachten, auf einer anderen Ebene – jenseits des uns so bekannten Moleküls – beschreiben, um sie begreifen zu können?

4.4 „Zeitliche" Fraktale chemischer Reaktionen

4.4.1 Ihre mathematische Analyse

Ist es nicht barer Unsinn, von einem zeitlichen Fraktal zu sprechen? Wahrscheinlich ist die Antwort auf diese Frage einfach: „Ja!", denn was hier betrachtet werden wird, ist nicht der Zerfall der Zeit in einen fraktalen, im eindimensionalen, topologischen Raum eingebetteten Staub von Zeitpunkten oder Zeitintervallen, sondern die selbstähnliche Struktur von Zeitreihen, wie sie bei der katalytischen Oxidation von Kohlenmonoxid entstehen. Als Trägermaterial für den Katalysator dienten hierbei Zeolithe oder auch einfach amorphes Aluminiumtrioxid (γ-Al$_2$O$_3$).

Aus einer solchen Zeitreihe kann man nach dem heute bereits als klassisch zu bezeichnenden *Delay-Verfahren* die Trajektorie des Systems im Delay-Phasenraum konstruieren und mit den bekannten numerischen Verfahren analysieren. Das Bild 4.24 zeigt ein illustratives Beispiel von C. Ballandis (1995) für eine solche Phasenraumdarstellung. Würde man von dieser Darstellung ausgehend, einen geeigneten Poincaré-Schnitt wählen und
die so erhaltenen Schnittpunkte auf eine geeignet gewählte Gerade projizieren, dann würde man eine lineare Punktverteilung erhalten, die durch eine fraktale Dimension $1 \geq D \geq D_{\text{top}} = 0$ gekennzeichnet wäre. Die Zeit würde bei dieser Analyse gar keine Rolle spielen.

An dieser Stelle ist es angebracht, auf eine Besonderheit der Dynamik dieses chemischen Systems einzugehen. Stellt man nämlich wie gewöhnlich aus

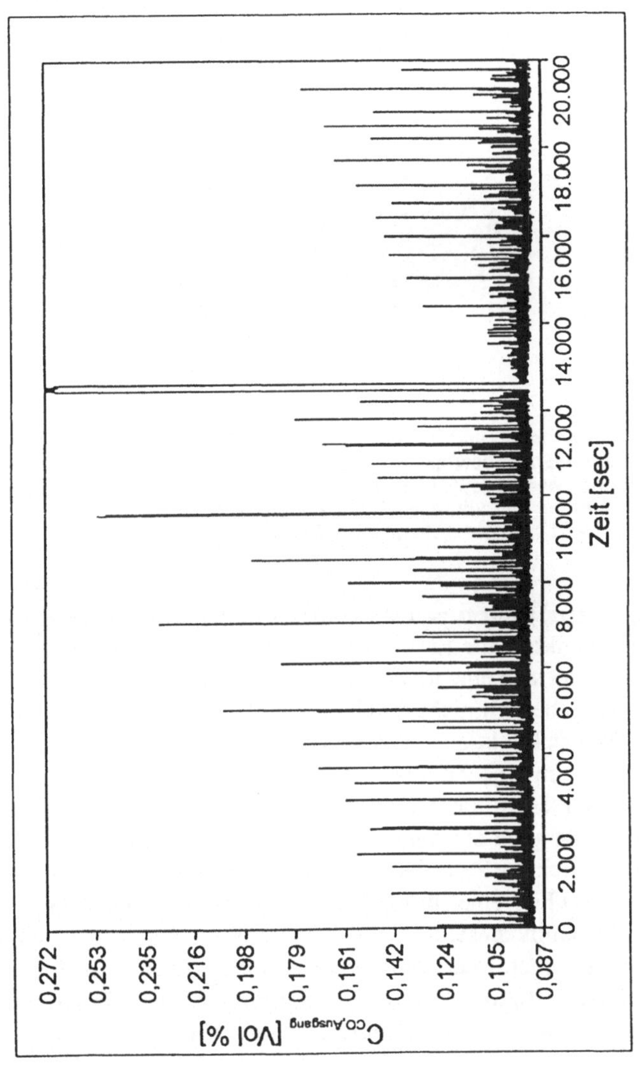

0,272
0,253
0,235
0,216
0,198
0,179
0,161
0,142
0,124
0,105
0,087
$C_{CO,Ausgang}$ [Vol %]
0
2.000
4.000
6.000
8.000
10.000
12.000
14.000
16.000
18.000
20.000
Zeit [sec]

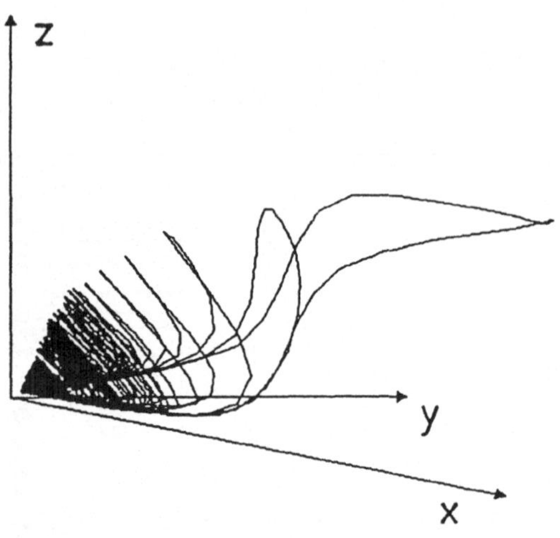

Bild 4.24 a) Zeitreihe und b) Phasenraumdarstellung der katalytischen CO-Oxidation in *Delay-Koordinaten*, bezogen auf die am Ausgang des Reaktors noch anliegende CO-Konzentration: $x = c_{CO}(t)$, $y = c_{CO}(t + \tau)$ $z = c_{CO}(t + 2\tau)$ mit $\tau = 4sec$; Durchfluß 1 l/min, Palladiumgehalt des Zeolith-X Trägerkatalysators: 3,4 Gew.%, CO: 0,33 Vol%, O_2: 10,7 Vol% (*Versuch: C. Ballandis, 1995*)

der Folge $\{x(n)\}$ mit $n = 1,2,\cdots$ dieser in den eindimensionalen Raum eingebetteten Punktmenge $\{x(n)\}$ die Poincaré-Abbildung $x(n + 1) = f(x(n))$ dar, dann bildet sich eine merkwürdige, fast rechtwinklige, L-förmige Struktur heraus, die sicherlich nicht durch eine einfache, konvexe Funktion – ähnlich der logistischen Funktion – angenähert werden kann. Und doch handelt es sich hierbei nicht um eine Zufallsfolge, sondern um eine deterministische Verteilung von Punkten auf der Geraden! Die Schwierigkeit, eine Funktion angeben zu können, die auch nur annähernd der L-förmigen Poincaré-Darstellung genügt und die richtige Zeitreihe ergibt, ist einer der Gründe dafür, warum von K. Möller (1984) hier eine für die damalige Zeit ganz ungewöhnliche Beschreibung der Dynamik dieser Reaktion vorgeschlagen wurde: ein eindimensionaler zellulärer Automat. Man sollte schon erwähnen, daß diese Beschreibung bei so manchem Physikochemiker nicht gerade sofort auf ein großes Verständnis stieß; aber das war auch nicht anders zu erwarten.

Warum die eigentümliche Namensgebung: zeitliche Fraktale? Die dem Bild 4.25 zugeordnete Zeitserie ist dadurch ausgezeichnet, daß den einzelnen „nadelförmigen" Peaks – also den Umsatzeinbrüchen, bzw. der Menge des unverbrannten Kohlenmonoxids – praktisch *„punktförmige Ereignisse"* auf einer geeignet gewählten Zeitskala entsprechen. Bei genügender „Dehnung" der Zeit sind diese nadelförmigen Peaks gewöhnliche, leicht unsymmetrische Funktionen der Zeit. Was aber ist Zeit anders als eine Folge von Ereignissen? Wählt man eine solche Skalierung der Zeit, daß die Umsatzrückgänge zu nadelförmigen Umsatzeinbrüchen werden, dann wird ein solcher Einbruch zeitlich gesehen zu einem Punktereignis.

Über längere Zeit hinweg betrachtet, weist eine solche Zeitreihe eine gewisse Periodizität auf, deren „Perioden" durch besonders große Umsatzeinbrüche gekennzeichnet sind. Innerhalb einer solchen Periode aber scheinen die verschieden großen Umsatzeinbrüche zwar nicht periodisch aber auch nicht völlig unabhängig voneinander zu sein. A. Dress et al. (1984) schlug deshalb erstmals vor, diese Zeitreihen durch einen linearen, zellulären Automaten mit einer ganz einfachen Transformationsregel zu modellieren (Bild 4.26)

$$z(i,t+1) = \{z(i,t) + z(i-1,t)\}\mathrm{mod}2, \qquad (4.46)$$

wobei $z(i,t) = 0$ der produzierende, katalytisch aktive Zustand des i-ten *„Elementarreaktors"* ist und $z(i,t) = 1$ seinen nicht aktiven Zustand repräsentiert. Die zeitliche Entwicklung dieses Automaten stellt eine diskrete Form des bekannten fraktalen *Sierpinskii-Dreiecks* im zweidimensionalen Orts-Zeitraum dar. Die Struktur der Menge der nicht aktiven *Elementarreaktoren* ist andererseits gleich der Verteilung der ungeraden Zahlen im *Pascalschen Dreieck* der *Binomialkoeffizienten*, woraus sich die Menge $K(t)$ der nicht aktiven *Elementarreaktoren* zur Zeit t ablesen läßt:

$$K(t) = \#\{j \in \mathcal{N} | j = \binom{t}{k} \mathrm{ungerade}, 0 \le k \le t\}. \qquad (4.47)$$

Stellt man nun die diskrete Funktion $K = K(t)$ graphisch dar, so wird ihre qualitative Ähnlichkeit zur Zeitreihe der katalytischen CO-Oxidation offenkundig. Aber anders als bei der experimentellen Zeitreihe bildet die Poincaré-Abbildung der diskreten Funktion $K(t+1) = F(K(t))$ nicht die markante, nahezu rechtwinklige, L-förmige Struktur. Diese läßt sich im Rahmen dieses Modells erst dadurch erzielen, daß man in dem eindimensionalen zellulären Automat nicht nur einen nächsten Nachbarn, sonderen derer viele mit berücksichtigt; vgl. Bild 4.27.

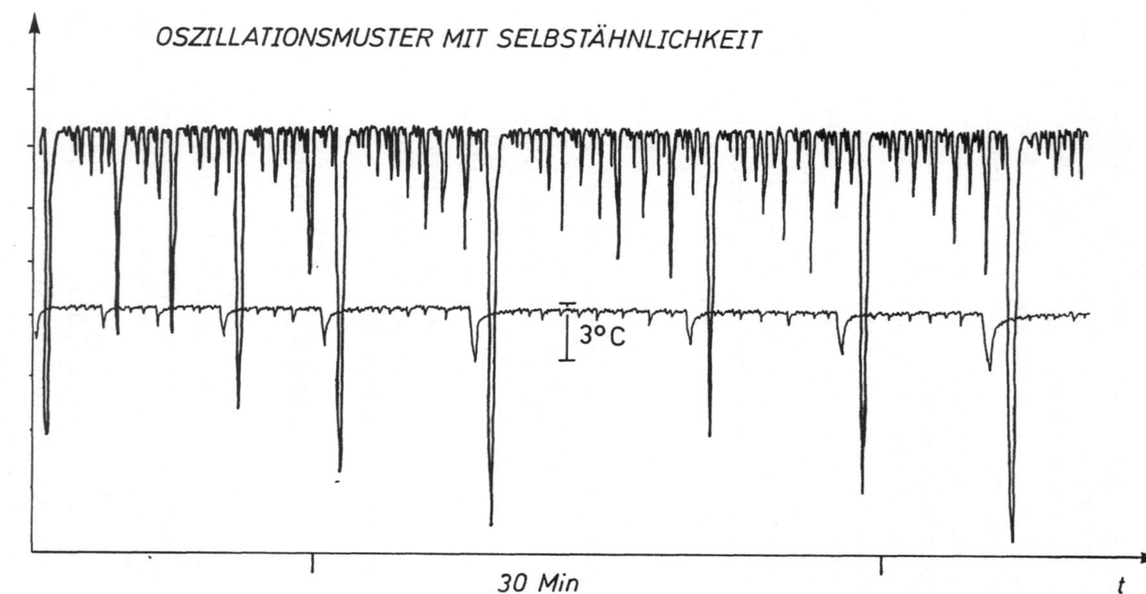

OSZILLATIONSMUSTER MIT SELBSTÄHNLICHKEIT
3°C
30 Min
t

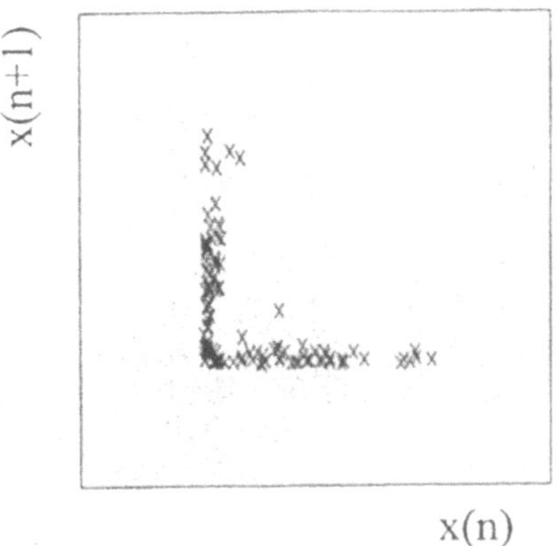

Bild 4.25 a) Zeitserie des Umsatzes (%U) und der Katalysatortemperatur bei der katalytischen CO-Oxidation; b) Poincaré-Abbildung einer typischen, selbstaffinen Zeitserie der Umsatzeinbrüche bei der katalytischen CO-Oxidation (*Versuch: K. Möller, 1984*)

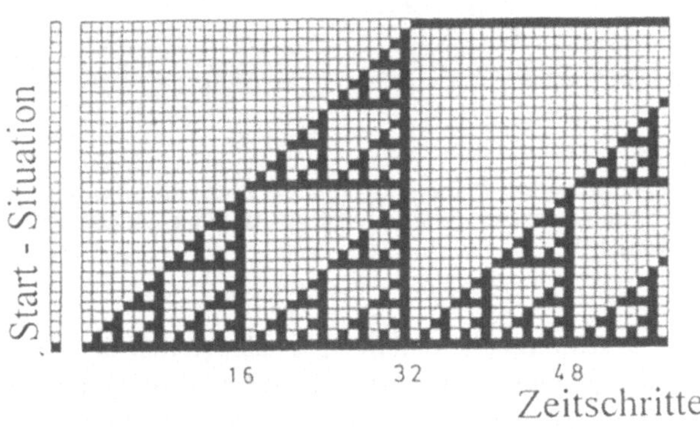

Bild 4.26 Zeitliche Entwicklung eines endlichen, linearen zellulären Automaten (Länge des Automaten: 33 Zellen) nach A. Dress gemäß Gleichung (4.46) (*Plath, 1989*)

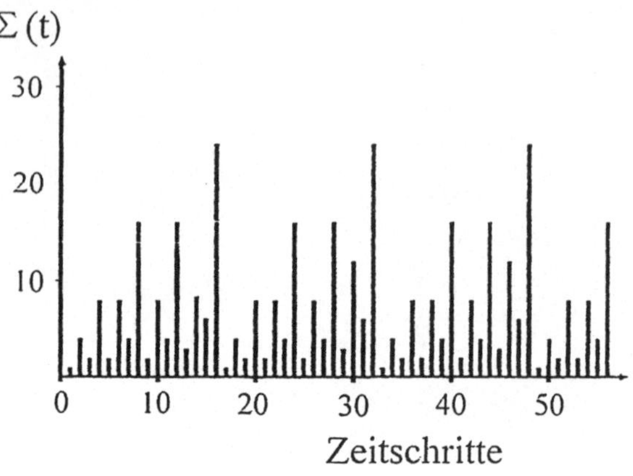

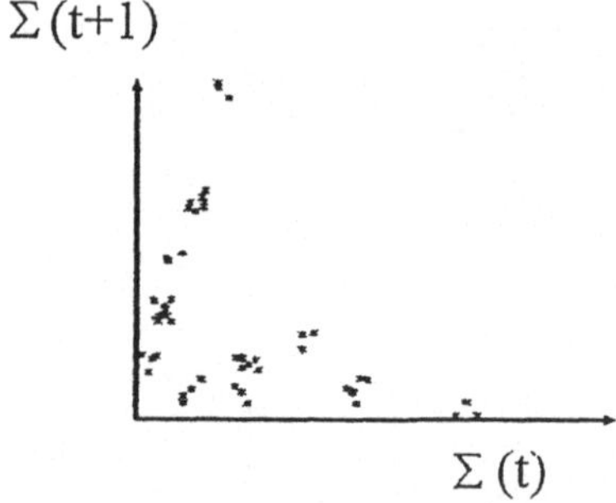

Bild 4.27 a) Zeitserie und b) Poincaré-Abbildung eines linearen, zellulären Automaten, bei dem mehrere Nachbarn für die Transformation der Zellzustände zur Zeit t mit berücksichtigt werden

Zu versuchen, dieses einfache eindimensionale Modell den experimentellen Bedingungen immer mehr anzupassen, ist sicher nicht ratsam, denn dazu ist es im Vergleich zur chemischen Realität viel zu stark vereinfacht. Dennoch ermöglicht es, wesentliche Merkmale dieser Reaktion qualitativ richtig zu beschreiben. Die Frage erhebt sich jedoch, ob es für die hier verwendeten *Elementarreaktoren* eine chemische Entsprechung gibt. Es scheint ganz und gar aussichtslos zu sein, das beobachtete Reaktionsverhalten auf der Basis einer molekularen Beschreibung verstehen zu wollen, wie es gewöhnlich in der Chemie versucht wird. Dagegen würde auch schon die Tatsache sprechen, daß es sich hier um eine heterogene gas/fest-Reaktion handelt, bei der nicht nur die adsorbierten Moleküle, sondern auch der Festkörper des Katalysators und unter Umständen auch das Trägermaterial zu berücksichtigen ist.

In der heterogenen Katalyse ist es üblich, die hochdispers verteilten Metallteilchen des Metall-Katalysators – in diesem Fall die Palladiumpartikel – als elementare Einheiten der Reaktion zu betrachten. Die hier geschilderten Versuche wurden nun mit ca. 10 bis 20 mg Zeolith-Trägerkatalysator durchgeführt, die ungefähr 10^{15} dieser Palladiumteilchen enthielten.

Die Beschreibung der Beziehungen zwischen diesen Teilchen mit Hilfe eines zellulären Automaten ist auf Grund ihrer viel zu großen Zahl illusorisch.

Man könnte nun versucht sein, einzelne Zeolith-Einkristalle des Katalysatorträgers, in die das Palladium eingelagert wurde, als elementare Einheiten der Reaktion zu begreifen. Aber auch ihre Anzahl ist mit ca. 10^7 Einkristallen in der Katalysatorschüttung viel zu groß für eine Berechnung des Reaktionsgeschehen auf der Basis der Wechselwirkungen dieser Einheiten. Zudem führt ein Experiment mit amorphem $\gamma - Al_2O_3$ (Aluminiumtrioxid) als Katalysatorträger zu dem gleichen Resultat der fraktalen Umsatzeinbrüche, so daß die Einkristallstruktur der Zeolithe außer Acht gelassen werden kann.

Was aber ist nun die chemische Natur der Elementarreaktoren? Um die Experimente qualitativ vernünftig zu beschreiben, bedurfte es eines endlichen, linearen zellulären Automaten mit nur relativ wenig Zellen. Die Endlichkeit des Automaten bedingt dabei die „Periodizität" der Einheiten des fraktalen Musters. Mit einigen 20 bis 100 Zellen läßt sich die Zeitreihe recht gut simulieren. Das bedeutet aber, daß es nur 20 bis 100 Elementarreaktoren sind, die wir zu betrachten haben. Dafür aber fehlt jegliche klassische chemische Interpretation.

Auch kann es sich nicht um räumlich und zeitlich invariante Elementarreaktoren handeln, denn das würde eine strenge Periodizität des raumzeitlichen Musters nach sich ziehen, wie es der einfache Automat zeigt. Wir müssen also davon ausgehen, daß es sich bei den Elementarreaktoren um ständig sich verändernde, makroskopische Bereiche des Katalysators handelt, die nur für eine gewisse Zeit völlig einheitlich reagieren. H. Prüfer (1987) hat ein mathematisches Verfahren vorgestellt, das, auf der Renormierungsidee beruhend, die Modellierung solcher veränderlicher Elementarreaktoren gestattet, worauf an dieser Stelle aber nicht näher eingegangen werden kann.

Die Idee, das zeitliche Muster der Umsatzeinbrüche der CO-Oxidation mit Hilfe eines endlichen, eindimensionalen zellulären Automaten zu beschreiben, eröffnet aber auch eine Möglichkeit des quantitativen Vergleichs der Dynamik des Reaktionsgeschehens unter verschiedenen Reaktionsbedingungen. Dem raum-zeitlich fraktalen, diskreten *Sierpinskii-Dreieck*, das sich bereits aus dem einfachen zellulären Automaten ergab, kann man ohne weiteres eine Dimension zuordnen. Beginnend mit einer nicht aktiven Zelle im Zustand $z(i,t) = z(i,0) = 1$ kann man nach dem bekannten *Verdopplungsverfahren* den Logarithmus der Summe $S(n)$ aller Zellzustände bis zu den Zeiten $t = 2^n$, $n = 0,1,2,\cdots$ als Funktion des Logarithmus der Zeiten $t = 2^n$ darstellen:

$$S(n) = \sum_{t=1}^{2^n} \sum_{i=1}^{l} z(i,t); \qquad n = 0,1,2,\cdots \tag{4.48}$$

$$\log S(n) = D_0 \log(2^n). \tag{4.49}$$

Die Steigung dieser Geraden ist bekanntlich die *fraktalen Dimension* dieses Musters. Da die Summe $S(n) = 3^n$ ist, nimmt die *fraktale Dimension* D_0 den Wert an:

$$D_0 = \frac{n\log 3}{n\log 2} = 1{,}58496\cdots. \tag{4.50}$$

Wenn man nun nicht nur die Zeiten $t = 2^n$, sondern alle Zeiten $t \in \mathcal{N}$ verwendet, dann erhält man eine girlandenförmige Funktion, die unterhalb der Geraden, die aus den Werten für $t = 2^n$ gebildet wird, liegt und an ihr „aufgehängt" ist. Die Ausgleichsgerade durch die Girlande muß also eine kleinere Steigung haben. Wenn man nun auch noch ein begrenztes Zeitintervall einführt: $t \leq m \neq \infty$, wie es die Periodizität der experimentellen Zeitreihe nahelegt, dann gilt für die Steigung D_r der zugeordneten Gerade mit Sicherheit: $D_r \leq D_0$. Für eine genügend große Anzahl von Zeitschritten innerhalb eines periodischen Intervalls sind aber die Unterschiede von D_r und D_0, die durch die endliche Intervalllänge zustandekommt, vernachlässigbar.

Das hier gewählte Verfahren der Dimensionsbestimmung über die *Zustandssumme* des Automaten garantiert nun, daß die *fraktale Dimension* des in die zweidimensionale Raum-Zeit eingebetteten Fraktals ebenso groß ist wie die Dimension der zeitlichen Sequenz der Ereignisse. Das eröffnet eine Möglichkeit, von der Dimensionsanalyse einer Zeitreihe in einem gewissen Rahmen auf die raumzeitliche bzw. räumliche Struktur des zugrundeliegenden Prozesses zurückzuschließen.

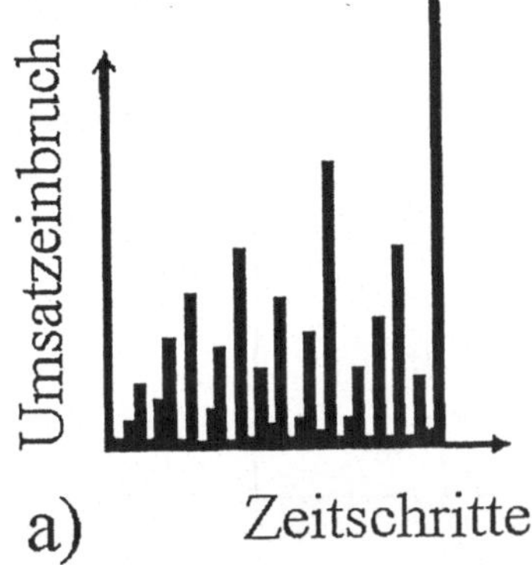

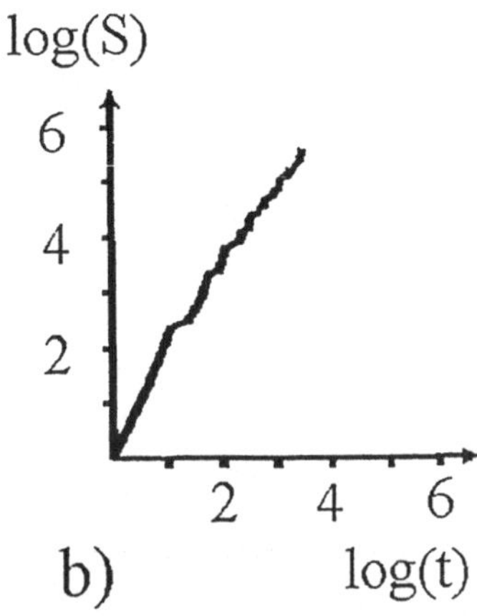

Bild 4.28   a) *Selbstaffine* Zeitreihe der Umsatzeinbrüche der katalytischen CO-Oxidation – dargestellt durch die CO-Konzentration im Reaktorausgang, b) Doppellogarithmische Darstellung der normierten Umsatzeinbrüche als Funktion der diskreten Zeitpunkte der „Ereignisse" – zur Bestimmung der *beschränkten Dimension* zu $D_r = 1{,}448$ der Zeitreihe in a)

Betrachtet man beispielsweise die *selbstaffine* Zeitserie der Umsatzeinbrüche im Bild 4.28 und normiert die Größe dieser Einbrüche, so läßt sich eine, auf ein „periodisches" Intervall beschränkte, Dimension D_r (engl. *restricted dimension*) zu $D_r = 1{,}448$ angeben. Bei einer Vielzahl von Experimenten bei gleicher Strömungsgeschwindigkeit der Reaktionsgase lag D_r im Bereich von $1{,}2 \leq D_r \leq 1{,}6$. Das bedeutet aber, daß das Reaktionsgeschehen sich wahrscheinlich in einem mehr oder weniger eindimensionalen Bereich, gewissermaßen in einer Reaktionsfront abspielt, und daß in dieser verschiedene Bereiche zu verschiedenen Zeiten aktiv sind.

Das ganze Geschehen erinnert stark an den Anblick von Holzkohle auf einem Kaminrost: An einem gerade noch glühenden, fast verkohltem Scheit auf einem Rost über einer starken Glut flackern immer wieder irgendwo kleine Flammen auf, mal klein, mal groß, mal hier, mal dort, „tanzenden Irrlichtern" gleich. Das Bild der Summe der nicht glühenden Anteile des Scheites als Funktion der Zeit genommen, würde nicht viel anders aussehen als die Zeitserie der katalytischen CO-Oxidation.

Nun hat C. Ballandis (1995) die Muster der Zeitserien der katalytischen CO-Oxidation als Funktion der Verweilzeit der Reaktanden im Reaktor untersucht.

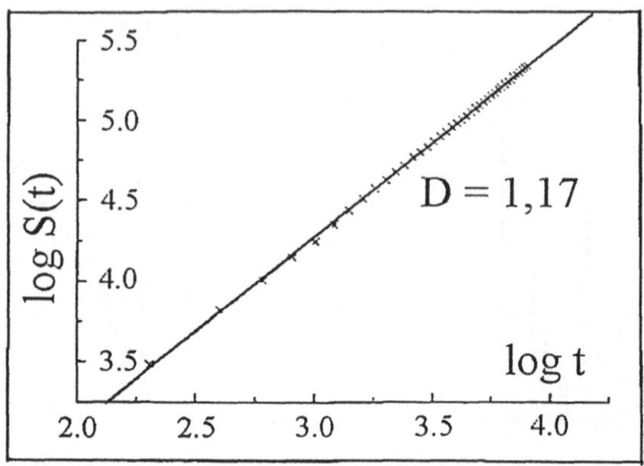

Bild 4.29 Bestimmung der *fraktalen Dimension* des Graphen einer Zeitreihe der katalytischen CO-Oxidation; (mit freundlicher Genehmigung von C. Ballandis (1995))

Er konnte zeigen, daß mit abnehmender Verweilzeit, also größerer Strömungsgeschwindigkeit die Kopplung der Elementarreaktoren über die Gasphase abnimmmt. Das äußert sich zum Beispiel in einer Aufhebung der „Periodizität" der großen Umsatzeinbrüche. Das Muster der Zeitserie wird immer komplizierter, und es wird mit zunehmender Entkopplung der Elementarreaktoren praktisch unmöglich, eine auf einen periodischen Bereich beschränkte Dimension anzugeben.

C. Ballandis konnte jedoch zeigen, daß man auch noch in diesem Fall direkt aus der Zeitserie zu einem quantitativen Maß für die Komplizierheit der Ereignisstruktur kommen kann, indem man die Länge des Graphen der Zeitserie als Funktion der Zeit mißt. Über eine doppellogarithmische Auftragung (vgl. Bild 4.29) erhält man auch in diesem Fall eine Dimensionsaussage. Insbesondere für den Vergleich der komplizierten Zeitserien ist diese Maßangabe von Bedeutung, da sie z.B. mit der Verweilzeit der Reaktanden im Reaktor korreliert werden kann.

4.4.2 Eine musikalische Analyse

Die eindimensionalen zellulären Automaten sind als mathematische Strukturen zur Beschreibung chemischer Reaktionen schon ungewöhnlich genug. Was soll denn das nun noch – eine musikalische Analyse?

Ein jeder von uns hat es sicherlich schon einmal erlebt! Das Auto lief nicht mehr so richtig. Der Meister in der Reparaturannahme der Werkstatt bittet höflich, den Motor einmal laufen zu lassen, hört sich das Schnurren, Rasseln und Klappern eine kurze Zeit über an und erklärt dann voller Überzeugung, was unserem Gefährt fehlt. Und in der Regel hat er recht mit seiner Diagnose, die nur auf einer akustischen Analyse der Geräusche des Motors basierte.

Unser menschliches Gehör ist nach einigem Training in der Lage, sehr komplizierte Geräusche zu analysieren. Das gilt natürlich nicht nur für den Meister der Auto-Reparaturwerkstatt, sondern vor allem bei der Spracherkennung und in der Musik.

Wenn wir nun wie bei der CO-Oxidation eine fraktale Struktur der Ereignisse haben, dann sollte es möglich sein, ihnen eine Folge von Klängen, eben eine „Musik" zuzuordnen. Spiegelt diese „Musik" die fraktale Struktur der zugrundeliegenden Ereignisse wider, so sollte es möglich sein, durch das Hören der „Musik" Momente der Dynamik des Prozesses zu erschließen.

Dabei stellt sich natürlich die Frage, ob wir bei der *akustischen Wahrnehmung* nur die Strukturen wiedererkennen, die wir schon aus der Betrachtung der graphischen Aufzeichnung der Zeitreihen her kennen, oder ob sich dem Zuhörer andere, für ihn neue Zusammenhänge erschließen, die weder dem Betrachter der Bilder, noch durch die mathematische Analyse in dieser Form zugänglich sind.

In dem vorstehenden Abschnitt 4.2 über die fraktale Struktur zerbrechender Kristalle ist auf die mit diesem Prozeß verbundenen fraktalen Klänge bereits eingegangen worden. Aber weit über die Analyse fraktaler Klänge hinaus gehen die Versuche von G. Mazzola (1990) und Y. Furukawa (1991), die Musikstücke und Programme zur Erzeugung fraktaler Musik komponiert und geschrieben haben. Lygeti (Hamburg) und Xenakis (Paris) lassen sich bei ihren Kompositionen von der Gedankenwelt der fraktalen Geometrie leiten. All diesen Bestrebungen ist gemein, daß ihnen die Hoffnung zugrundeliegt, mit den fraktalen Klängen Empfindungen auf neue Art verbinden bzw. ausdrücken zu können.

Eine Verbindung zwischen dem fraktalen Klangereignis beim Zerbrechen des Kristalls und der Komposition der fraktalen Musik besteht heute noch nicht. Wenn aber die akustische Analyse eines lange währenden, in seiner Dy-

Bild 4.30 Eine von J. Schwietering (1990) erarbeitete musikalische Analyse einer fraktalen Zeitreihe der katalytischen CO-Oxidation (mit freundlicher Genehmigung von J. Schwietering)

namik hochkomplexen chemischen Vorganges *Neues* wahrzunehmen gestattet, dann sollten wir nicht darauf verzichten, Chemie einmal unter dem Aspekt der Musik zu betrachten. Der jetzt in Turin lebende Musik-Informatiker J. Schwietering (1992) hat in dieser Hinsicht Pionierarbeit geleistet, die bisher leider weitgehend unbekannt blieb (Bild 4.30).

Es ist nur schade, daß diese Musik hier im Buch nicht erklingen kann, sondern daß nur ein paar armselige, gedruckte Noten aus diesem faszinierenden Werk von J. Schwietering hier wiedergegeben werden können. Die musikalische Analyse der Chemie bleibt also künftigen Generationen musikalisch begabter Chemiker voller künstlerischer und wissenschaftlicher Phantasien vorbehalten.

Kapitel 5
Diffusion und Reaktion in porösen Medien

5.1 Die Liesegangsche Musterbildung

5.1.1 Historische Anmerkungen

Seit ihrer erstmaligen Beobachtung durch R.E. Liesegang (1896) stellen die
bei Fällungsreaktionen sich ausbildenden hochsymmetrischen Muster immer
wieder eine Herausforderung für Chemiker und Physiker dar. R.E. Liesegang

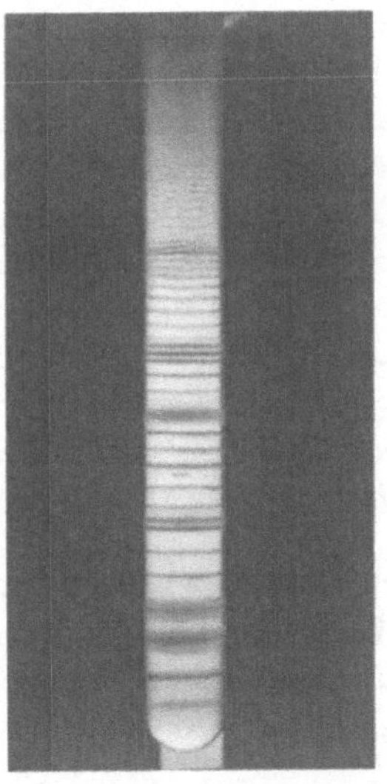

Bild 5.1 Liesegangs „A-linien": Liesegangs Beobachtung der Strukturbildung bei der
Fällung von Silberchromat auf einer mit Gelatine beschichteten Glasplatte

überzog eine Glasplatte mit Gelatine, der er zuvor $K_2Cr_2O_7$ beigegeben hatte. Nach der Ausbildung des Gels fügte er einige Tropfen $AgNO_3$ hinzu und beobachtete nach einem Tag die Ausbildung kreisförmiger Muster; vgl. Bild 5.1.

Es war gerade eine Zeit, in der auch die experimentelle Physik überfloß vor lauter neu entdeckten Phänomenen. Noch verstand man diese Phänomene nicht, sondern gab ihnen nur erst einmal neue Namen. So handelte auch R.E. Liesegang, der seinen gerade entdeckten *Reaktions-Diffusions-Mustern* den Namen „A-Linien" gab.

> „In den Crookeschen Röhren, welche seit der Röntgenschen Entdeckung auch für die Photographie Bedeutung erlangt haben, kommen häufig Schichtungen des Lichtes vor, welche wie stehende Wellen aussehen. Die Bedingungen, unter welchen diesselben entstehen, sind vielfach studiert worden. Aber ihre eigentliche Ursache wurde bisher nicht erkannt. Bei meinen Gallerten-Versuchen habe ich einige Erscheinungen beobachtet, welche vielleicht zu einer Erklärung dieser Lichtschichtungen führen können, und ich gebe diese hier als Arbeitshypothese.
>
> Übergießt man eine Glasplatte mit einer dünnen Gelatinelösung, welcher eine geringe Menge doppeltchromsaures Kali zugesetzt worden war, und bringt nach dem Erstarren eine Tropfen Silbernitratlösung darauf, so dringt letzterer unter Bildung von Silberbichromat langsam in die Schicht. Nach einem Tag kann der Diffusionskreis einen Durchmesser von 5 cm oder mehr haben. Dieser Diffusionskreis ist nun aber nicht, wie man erwarten sollte, gleichmäßig undurchsichtig und braunrot, sondern er besteht aus einer großen Anzahl scharf begrenzter dunkler Ringe, welche durch vollkommen klare Zwischenräume voneinander getrennt sind. Sie laufen in rhythmischen Abständen konzentrisch um den ursprünglichen Silbernitrattropfen herum. Ich habe diese merkwürdigen Streifen vorläufig als „A-Linien" bezeichnet. · · ·" *(Zitiert nach „Ostwalds Klassiker der exakten Wissenschaften", Band 272, Hrsg. L. Kuhnert und U. Niedersen, Akadem. Verlagsges. Geest & Portig K.-G. Leipzig (1987).*

Neben diesen kreisförmigen Mustern in nahezu zweidimensionalen Gelschichten auf Glasplatten führte Liesegang auch Reaktionen im Reagenzglas durch, wo er die heute allseits als *Liesegang-Strukturen* bekannten periodischen „Ringe", bzw. „Scheiben" und „Bänder" beobachtete; vgl. Bild 5.2.

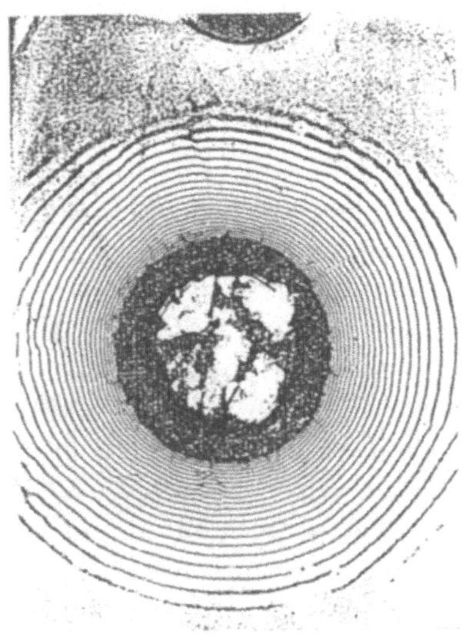

Bild 5.2 Musterbildung bei der Fällungsreaktion von Bleijodid im Agar-Agar Gel in einem Reagenzglas gemäß der Versuchsanleitung.

Versuchsanleitung

Es ist ein ganz einfach durchführbarer Versuch, der auch heute noch voller Überraschungen steckt. Man lege in einem 100 ml Meßkolben eine Bleisalzlösung vor (2–4 ml, 10^{-1} m $Pb(NO_3)_2$), gebe dazu 25 ml einer 3-prozentigen heißen, bis zum Klarwerden gekochten Agar-Agar-Lösung (z.B. fadenförmiger Agar DAB6 der Firma Riedel de Haen) und fülle dann bis zum Eichstrich mit destilliertem Wasser auf. Nun koche man das entstandene bleihaltige Sol noch einmal auf (eine Stunde auf kochendem Wasserbad), so daß alle Schlieren verschwinden und fülle mit dem heißen Sol einige Reagenzgläser. Im Reagenzglas lasse man das Sol unter Abkühlung auf Raumtemperatur gelieren. Das zum Bleigel erstarrte Sol überschichte man vorsichtig z.B. mit einer gesättigten Kaliumjodidlösung, der man anschließend noch einige Körner KJ zugebe, um die ganze Versuchszeit über eine gesättigte Lösung zu behalten (siehe Bild 5.2).

Im Jahr 1914 berichtete Liesegang erstmals auch über die Entstehung von *Schraubenflächen* bei entsprechenden Reagenzglasversuchen. Auch Wolfgang Ostwald (1925) und R. Fricke (1926) fanden bei ihren Versuchen neben den räumlich periodisch auftretenden *Scheiben* die schwer zu verstehenden *Schraubenflächen*; siehe hierzu Bild 5.4.

Den ersten Versuch zur Deutung der Liesegangschen Strukturen – insbesondere der periodischen Bildung von Scheiben – unternahm Wilhelm Ostwald (1897) bereits ein Jahr nach ihrer Entdeckung. Danach tritt zunächst ein übersättigter Zustand auf, aus dem heraus die spontane Ausfällung stattfindet. Die in der näheren Umgebung noch verbleibenden Ionen diffundieren sodann in Richtung der Kondensationskeime, um dort ebenfalls ausgefällt zu werden. In der unmittelbaren Umgebung des jeweiligen Fällungsringes tritt also eine Verarmung an den Ionen des *inneren* im Gel „gelösten" *Elektrolyten* auf – in unserem Versuchsbeispiel also eine Verarmung der Bleiionen. Durch diese Zone zu geringer Konzentration des *inneren Elektrolyten* müssen die Ionen des *äußeren Elektrolyten* zunächst einmal diffundieren, bevor sie erneut in eine Zone ausreichender Konzentration des *inneren Elektrolyten* gelangen, so daß eine *Übersättigung* und anschließend wieder eine Fällung stattfinden kann.

Mit dieser Hypothese gelang es ihm zwar, das stetige Ansteigen des Abstandes zwischen den Ringen mit wachsender Entfernung vom Ursprung der *äußeren Elektrolyten* qualitativ zu verstehen, doch gibt es eben auch Systeme, von denen dieses Abstandsgesetz nicht befolgt wird. Zudem hatten extra hinzugefügte Kondensationskeime keinen wesentlichen Einfluß auf die Ringbildung. Auch andere beobachtete Phänomene ließen sich mit der „Übersättigungstheorie" nicht zufriedenstellend beschreiben. Da die Schraubenflächen sich gewissermaßen in das Gel „hineinschraubend" an ihrem freien Ende wachsen, stellen auch sie ein Beipiel für Systeme dar, auf die die Erklärung von Wilhelm Ostwald nur schwer anwendbar ist.

Natürlich wurden in der Folge weitere Versuche unternommen, das interessante Phänomen der Liesegangschen Strukturbildung besser zu verstehen. So trat S.C. Bradford (1916) mit seiner „Adsorptionstheorie" hervor, indem er versuchte, die oft klaren Zonen zwischen den Fällungsringen durch eine Adsorption der Ionen des *inneren Elektrolyten* an dem gerade entstandenen Niederschlag zu erklären. Erst 1954 widersprach K.H. Stern diesem Erklärungsversuch und wies der Adsorption der Ionen nur eine Tendenz zu Verstärkung der ansonsten schon stattfindenden Strukturbildung zu; er betrachtete die Adsorption aber nicht als Ursache dieser Musterbildung. N.K. Dhar vertrat demgegenüber bereits 1927 die sehr tragfähige Annahme, daß der Bildung des sichtbaren Niederschlags die Entstehung einer kolloidalen Dispersion vorausgeht.

Das Auftreten solcher Dispersionen wurde von J. Ross und seinen Mitarbeitern (1982) experimentell bestätigt. Die Ringbildung entsteht nach Dhar durch Koagulation der kolloidalen Partikel.

Bereits Wolfgang Ostwald (1925) bezog in seiner „Diffusionswellentheorie" die Löslichkeitsprodukte der beteiligten Ionen mit in seine Betrachtung ein. Seiner Ansicht nach beruht die Strukturbildung auf der Wechselwirkung der *Diffusionswellen* des *inneren* und *äußeren Elektrolyten* wie des kolloidalen Niederschlags.

All diese Hypothesen beruhen einzig auf der Gleichgewichts-Thermodynamik und fassen somit die Liesegangphänomene nicht als eine Folge der dissipativen Selbstorganisation des Systems in Gleichgewichtsferne auf. Dies gelang erst J. Ross und seinen Mitarbeitern. Sie gehen davon aus, daß die Keimbildung zunächst homogen einsetzt und es erst später unter Herausbildung klarer Zonen zu einer Koagulation der Keime kommt. Dabei nehmen sie ein „autokatalytisches Wachstum" der Keime jenseits einer bestimmten Teilchengröße an.

Erst durch die Arbeiten von P. Ortoleva (1978) und J. Ross (1982) wurde das Interesse an den Liesegang-Strukturen erneut geweckt, denn man erkannte, daß diese Strukturen neben den bekannten Strukturen in der Beloussow-Zhabotinskii-Reaktion besonders eindrucksvolle Beispiele für die Musterbildungsprozesse in heterogenen *Reaktions-Diffusions-Systemen* sind.

Die Besonderheit des Liesegangsystems besteht darin, daß es sich hier um die räumlich und zeitlich weitgehend stationäre Ausbildung von Mustern bei der Ausfällung eines schwerlöslichen Salzes im Gel handelt. Führt man die Fällung von Bleijodid PbJ_2 statt im Gel in der üblichen, jedem Anfänger der Chemie vertrauten Weise in wässeriger Lösung im Reagenzglas durch, so erhält man die bekannte Form des wolkigen, gelben Niederschlags, der sich langsam auf dem Boden absetzt (vgl. Bild 5.3). Besteht die Versuchsanordnung für die Liesegangexperimente wie häufig üblich aus einem Reagenzglas in senkrechter Anordnung, das zum Beipiel mit bleihaltigen Gel gefüllt ist, so lassen sich, wie bereits erwähnt, neben den „periodischen" Ringmustern auch „spiralige" Muster beobachten, worauf Liesegang bereits 1914 hingewiesen hat. Genau genommen handelt es sich hier nicht um Ringe und Spiralen, sondern um *Scheiben* und *Schraubenflächen*. Unter anderem ist es gerade das Auftreten dieser *Schraubenflächen* – J. Ross bezeichnet sie noch 1986 als „Kuriositäten" –, das die früheren Erklärungen in Frage stellt.

Neben den einfachen Schraubenflächen lassen sich aber auch zwei ineinander verdrillte Schraubenflächen finden, und selbst innerhalb eines Reagenzglases kann man manchmal auch den Übergang von zweifachen Schraubenflächen

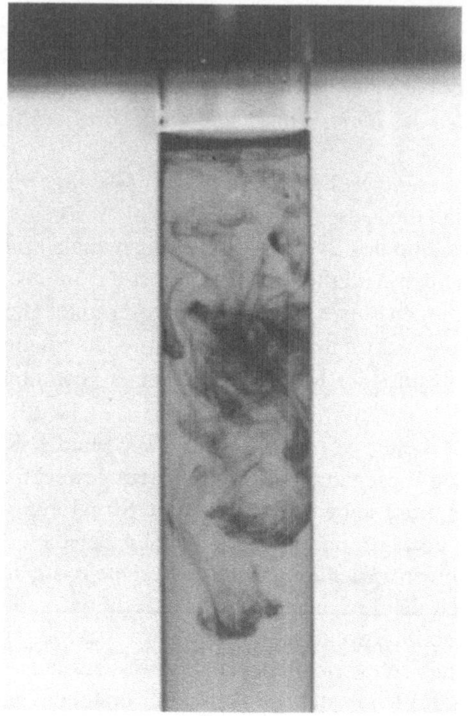

Bild 5.3 Ausfällung von Bleichromat durch das Eintropfen einer Bleisalzlösung in eine Kaliumdichromatlösung. Die Schlierenmuster bei dieser Fällungsreaktion entstehen
durch die Konvektion bei Eintropfen der Bleisalzlösung

zu einfachen Schraubenflächen, zu Scheiben und gar zu Bereichen körniger
Ausfällung beobachten; siehe auch Tafel 13.

Aber nicht nur klassisch geometrische Formen treten bei den Liesegangschen Musterbildung auf, sondern auch fein verästelte Fällungsmuster kann
man sehen, die das Reagenzglas wie das Gespinst des Wurzelwerkes eines
Baumes durchziehen; (Bild 5.5). Derartige Muster sind ein deutlicher Hinweis
darauf, daß auch fraktale Geometrien bei der Ausbildung der Fällungsmuster
von Bedeutung sein könnten.

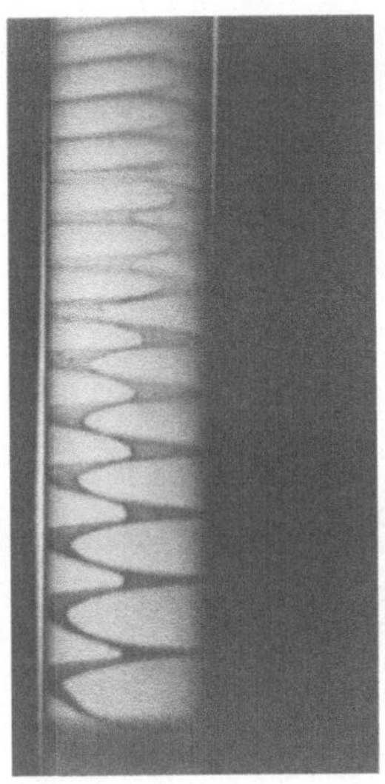

Bild 5.4 Schraubenflächen bei der Fällung von Bleichromat in Agar-Agar Gel. (Versuch und Photographie W. Jacobi)

5.1.2 Diffusion – Wanderung auf fraktalen Netzwerken?

Im Fall der Ausfällung der schwerlöslichen Blei- oder auch Silbersalze kann man bei den Reagenzglasversuchen mühelos die Verschiebung der gut erkennbaren Fällungsfront als Funktion der Zeit verfolgen, denn der Versuch dauert bis zu einer Woche. Liesegang hatte bereits solche Messungen durchgeführt. Während aber bei der Ausfällung von Bleichromat die Startposition für die Diffusion der Chromationen des *äußeren Elektrolyten* als der Grenze zwischen dem festen Bleigel und der überstehenden, gesättigten Lösung des Kaliumdichromats sich über die Versuchszeit von mehreren Tagen hinweg nicht verschiebt, folgt diese Grenze bei der Ausfällung von Bleijodid durch Verwendung einer gesättigten Kaliumjodidlösung langsam der Fällungsfront nach. Der Grund für diese Verschiebung der Phasengrenze Lösung/Gel ist der hygroskopische Charakter des Kaliumjodids.

Die durch Diffusion erfolgte mittlere Verschiebung $\bar{r}$ der Front ergibt sich also aus der Frontverschiebung r_f und der Verschiebung der Startposition der Diffusion r_l

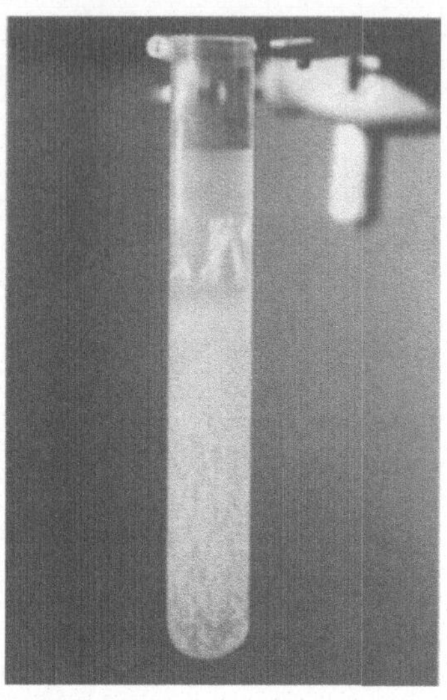

Bild 5.5 Fraktale „Wurzelmuster" bei der Fällung von Bleichromat in Agar-Agar Gel (Versuch und Photographie U. Sydow)

$$\bar{r} = (f_r - r_0) - (r_l - r_0) = r_f - r_l \, , \tag{5.1}$$

wobei r_l die Entfernung der Phasengrenze Lösung/Gel von der ursprünglichen Sartposition r_0 dieser Grenze zur Zeit $t = 0$ darstellt. Trägt man nun den Logarithmus der mittleren Verschiebung $\bar{r}$ als Funktion des Logarithmus der Zeit auf, so ergibt die Steigung der dabei resultierenden Geraden den Kehrwert $\frac{1}{d_w}$ des Exponenten d_w des Verschiebungsgesetzes:

$$\bar{r}^{d_w} \propto t \tag{5.2}$$

$$\log \bar{r} \propto \frac{1}{d_w} \log t. \tag{5.3}$$

Im Fall der Diffusion in einem homogenen Medium oder auf einem regulären, nicht fraktalen Gitter ist $d_w = 2$, unabhängig von der topologischen Dimension $d = d_{\mathrm{top}}$ des Raumes, in dem die Diffusion stattfindet; diese kann $d_{\mathrm{top}} = 1,2$ oder auch 3 sein. Es ergibt sich in diesem Fall die bekannte Formulierung des *Einstein-Smoluchowskischen Diffusionsgesetzes*

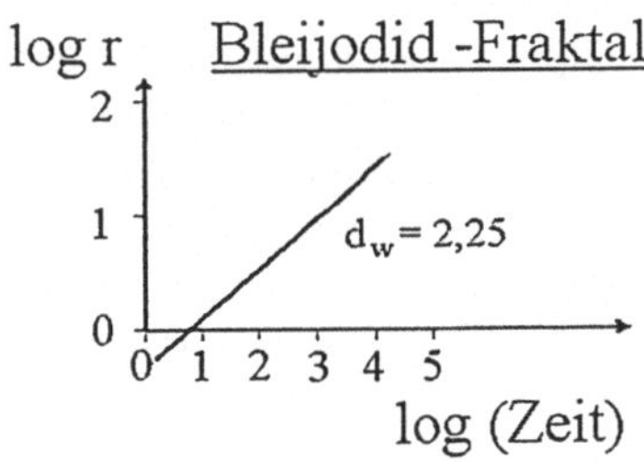

Bild 5.6 Doppellogarithmische Darstellung der Funktion $\bar{r} \propto t^{1/d_w}$ zur Bestimmung der *Wanderungsdimension* d_w bei einer Liesegangschen Fällungreaktion von Bleijodid $(2 \cdot 10^{-3}$ M) im Agar-Agar Gel (0.75-%ig) bei $T = t$ °C; (*Versuch: U. Sydow, R. Lipsky*)

$$\bar{r}^2 = 2dDt = 6Dt\,, \tag{5.4}$$

wobei $d_w = 2$ und $d_{\text{top}} = 3$ gesetzt wurde. D ist hierbei der *Diffusionskoeffizient*. r_l ist zumindestens zu Beginn der Fällungsreaktion schwer zu messen, so daß bei Verwendung des hygroskopischen Kaliumjodids die Funktion $r_l = r_l(t)$ über die *Einstein-Smoluchowski*-Beziehung $r_l^2 = 6D_l t$ abgeschätzt werden muß. D_l ist hierbei der geschätzte effektive Diffusionskoeffizient für die Diffusionsprozesse, die zur Auflösung des Gels und somit der Verschiebung der Phasengrenze Lösung/Gel führen.

Die Fällungsversuche erstrecken sich über mehrere Tage. Bestimmt man über diese langen Versuchszeiten hinweg aus der doppellogarithmischen Auftragung $\log \bar{r} = f(\log t)$ die Steigung der Geraden, so ergibt sich bei den Versuchen am System Bleijodid/Agar-Agar im Mittel der Skalierungsexponent $d_w = 2{,}27$ (Bild 5.6). Das ist ein Wert, wie er typisch ist für die *behinderte Diffusion* auf *fraktalen Netzwerken* vom Typ der *Perkolationscluster*. Der Exponent $d_w \geq 2$ ist die Dimension der zufälligen Wanderung auf einem fraktalen Netzwerk, das im dreidimensionalen Raum eingebettet ist. Mit Hilfe der *Alexander-Orbach Vermutung*, daß nämlich das Verhältnis der Wanderungsdimension d_w zur Dimension des Netzwerkes d_f, auf dem die zufällige Wanderung stattfindet, gleich $\frac{3}{2}$ ist, läßt sich die Dimension des zugrundeliegenden räumlichen Fraktals abschätzen; sie beträgt für den betrachteten Fall $d_f = 1{,}51$. Für einen ausgewachsenen *Perkolationscluster* im dreidimensionalen Raum müßte aber gelten: $d_f = 2{,}5$. Dieses scheinbare Mißverhältnis der

Dimensionen ist zu verstehen, wenn man beachtet, daß für die Verschiebung der Fällungsfront nur diejenigen Bewegungen der diffundierenden Teilchen von Bedeutung sind, in denen das Teilchen sich nicht in einer Sackgasse verirrt. Das aber ist gerade der Weg eines einzelnen Teilchens unter *Brownscher Bewegung*. Die Dimension eines solchen Weges ist $d_f = 1{,}5$. Andererseits ist das aber auch die Dimension der Menge aller Wege in einem *Perkolationscluster*, die von einem Punkt des Clusters zu einem anderen Punkt desselben Clusters führen, ohne die Sackgassen zu beachten. Die Menge all dieser Wege wird als *Rückgrat* (engl. backbone) des Perkolationsclusters bezeichnet.

Ein Teilchen, das in eine Sackgasse gerät, wird in dieser für lange Zeit gefangen sein und wird mit nachfolgenden Teilchen in einer solchen Sackgasse mit hoher Wahrscheinlichkeit einen nicht mehr beweglichen Kristallkeim bilden. Dieser Annahme folgend, findet eine Bewegung der diffundierenden Teilchen, sofern sie für die Messung der Frontverschiebung von Bedeutung sind, also nur auf dem *Rückgrat* des Perkolationsclusters statt.

Diese aus der Bestimmung des Skalierungsfaktors d_w abgeleitete Vorstellung von der Struktur des Raumes, in dem die Diffusion stattfindet, legt die Vermutung nahe, daß die Rolle des Agar-Agars u.a. darin besteht, bei dem Übergang vom Sol zum Gel einen, das ganze Gefäß ausfüllenden, Perkolationscluster zu bilden, der in der Gegend des Sol-Gel-Phasenüberganges noch viele hochmolekulare Solteilchen enthält. Zwischen diesem Agar-Agar-Perkolationscluster und den Agar-Agar-Solteilchen erstreckt sich nun ein zweiter Perkolationscluster, nämlich der der wässerigen Lösung, in dem die noch zu diskutierenden Wanderungsprozesse der Ionen und Keime stattfinden. Dieser Wasser-Perkolationscluster besteht aus dem System der Löcher und Poren des Gelmaterials – in unserem Fall also des Agar-Agars. In diesem Sinne ermöglicht das Agar-Agar-Gel die Bildung des Wasser-Perkolationsclusters, auf dem die Wanderung stattfindet, aber es bildet sich auch das „feste" Gerüst, das die Fällungsprodukte an ihren Entstehungsorten z.B. in den „Sackgassen" weitgehend festhält.

5.1.3 Diffusion der Ionen oder Keime?

Es stellt sich nun die Frage, um was für Teilchen handelt es sich eigentlich, deren Diffusion hier betrachtet wird? Gehen wir, um die Größenordnung der diffundierenden Teilchen abzuschätzen, von der modifizierten *Einstein-Smoluchowski Beziehung* und unseren Experimenten aus. Die Logarithmierung dieser Beziehung liefert im dreidimensionalen Fall mit der topologischen Dimen-

172

sion $d = 3$ des Einbettungsraumes für den Achsenabschnitt C der Geraden-gleichung (5.6) den Wert:

$$\bar{r}^{d_w} = 2dDt = 6Dt \tag{5.5}$$

$$\log \bar{r} = \frac{1}{d_w} \log t + \frac{1}{d_w} (\log D + \log 6) \tag{5.6}$$

$$C = \frac{1}{d_w} (\log D + \log 6) . \tag{5.7}$$

Die Experimente zeigen, daß diese Konstante unter den gewählten Bedingungen (und bei Verwendung des natürlichen Logarithmus sowie der Zeiteinheit Stunden) Werte zwischen $-1 \leq C \leq +1$ annimmt. Damit ergeben sich für den Diffusionskoeffizienten D Werte im Bereich zwischen $D = 5 \cdot 10^{-6}$ bis $D = 5 \cdot 10^{-4} \text{cm}^2 \text{sec}^{-1}$.

$$\log D = d_w C - \log(2d)$$

$$D = \exp(d_w C - \log(2d)) . \tag{5.8}$$

Wenn $d_w \geq 2$ ist, dann ist $\frac{\bar{r}^2}{t}$ keine Konstante mehr, sondern eine Funktion von $\bar{r}^\delta$:

$$\bar{r}^{2+\delta} = \bar{r}^2 \bar{r}^\delta = 2dDt$$

$$\text{mit} \quad \delta = d_w - 2 \tag{5.9}$$

$$\frac{\bar{r}^2}{t} = \frac{2dD}{\bar{r}^\delta} \tag{5.10}$$

$$\mathcal{D} = \frac{D}{\bar{r}^\delta} . \tag{5.11}$$

Je weiter sich die Diffusionsfront von ihrem Startpunkt entfernt, desto kleiner wird diese Diffusionsfunktion $\mathcal{D}$, desto mehr scheint also die Diffusion gehemmt zu sein. Hat die wandernde Front die Strecke von 1 cm zurückgelegt, dann ergibt sich formal gerade wieder der klassische Diffusionskoeffizient. Bei größerer Entfernung ist demnach der Wert der Diffusionsfunktion $\mathcal{D}$ kleiner als der Diffusionskoeffizient; bei Entfernungen $\bar{r}$, die unter 1 cm liegen, ist der Wert von $\mathcal{D}$ dementsprechend größer als der Diffusionskoeffizient.

Aus der Kenntnis des Diffusionskoeffizienten D bzw. der Diffusionsfunktion $\mathcal{D}$ kann nun unter Verwendung der *Einsteinschen Beziehung* für die Diffusion im dreidimensionalen Raum

$$D = \frac{kt}{6\pi\eta r} \qquad \text{bzw.} \qquad \mathcal{D} = \frac{kT}{6\pi\eta r} \qquad\qquad (5.12)$$

der Radius r der diffundierenden Teilchen abgeschätzt werden, wenn man annimmt, daß diese Teilchen die Gestalt idealer Kugeln hätten. η bezeichnet hierbei die *dynamische Viskosität* des Mediums, durch das hindurch die Diffusion erfolgt. Nehmen wir für η näherungsweise die Viskosität des Wassers bei 20 °C an, also $\eta = 1 \cdot 10^{-2} \text{gcm}^{-1}\text{sec}^{-1}$, so ergibt sich nach der von A. Einstein (1905) abgeleiteten Beziehung für den Radius r der Teilchen mit:

$$r = \frac{kT}{6\pi\eta D} \qquad bzw. \qquad r = \frac{kT}{6\pi\eta \mathcal{D}} \qquad\qquad (5.13)$$

eine Größenordung von 0,5 bis $3 \cdot 10^{-8} cm$ (0,5 Å bis 3 Å) je nach zurückgelegter Wegstrecke $\bar{r}$, denn auch der mittlere Radius der diffundierenden Teilchen ist natürlich eine Funktion der zurückgelegten Wegstrecke: mit wachsender Wegstrecke wächst für $d_w \geq 2$ auch der Radius r.

Diese Werte r sind typisch für Ionenradien in verdünnten wässerigen Lösungen, wenn diese aus Messungen der Ionenbeweglichkeit bzw. aus Diffusionsmessungen der hier beschriebenen Art mit Hilfe des *Stokeschen Gesetzes* ermittelt werden. Bei der Temperatur von 18 °C bei der Wasser die *dynamische Viskosität* $\eta = 1{,}041 \cdot 10^{-2}$ Poise ($\text{gcm}^{-1}\text{sec}^{-1}$) hat, ergeben sich beispielsweise folgende *Stokesradien* der Ionen für J^-: 1,66 Å, CrO_4^{-2}: 1,08 Å und für K^+: 1,21 Å. Diese *Stokesradien* sind erheblich kleiner als die Kristallradien der Ionen, die nach L. Pauling (1962) z.B. für J^- 2,16 Å, Pb^{2+} 1,32 Å und für K^+ 1,33 Å betragen. Die *Stokesradien* sind bekanntermaßen ein Ausdruck für die Beweglichkeit der Ionen in dem Lösungsmittel. Je kleiner der *Stokesradius*, desto beweglicher ist das Ion.

Die zuvor erwähnte Abschätzung der Funktion $r_l = r_{(t)}$ mit $\bar{r}^2 = 6D_l t$ für die Verschiebung der Phasengrenze Lösung/Gel bei der Wiederauflösung des Gels z.B. infolge der Verwendung von KJ erfolgt nun so, daß sich bei einer Entfernung von $\bar{r} = 10$ cm größenordnungsmäßig mit r = 1,147 Å der aus der Literatur bekannte *Stokesradius* des betrachteten Anions – in diesem Fall des Jodidions – ergibt (Bild 6.6). Die Dimension der Wanderung beträgt hierbei $d_w = 2{,}27$, so daß der Diffusionskoeffizient für die Wiederauflösung des Gels zu $D_l = 5{,}55 \cdot 10^{-6}\text{cm}^2\text{sec}^{-1}$ abgeschätzt werden kann.

Ist nun $d_w = 2$, so ergibt sich für jede Ionenart in einem bestimmten Lösungsmittel ein hierfür spezifischer *Stokesradius*. Ein merkwürdiger Tatbestand der Liesegangexperimente ist nun, daß für $d_w \geq 2$ sich ein mit der Zeit, bzw.

der Entfernung, ständig wachsender, für $d_w \leq 2$ jedoch ein ständig sinkender
Stokesradius **r** sich ergibt. In den Liesegangexperimenten ist der *Stokesradius*
also keine ionen- und lösungsmittelspezifische Konstante mehr.

Einen wachsenden *Stokesradius* **r** der Ionen bei $d_w \geq 2$ könnte man verstehen, wenn man annimmt, daß im Verlauf des Experimentes mehr und mehr
Keime des ausfallenden schwerlöslichen Salzes an der Diffusion beteiligt werden. Auf diese Weise ließe sich die behinderte Diffusion, die wir zuvor mit
Hilfe der Vorstellung der Wanderung auf einem fraktalen Perkolationscluster
zu verstehen suchten, auch mit Hilfe der Vorstellung eines wachsenden Stokesradius beschreiben.

5.1.4 Beschleunigte Diffusion – Chemische Turbulenz

Probleme für die Interpretation bereiten die Experimente, bei denen $d_w \leq 2$ –
mindestens zu Beginn des Versuches – gefunden wird. Hierbei ergeben sich zu
Beginn (für $\bar{r} \leq 1$ cm) ungewöhnlich große *Stokesradien* **r**, die mit der Zeit
rasch immer kleiner werden. Dies könnte man damit erklären, daß die Diffusion statt mit den kleinen Ionen hier mit vielen, relativ kleinen Keimen beginnt,
die aber, da sie auf Grund ihrer geringen Größe instabil sind, mit der Zeit zerfallen, so daß der mittlere *Stokesradius* stetig abnimmt. Auf diese Weise wird
eine beschleunigte Diffusion realisiert, denn mit jedem Keimzerfall entstehen
am Ort des Zerfalls „neue" Teilchen. Wären diese „neuen" Teilchen alle zur
gleichen Zeit am selben Ursprungsort gestartet, so hätte sich an dem betrachteten Zerfallsort nur eine viel geringere Konzentration aufbauen können. Die
diffundierenden und nach einiger Zeit sich wieder auflösenden bzw. zerfallen-
den Teilchen realisieren auf diese Weise eine *korrelierte Bewegung* bezüglich
der durch die Auflösung entstehenden kleineren Keime bzw. Ionen.

Diese *korrelierte Bewegung* findet nur für eine kurze Zeit statt und wird
durch den chemischen Prozeß der Wiederauflösung gerader entstandener, noch
recht kleiner und damit instabiler Keime des schwerlöslichen Salzes hervorgerufen. Man kann diese, durch den Auflösungsprozeß bedingte, zeitweilig *korrelierte Bewegung* mit Fug und Recht als *chemische Turbulenz* bezeichnen, denn
Turbulenz bedeutet in diesem Zusammenhang ja nichts anderes, als daß Teilchen für eine gewisse Zeit eine *korrelierte Bewegung* durchführen und damit
die Diffusion beschleunigen.

Diese Erklärung scheint jedoch im Widerspruch zu stehen zu den Annahmen
des Keimwachstums bei der behinderten Diffusion. Wie kann man einmal von

einem wachsenden Keimradius **r**, das andere mal aber von einem schrumpfen-
den Keimradius **r** ausgehen? Aus diesem Dilemma hilft uns wieder das Experiment hinaus.

Bei einer Reihe von Versuchen muß man nämlich, wie bereits Liesegang
bemerkte, zwischen der Anfangsphase mit beschleunigter Diffusion ($d_w \leq 2$)
und einer Endphase mit behinderter Diffusion ($d_w \geq 2$) unterscheiden. Im
Rahmen des hier skizzierten Ansatzes kann man dieses Verhalten, die beiden
vorangehenden Aussagen vereinend, folgendermaßen erklären. Zu Beginn des
Diffusionsprozesses, wenn der *äußere Elektrolyt* mit dem *inneren Elektrolyt* in
Kontakt gebracht wird, entstehen spontan, d.h. auf einer sehr kurzen Zeitskala
und in einem sehr kleinen Bereich Δr unmittelbar an der Kontaktzone, d.h. der
Phasengrenze Lösung/Gel, sehr viele kleine Keime des schwerlöslichen Salzes.
Das hat seinen Grund in der kurzzeitig auftretenden lokalen *Übersättigung* in
diesem Bereich. Der Radius dieser Teilchen ist noch so klein, daß sie noch
mit großer Geschwindigkeit in das Gel hineindiffundieren können. Andererseits sind sie auf Grund ihrer Kleinheit thermodynamisch noch instabil, da ihr
Radius den *kritischen Radius* für das autonome Kristallwachstum noch nicht
erreicht hat. Auf diese Weise ist also zu Beginn des Liesegangexperimentes
eine beschleunigte Diffusion ($d_w \leq 2$) zu erwarten.

Im späteren Verlauf wird dann die Diffusion zunächst mehr und mehr auch
von den Ionen übernommen. Natürlich muß man berücksichtigen, daß sich mit
der Zeit auch zufällig mehr und mehr genügend große und damit stabile Keime
bilden, die im weiteren Versuchsverlauf einen spürbaren Anteil an der Diffusion haben können, so daß der mittlere Stokesradius nach einer genügend großen
Zeitspanne langsam wieder anwächst.

5.1.5 Geschehen in der Fällungsfront

Obgleich wir über die *Einstein-Smoluchowski*-Beziehung der mittleren Verschiebung der Fällungsfront bei Diffusionsvorgängen und die *Stokes-Einstein-
sche* Interpretation des Diffusionskoeffizienten Aufschluß erhielten über die
diffundierenden Teilchen bzw. über die Struktur des Raumes, in dem die Diffusion stattfindet, blieb bisher die Frage offen, welche Rolle die Keimbildung
bzw. die Bildung der sichtbaren Aggregationscluster im Bereich der sich „verschiebenden“ Front – einige Zeit nach Versuchsbeginn – spielt.

Die Diffusion der kleinen Ionen des *äußeren Elektrolyten*, z.B. der Jodionen,
ist, wie wir gesehen haben, auf Grund der geringeren *Stokesradien* schneller
als die Diffusion der Keime und auch wesentlich schneller als die Diffusion

der stabilen Kristalle bzw. gar der Aggregationscluster. Hat z.B. ein solcher Kristall oder Cluster einen Radius von ca. 100 Å, so wäre sein Diffusionskoeffizient ungefähr um den Faktor 10^{-2} kleiner als der der Ionen. Es ist deshalb sinnvoll anzunehmen, daß große Keime bzw. Kristalle wenn überhaupt, dann nur sehr, sehr langsam diffundieren, so daß sie für die Frontverschiebung nicht von Bedeutung sind. Überdies wandern die relativ wenigen, in der Fällungsfront entstehenden, Keime, sofern sie sich auf Grund ihrer Kleinheit nicht gleich wieder auflösen, nur so lange herum, bis sie mit anderen Teilchen zusammentreffen und in einer Art von Aggregationsclustern, bzw. Kristallen im Agar-Agar-Gel, lokal fixiert werden. Dies muß nicht immer nur in den Sackgassen des wässerigen Perkolationscluster im Agar-Agar-Gel geschehen, sondern könnte auch irgendwo im wässerigen Perkolationscluster passieren, so daß dadurch auch neue Sackgassen gebildet werden können.

Die im Bereich der Front entstehenden noch sehr kleinen Keime haben also nur eine relativ kurze Lebenszeit in der auch sie neben den Ionen für die Verschiebung der Front mit von Bedeutung sind. Im Raum hinter dem sich schnell verschiebenden Frontbereich werden die kleinen Keime – falls sie dorthin geraten – jedoch schon bald von bereits vorhandenen Keimaggregaten „eingefangen".

Überdies befinden sich im Raum hinter der Front kaum noch freie Ionen des *inneren Elektrolyten*, so daß es dort, sofern nicht durch Keimzerfall wieder Ionen entstehen, kaum zu einer erneuten Keimbildung kommt. Dieser Raum kann deshalb mit den Ionen des *äußeren Elektrolyten* nahezu ungehindert „ausgefüllt" werden.

Für die Verschiebung der Front sind – neben der Diffusion der Keime – also nur diejenigen Diffusionsbewegungen der Ionen des *äußeren Elektrolyten* von Bedeutung, die innerhalb der Front in Richtung des mittleren Konzentrationsgradienten des *inneren Elektrolyten* erfolgen. Überdies sind sie nur solange von Bedeutung, als sie noch nicht der Keim- bzw. Clusterbildung anheimgefallen sind, was unmittelbar vor der Front geschieht und damit die vordere Grenze des Frontbereiches markiert.

Mit anderen Worten: Nur die diffundierenden Teilchen, die im Mittel in dem Zeitintervall Δt der Wegstrecke Δr innerhalb der Fällungsfront zurückgelegt haben, tragen demzufolge zur Frontverschiebung bei. Damit wird der Weg von der Startzone des Experimentes (von der Front zur Zeit $t_0 = 0$) bis unmittelbar vor die aktuelle Front nicht etwa von wenigen diffundierenden Teilchen beschritten, die diesen Weg in seiner ganzen Länge zurückgelegen, sondern von einer großen Anzahl von Teilchen, die ihn jeweils nur ein Stück Δr weit, bzw. nur eine kurze Zeitspanne Δt lang – bis zu ihrer „Vernichtung" auf Grund der

Clusterbildung – beschreiten. Sind Δr bzw. Δt klein genug, so ist die Menge dieser vielen Teilwege gerade vergleichbar mit der Bewegung eines Teilchens auf dem *Rückgrat eines Perkolationsclusters*, bzw. der *Brownschen Bewegung* eines Teilchens.

5.1.6 Musterbildung

Die eingangs erwähnten fraktalen Muster, die wie Wurzelgespinste das Reagenzglas gleichmäßig durchziehen, sind sehr illustrative Beispiele für eine Diffusion der Keime, die über einen Aggregationsmechanismus zur Strukturbildung geführt hat. Im Lichte dieser Diskussion ist es auch völlig verständlich, daß sich bei dreidimensionaler Reaktionsanordnung fraktale Kugeln herausbilden (Bild 5.7, Tafel 14). Will man die makroskopische Strukturbildung verstehen, insbesondere auch die Bildung von Schraubenflächen, dann scheint es unumgänglich zu sein, dabei von diesen Aggregationsclustern und dem Mechanismus ihrer Bildung auszugehen.

Mit der Konzentration des inneren Elektrolyten wird in gewissem Maße auch die Konzentration der im Frontbereich entstehenden Keime des schwerlöslichen Salzes bestimmt. In einem kritischen Bereich der Anzahl dieser Keime kommt es dann zur Ausbildung von Aggregationsclustern auf Grund der

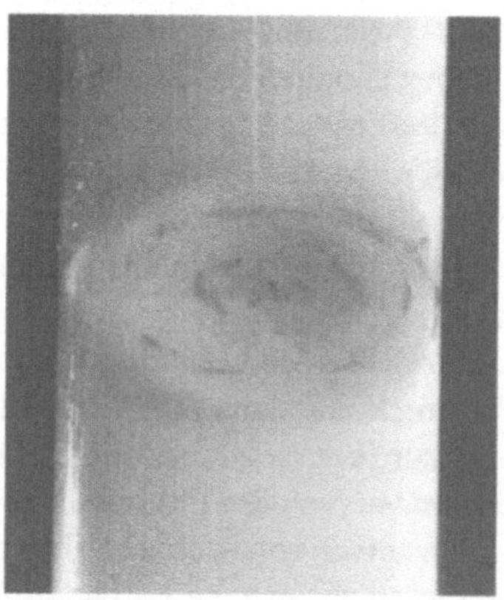

Bild 5.7 Stößt die fraktale Kugel auf die Reagenzglaswand, so werden die fraktalen Kugelschalen als Ellipsen sichtbar *(Versuch und Photographie S. Hollatz und T. Plikat)*

Diffusion der Keime. Diese über den Mechanismus der *diffusions-limitierten Aggregation* (DLA-Mechanismus) entstehenden Cluster stabilisieren auch die noch sehr kleinen Keime, wenn diese auf die Cluster treffen. Diese Aggregationscluster bilden dann ein mehr oder weniger dichtes fraktales Netzwerk im Frontbereich aus. Je nach den herrschenden Konzentrationsverhältnissen im Frontbereich und der Beweglichkeit der Keime im Gel kann es zur Ausbildung von weitgehend „homogenen" Gespinsten kommen (Bild 5.5), zu einem fast überall dichten, keine periodische Struktur aufweisenden Niederschlag (z.B. zu Beginn des Experimentes und bei hoher Konzentration des *inneren Elektrolyten*) oder auch nur zu einer körnigen Fällungsstruktur der nur selten entstehenden, örtlich stark begrenzten DLA-Cluster, die sich unter Umständen zu gut ausgebildeten Kristallen umlagern können.

Nun bestehen diese fraktalen Kugeln in der Regel aber aus einer Vielzahl von sorgsam voneinander zu unterscheidenden fraktalen Kugelschalen, die wie die Schalen einer Zwiebel oder besser gesagt, wie die fraktalen Blätter des Wirsingkohls das Zentrum der Diffusion umschließen, was einer weiteren Erklärung bedarf (Bild 5.7).

Durch das Entstehen der auf die Keime stabilisierend wirkenden *diffusionslimitierten Aggregationscluster* (DLA-Cluster) verarmt das Gebiet im Bereich der Front mit der Zeit an frei diffundierenden Keimen, und erst wenn in einiger Entfernung wieder genügend viele neue Keime sich gebidet haben, kann es zu einer erneuten Ausbildung einer Schicht von zu DLA-Clustern aggregierenden Keimen kommen.

Dadurch kommt es in einem bestimmten Bereich der Konzentration des inneren Elektrolyten zu einer räumlich periodischen Strukturbildung bei den Fällungsmustern in Form von konzentrisch aufeinander folgenden Kugelschalen. Beim Reagenzglasversuch werden gewissermaßen Segmente aus dieser Folge von Kugelschalen wie mit einem Apfelbohrer ausgeschnitten. Dabei werden Kugelschalen zu nahezu scheibenförmigen Segmenten, die in periodischer Anordnung das Reagenzglas durchziehen. Die Kugelschalen, bzw. die entsprechenden Segmente, bestehen jedoch selbst wieder aus fraktalen, mehr oder weniger zweidimensionalen Fällungsmustern (Bild 5.8).

Interessanterweise kann man bei der dreidimensionalen Versuchsanordnung aber auch beobachten, daß vom Diffusionszentrum eine Reihe nach außen hin immer größer werdende Spriralen bzw. Schraubenflächen ausgehen, auf denen man wie auf Wendeltreppen von einer fraktalen Kugelschale zur nächsten gelangen kann.

An den weitgehend zweidimensionalen Schnitten (Bild 5.9) erkennt man diese Spiralen bzw. Schraubenflächen an den scharfen Zick-Zack-Mustern, die

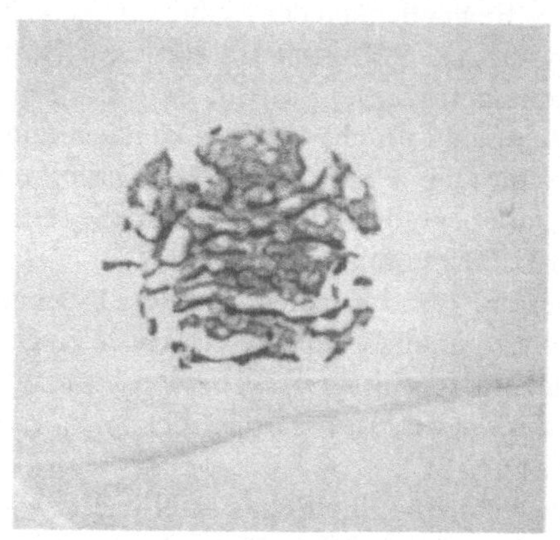

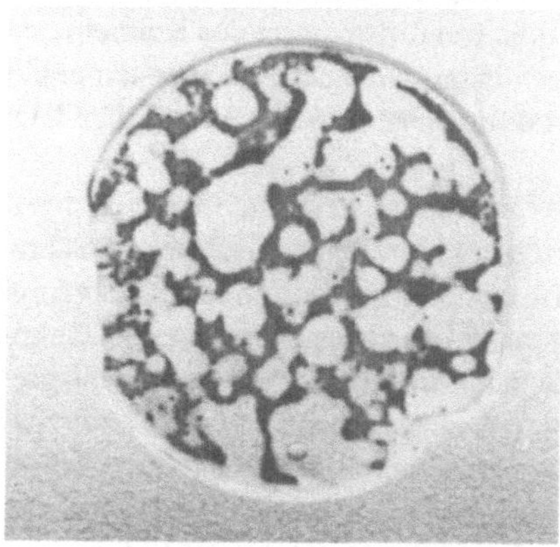

Bild 5.8 a) Segmente aus einer Kugelschale einer Bleijodid-Liesegang-Kugel, bei der der fraktale Charakter der konzentrischen Ausfällung erkennbar wird. Dieses Segment wurde durch einen geeigneten Schnitt im Randgebiet der Liesegang-Kugel erhalten. b) Durch einen Reagenzglasversuch erzeugtes scheibenförmiges Segment. Der fraktale Charakter der Scheibe ist gut erkennbar *(Versuch und Photographie (a) S. Hollatz, T. Plikat und (b) U. Sydow, R. Lipsky)*

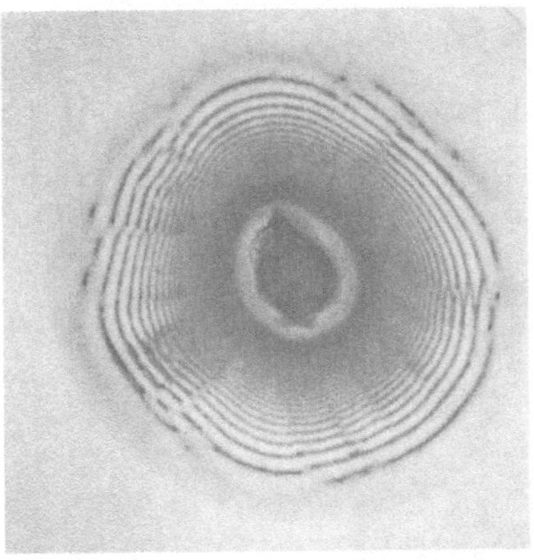

Bild 5.9 Zentraler Schnitt durch eine fraktale Bleijodid Liesegang Kugel, bei der die konzentrischen Anordnung der Kugelschalen in einiger Entfernung vom Diffusionszentrum sowie die zick-zack-förmigen Bilder der Schraubenflächen deutlich sichtbar sind. Im Zentrum befand sich eine auflösbare Kapsel mit Kaliumjodid *(Versuch und Photographie S. Hollatz, T. Plikat)*

gegeneinander versetzte Kreisbögen miteinander verbinden. Es hat den Anschein, als würden diese Schraubenflächen in zufälligen „Störungen" in Form von speziellen Anhäufungen von DLA-Clustern ihren Ausgang nehmen. Die Schraubenflächen können wie auch die Scheibenflächen fraktaler Gestalt sein, oder dem Betrachter – auf makroskopischer Ebene – auch fast homogen erscheinen.

Wenn man mit dem Reagenzglas wieder Auschnitte aus den dreidimensionalen Strukturen macht, dann kann es vorkommen, daß man dabei zufällig auch eine Schraubenfläche erwischt, die mehr oder weniger konzentrisch zur Achse des Reagenzglases liegt (Bild 5.10); im Reagenzglas kann sich eine solche Struktur dann zur beherrschenden Struktur ausbilden.

Es ist aber nicht so, daß sich immer nur die eine oder andere Struktur – Schraubenflächen, Scheibenflächen oder körnige Ausfällung – herausbilden, sondern diese Strukturen können z.B. bei Reagenzglasversuchen innerhalb nur eines Versuches ineinander übergehen (Tafel 13), wobei die Entfernung vom Startpunkt des Diffusionsvorganges wie ein Bifurkationsparameter im Bezug auf die Muster erscheint. Von besonderm Interesse sind in diesem Zusammen-

181

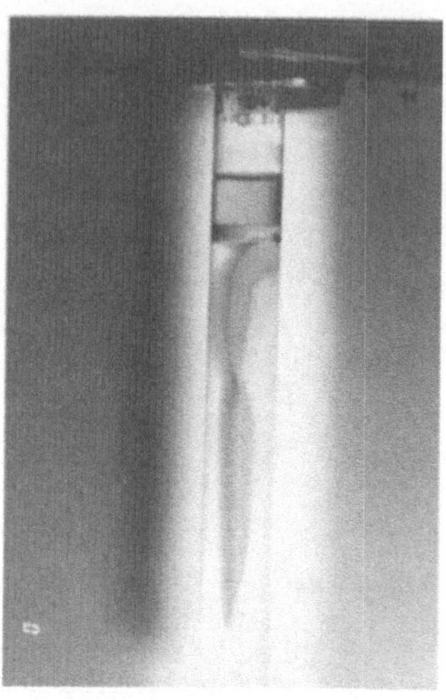

Bild 5.10   Eine Liesegangsche „Zunge" aus Bleichromat, die sich in das Gel hinein-
schiebt (*Versuch: C.A. Müller 1993*)

hang Reagenzglasversuche, bei denen sich ein Übergang von ineinander ver-
schlungenen Doppelspiralen zu Einfachspiralen findet.

Eine ganz neue Art von Liesegangmustern hat C.A. Müller (1993) in recht
hochkonzentrierten Bleigelen (0,2 M) gefunden, die sie mit gesättigter Kaliumchromatlösung überschichtete (vgl. Bild 5.10). Wie eine „Zunge" schiebt
sich eine in sich gekrümmte, hohle „Fläche" in das Gel hinein. Das Innere
dieses Hohlkörpers ist mit der Kaliumchromatlösung angefüllt; ihre „Haut" besteht aus einer polykristallinen Bleichromatschicht. Langsam schiebt sich diese
Zunge in das Gel hinein und „zerreißt" dabei das Gel immer weiter.

5.1.7   Simulation

Bei all den bisherigen Erläuterungen zur experimentell beobachteten Situation an Liesegangsystemen fand die makroskopisch beobachtbare Strukturbildung nur eine unbefriedigend bleibende Erklärung. Das hat seinen Grund in

Bild 5.11 Liesegangsche Strukturbildung in Form einer Spirale bei der Bleijodidfällung im Zylindermantel zwischen zwei ineinandergesteckten Reagenzgläsern *(Versuch und Photographie U.Sydow und R. Lipsky)*

den Schwierigkeiten der Modellbildung, die, wenn sie rechnerisch nachprüfbar sein soll, häufig so stark vereinfachende Annahmen machen muß, daß sie nur noch schwer chemisch interpretierbar ist, oder sich nur auf bestimmte Teilaspekte wie z.B. die Keimbildung in der Fällungsfront beschränkt. Wie auch immer ein Modell heute gestaltet wird, es darf die experimentell beobachteten Muster nicht voraussetzend einbeziehen, sondern diese Strukturen müssen sich auch im Modell als Folge der internen Selbstorganisation des Systems ergeben. Um dies zu verdeutlichen, soll hier eine einfache Simulation vorgestellt werden, die auf den Experimenten zur Liesegangschen Strukturbildung in einem Zylindermantel beruht (Bild 5.11).

Zu diesem Zweck stelle man sich einen zylindrisch geschlossenen zweidimensionalen zellulären Automaten vor, wobei der Zustand einer Zelle durch einen dreikomponentigen Vektor $\vec{z} = (J, Pb, PbJ)$ beschrieben wird. Die zeitliche Entwicklung einer Zelle wird durch die Zustände der benachbarten Zellen mitbestimmt, die im quadratischen Gitter einer *von-Neumann-Nachbarschaft* entsprechen. Die Komponenten des Zustandsvektors $\vec{z}$ stellen den Jodid- und den Bleiionengehalt sowie die Menge der Bleijodidkeime in dem durch die Zelle repräsentierten Raumbereich des Zylindermantel-Reaktors dar: J,Pb,PbJ $\in$ $\mathcal{N}^+$. Man kann diesen Vektorautomaten auch als eine Überlagerung von drei miteinander gekoppelten, zylindrisch geschlossenen zweidimensionalen „Skalar-Automaten" – einem Jodid-, einem Bleiionen- und einem Bleijodid-Automaten – mit einkomponentigen, skalaren Zuständen der jeweiligen Zellen verstehen.

In dem so verstandenen „skalaren Blei-Automaten" werden die Zellen zu Beginn zufällig, aber homogen, mit Bleiionen belegt, die dann in der Folge fast ungehindert in diesem Automaten diffundieren können. Unter einer Diffusion wird hierbei der Übergang der Bleikomponente einer Zelle vom Wert Pb zur Zeit t zum Wert $Pb - 1$ zur Zeit $t + 1$ verstanden, wenn während desselben Zeitschrittes der Zustand einer zufällig ausgewählten Zelle der *von-Neumann-Nachbarschaft* sich mit der Wahrscheinlichkeit $w_{Pb} \leq 1$ um eins erhöht.

Im „skalaren Jodidautomaten" diffundieren die Ionen nur von einer Seite (der oberen) in entsprechender Weise mit der Wahrscheinlichkeit $w_J = 1$ in den Automaten hinein. Wenn alle Zellen der Blei- sowie der Jodidkomponente den Diffusionsprozeß während des Zeitschrittes $t \rightarrow t+1$ durchgeführt haben, wird gefragt, ob in einer Zelle die beiden Komponenten J und Pb von null verschiedene Werte haben. Gemäß dem Minimum der beiden Komponenten erhält nun die dritte Komponente PbJ des Zustandvektors $\vec{z} = (J,Pb,PbJ)$ zur Zeit $t + 1$ eine zusätzliche Belegung um den Wert $\min(J,Pb)$. Wenn eine Zelle auf diese Weise einen von null verschiedenen Wert der PbJ-Komponente erhalten hat, unterliegt sie im nächsten Zeitschritt ebenfalls einer Diffusion, sofern der PbJ-Wert noch klein genug ist. Die Wahrscheinlichkeit w_{PbJ} der Diffusion der PbJ-Komponente nimmt mit steigendem Wert dieser Komponente ab und ist Null, wenn ein willkürlich gewählter Schwellwert $PbJ_{krit} = krist$ erreicht wird, der dem Übergang vom instabilen Keim zu stabil wachsenden Kristall entspricht.

Die Beschleunigung der Diffusion zu Versuchsbeginn wird stark vereinfachend durch eine größere „Sprungweite" beim ersten Diffusionsschritt der Jodidkomponente von der Startlinie weg simuliert.

Wenn ein „Kristall" in der Zelle entstanden ist, d.h. wenn die PbJ-Komponente den Schwellwert der Kristallbildung erreicht hat: $PbJ \geq krist$, stellt diese Zelle für die Diffusion der Pb- und der J-Komponente ein unüberwindliches Hindernis dar. Wenn aber eine PbJ-Komponente mit $0 \leq PbJ \leq krist$ mittels Diffusion an eine Zelle mit $PbJ \geq krist$ trifft, wird sie dort mit einer bestimmten Wahrscheinlichkeit agglomerieren.

Von besonderem Interesse ist, daß bei dieser – auf einem einfachen Modell

beruhenden – Simulation Strukturbildung in Form von Ringen und Spiralen
auf dem zylindrischen Automaten senkrecht zur Hauptdiffusionsrichtung der
Jodikomponente zu beobachten ist. (Tafel 15). Mißt man überdies die Frontverschiebung der *PbJ*-Komponente als Funktion der Zeit, so ergeben sich bei der
Simulation erstaunlicherweise Skalierungsexponenten d_w von ähnlicher Größe, wie bei den chemischen Experimenten.

Die Rolle der besonderen fraktalen Struktur des Gels wurde hier vernachlässigt, bzw. durch die sich bildenden PbJ-Cluster übernommen. Dies wirft eine
auch in chemischer Hinsicht sehr interessante Frage auf, der bislang noch nicht
genügend Aufmerksamkeit geschenkt wurde: Inwieweit beeinflußt das Fraktal des entstehenden DLA-Clusters der Bleijodid-Agglomerate das Reaktions-
Diffusions-Geschehen im chemischen Experiment?

Wie so viele der in diesem Buch aufgeworfenen Fragen muß auch diese Frage heute noch unbeantwortet bleiben; was doch auch sehr schön ist, zeigt es
doch die Unvollkommenheit unseres bisherigen Wissens auf. Vielleicht moti-
vieren solche Fragen ja auch den Leser, ihnen mit eigenen Experimenten nach-
zugehen?

5.2 Die Rungebilder

Im Einführungskapitel wurden die „sich selbst malenden Bilder" von Ferdinand Runge (1855) bereits erwähnt. Bild 5.12 zeigt eines dieser klassischen
Rungebilder, das deutlich macht, daß es nur allzu gut zu verstehen ist, wie
überrascht und begeistert F. Runge von seinen Bildern war.

> „Ich mischte nämlich das Aufeinanderwirkensollende nicht mehr in
> Glasröhren und gußweise, sondern tropfenweise auf Papier, und zwar
> auf Löschpapier. Hier zeigt sich nun mit einem Mal eine neue Welt von
> Bildungen, Gestaltungen und Farbmischungen, wie ich sie mir natürlich
> nicht gedacht hätte und die auch nicht zu vermuten war, deren Wirklich-
> keit daher um so mehr überraschte...." (F. Runge, 1850)

Viel hat Runge mit diesen Arbeiten zur Entwicklung der Papierchromatographie und der Analytik beigetragen. Eine Würdigung dieser Aspekte seiner Arbeit findet sich in dem schön bebilderten Buch „Bilder die sich selber malen"
von G. Harsch und H. Bussemann (1985) und dem historisch orientierten Ab-
riß „Die Wurzeln der Chromatographie" von U. Wintermeyer (1989). Es ist

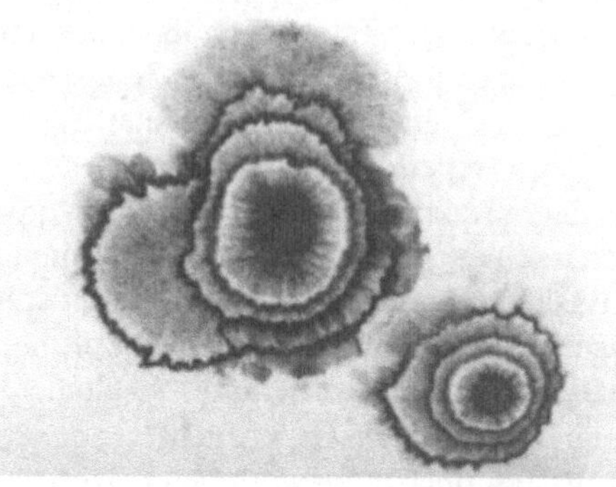

Bild 5.12 Ein Rungebild, das durch tropfenweise Zugabe einer Mangan(II)-Salzlösung auf ein zuvor mit Kaliumchromat getränktes Filterpapier erzeugt wurde *(Versuch: T. Pott)*

aber L. Kuhnert (1987) gewesen, der zusammen mit U. Niedersen diese Arbeiten Runges erstmals aus der Sicht sich selbst organisierender, chemischer Strukturen diskutierte.

Betrachtet man die häufig wunderschönen Runge-Bilder, so scheint es kaum möglich zu sein, die bizarre Formgebung physikalisch-chemisch zu verstehen. So bleibt es auch oftmals bei einer betrachtenden Bewunderung der Leistung Runges und der chemischen Analyse und Reproduktion dieser immer wieder begeisternden Bilder.

Aber so ganz unmöglich ist es nun doch nicht, wenigstens einige Aspekte der Runge-Bilder zu verstehen. Nehmen wir das im Einführungskapitel erwähnte Beispiel der rhythmischen Fällung von Braunstein.

Beginnen wir jedoch zuvor mit einem Versuch, den ein jeder kennt, sofern er es noch gelernt hatte, mit einem Füllfederhalter oder gar einem Federhalter zu schreiben. Ein Tropfen Tinte wird vom Löschpapier so aufgesaugt, daß sich ein mehr oder weniger kreisrunder Tintenfleck im Papier ausbreitet. Ein solches Verhalten ist zu erwarten, da das Löschpapier im statistischen Mittel makroskopisch als homogen angesehen werden kann.

Nichts anderes ist auch zu erwarten, wenn man statt der Tinte Wasser oder eine Mangansulfatlösung (15%ig) oder auch eine Kaliumdichromatlösung von einem saugfähigem Papier aufsaugen läßt. Um den Versuch kontrollieren zu können, läßt man die Flüssigkeiten besser durch eine Kapillare, die flach auf einem Fließpapier aufgesetzt ist, langsam in das Papier hinein diffundieren.

Dabei ergibt sich, wie zu erwarten, in guter Näherung ein Kreis. Beim Mangansulfat ist dieser Kreis leicht gezackt. Mißt man nun den Weg, den das Wasser bzw. die Lösung mit der Zeit zurücklegen, indem man den mittleren Kreisradius $\bar{r}$ zu verschiedenen Zeiten bestimmt, dann erhält man gemäß der Relation:

$$\bar{r}^{d_w} = 2dDt \qquad (5.14)$$

die Beziehung

$$\log \bar{r} = \frac{1}{d_w} \log t + \frac{1}{d_w}(\log D + \log(2d)), \qquad (5.15)$$

wobei D der Diffusionskoeffizient und $d = d_{\text{top}}$ die topologische Dimension des Raumes ist, in dem die Diffusion stattfindet.

Als Wanderungsdimension d_w erhält man bei diesen Versuchen im Mittel den Wert $d_w = 2$.

Wenn das Papier sehr trocken ist, wird die Lösung praktisch in das Papier hinein gesaugt und d_w kann kleiner als zwei werden, da dieser Vorgang schneller als die normale Diffusion erfolgt. Auch Wanderungsdimensionen von $d_w \geq 2$ sind möglich. Es kommt bei diesen Versuchen zur Bestimmung von d_w sehr auf die Papier- und Luftfeuchtigkeit an.

Wenn man nun aber das Fließpapier in der soeben beschriebenen Weise mit Kaliumdichromat tränkt, anschließend 5 Minuten bei 95 °C trocknet und dann im Zentrum Wasser aus der Kapillare in das Papier hinein fließen läßt, dann kommt es zu einem typischen *Verdrängungsmuster*, das keineswegs mehr kreisförmig ist (Bild 5.13).

Es gibt ein wunderschönes Experiment von J. Nittmann et al. (1985) mit einer sehr alten , auf H.J.S. Hele Shaw (1898) zurückgehenden Versuchsanordnung zur Untersuchung von Strömungsverhältnissen. Hierbei wird die Formveränderung einer hochviskosen Flüssigkeit bei der Verdrängung durch eine niedrigviskose Flüssigkeit untersucht. Zu diesem Zweck drückt man in eine sich zwischen zwei Glasplatten befindliche hochviskose Lösung wie Glycerin z.B. an einem Punkt eine mit ihr nicht mischbare Newtonsche Flüssigkeit bzw. ein Gas (z.B. Luft). Die Grenzfläche zwischen der drückenden, niedrigviskosen Flüssigkeit und der hochviskosen Flüssigkeit ist grundsätzlich instabil. Selbst wenn der Druck in der niedrigviskosen Flüssigkeit konstant ist, erhöht jede Ausstülpung der Grenzlinie den Druckgradienten in Richtung der Ausstülpung in die höherviskose Flüssigkeit. Da nun die Strömungsgeschwindigkeit direkt proportional dem Druckgradienten ist, wird die Bewegung der zähen Flüssigkeit vor der Ausstülpung beschleunigt, wodurch die Ausstülpung selbst wächst (Bild 5.14).

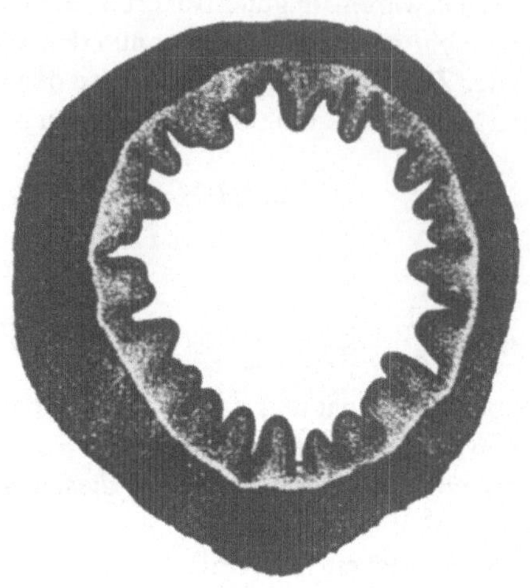

Bild 5.13 „*Verdrängungsmuster*" , das durch das „Einfließen" von Wasser in ein zuvor mit Kaliumdichromat getränktes Filterpapier entsteht (*Versuch: A. Wittkopf*)

Bild 5.14 Radiales Ausstülpungsmuster, das man bei Verwendung einer *Hele Shaw* Versuchsanordnung erhält, wenn man die *Newtonsche Flüssigkeit* Glycerin durch die mit ihr nicht mischbare „Flüssigkeit" Luft verdrängt (van Damme 1989)

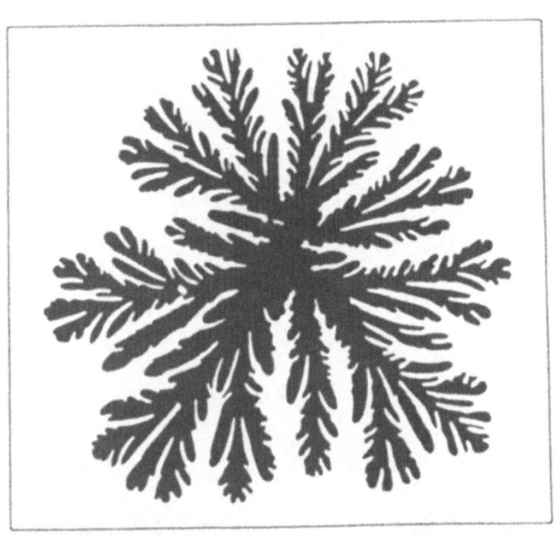

Bild 5.15 Typisches Bild eines radialen, fraktalen Verdrängungsmusters, das man bei Verwendung von mischbaren Newtonschen Flüssigkeiten erhält, z.B. Wasser, das in eine wässerige Polysaccharidlösung dringt (J. Nittmann 1986)

Die Front ist nur dann stabil, wenn die niedrigviskose Flüssigkeit von der zähen Flüssigkeit verdrängt wird, aber nicht umgekehrt. Deshalb dringt die niedrigviskose Flüssigkeit mehr und mehr in die nahezu zweidimensionale, zähe Schicht in der *Hele-Shaw Anordung* ein und „rauht" die Grenzfläche immer weiter auf, so daß bald eine extrem starke *Mäanderung* der Grenzfläche zu sehen ist. Die hierbei entstehenden Muster beruhen auf einem Strömungsverhalten, das P.G. Saffmann und G. Taylor (1958) intensiv untersuchten. Sie sind durch glatte, weiche und runde Fingerbildung gekennzeichnet (Bild 5.14).

J. Nittmann et al. (1985) verwendete nun als zähe Flüssigkeit neben polymeren Lösungen u.a. kolloide Suspensionen, die mit der niedrigviskosen Flüssigkeit mischbar waren. Dabei bildeten die Grenzlinien sehr bald schmale und sehr gewundene „Finger" aus, die sich vielfach ganz irregulär verzweigten und ein wunderschönes fraktales Muster bildeten (Bild 5.15). Im Gegensatz zur *Saffmann-Taylor-Fingerbildung* sind die fraktalen Finger ein typisch chaotisches Phänomen. Es sind jedoch in gar keiner Weise *turbulente Flüsse*, die hier auftreten, denn die charakteristische Länge L des Abstandes zwischen den Glasplatten ist klein und die Flußgeschwindigkeiten u sind sehr gering. Die

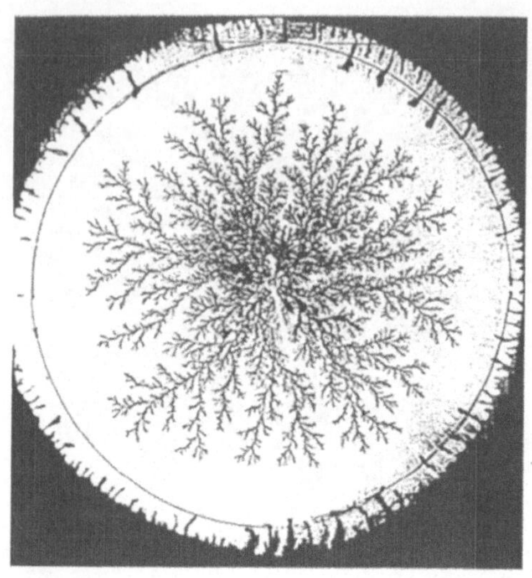

Bild 5.16 Fraktales Muster bei der Verdrängung einer *Nicht-Newtonschen Flüssigkeit* (Kaolin-Suspension) durch eine mit ihr mischbare Flüssigkeit (Wassser) (H. van Damme 1989)

Reynoldszahl *Re*, die das Verhältnis der *Trägheitskraft* zur *viskosen Kraft* (Zähigkeit) der *inneren Reibung* wiedergibt:

$$Re = \frac{uL}{\eta}, \tag{5.16}$$

ist hierbei also um viele Größenordnungen kleiner, als sie für die Turbulenz mit $Re_{turb} \approx 10^3$ mindestens erforderlich wäre.

H. van Damme (1989) weist darauf hin, daß es nicht die Mischbarkeit ist, die die fraktale Struktur der Strömungsmuster hervorbringt, sondern vor allem die *Viskoelastizität* der kolloidalen *Nicht-Newtonschen Flüssigkeit*; (vgl. Bild 5.16). In einer solchen Flüssigkeit ist z.B. die Viskosität von den in der Flüssigkeit auftretenden *Schärkräften* abhängig.

Die Existenz starker elastischer Kräfte bei einem *Verdrängungsfluß* kolloidaler Flüssigkeiten wird besonders deutlich, wenn die *Deborah-Zahl De* sehr groß wird:

$$De = \frac{t_c}{t_{\text{flow}}} = \frac{t_c u}{L}. \tag{5.17}$$

Die *Deborah-Zahl* kann als das Verhältnis der elastischen Kräfte zu den viskosen Kräften verstanden werden. t_c ist eine für die Flüssigkeit charakteristische Zeit. Ist $De \ll 1$, so dominieren die viskosen Kräfte, während sich für $De \gg 1$ das System im wesentlichen wie ein elastischer Festkörper verhält.

Eine *viskoelastische Flüssigkeit* kann aber nicht nur fließen, sondern auch zerspringen, wie eben ein elastischer Körper. In verdünnten Suspensionen sind die Formen der Spitzen, der „Finger" immer konvex. In sehr zähen Pasten oder Teigen werden die Fingerkuppen aber wesentlich *konkav* und schauen wie zersprungene Fronten aus, (Bild 5.17). Das rührt von der Entstehung eines lateralen „Stresses" entlang der Strömungslinien her. H. van Damme (1989) berichtet über eine ganz neue Art von *„Fingering"*, die er *viskochemische Fingerbildung* nennt. Er bezieht sich dabei auf ein Fällungsexperiment, das er u.a. zusammen mit E. Alsac publiziert hat.

Eine entgaste Lösung von Eisen(II)sulfat mit dem pH-Wert $pH = 3$ wurde in eine luftgesättigte Ton-Suspension mit $pH = 10$ gedrückt. An der Phasengrenze zwischen den beiden Flüssigkeiten wurde das Fe^{2+} zu Fe^{3+} oxidiert und als Hydroxid ausgefällt, was an der rötlichbraunen Färbung leicht zu erkennen war. Dieser Niederschlag erhärtete mit der Zeit. Die Verzweigungstendenz in den Fingern wird dabei völlig unterdrückt, aber dafür entstehen sehr viel ganz schmale „Finger", die einander nicht berühren. Jeder dieser Finger fungiert als Wall für seine Nachbarn, so daß Verzweigungen unterdrückt werden und die einzelnen Finger sich wie Finger in einem sehr schmalen *Hele-Shaw Kanal* verhalten. Es entsteht dabei ein *Massefraktal* der Dimension eins (Bild 5.18).

Nach diesem Ausflug, der durch die sehr schöne Arbeit von H. van Damme über kolloide Flüssigkeiten nahegelegt wurde, scheint das Runge-Experiment viel einfacher zu verstehen zu sein. Die Ausschwemmung des Kaliumdichromats aus dem Fließpapier mit Hilfe von Wasser ergibt ein Muster konkaver Fingerkuppen.

Das in dem Papier fließende Wasser verdrängt das Chromat. Dazu muß aber der Chromatniederschlag erst in eine im Papier zähe, kolloidale Flüssigkeit verwandelt werden, die durch das Wasser verdrängt werden kann. Diese fließt vor der Wasserfront her und bildet eine glatte Kreisfront aus. Aber das fluidere Wasser bildet mit der kolloidalen Lösung eine Front, die sich wie die Front zu einem *viskoelastischen* Medium mit $De \geq 1$ verhält. Es treten zerspringende Fronten mit konkaven Fingerkuppen auf.

Läßt man nun eine Lösung von Mangan(II)-Sulfat-Tetrahydrat (15%ig) und Kaliumsulfat (8%ig) mit einer Fließgeschwindigkeit von 4,8 ml/h aus der Kapillare in das mit Kaliumdichromat getränkte Papier fließen, so kommt es zu

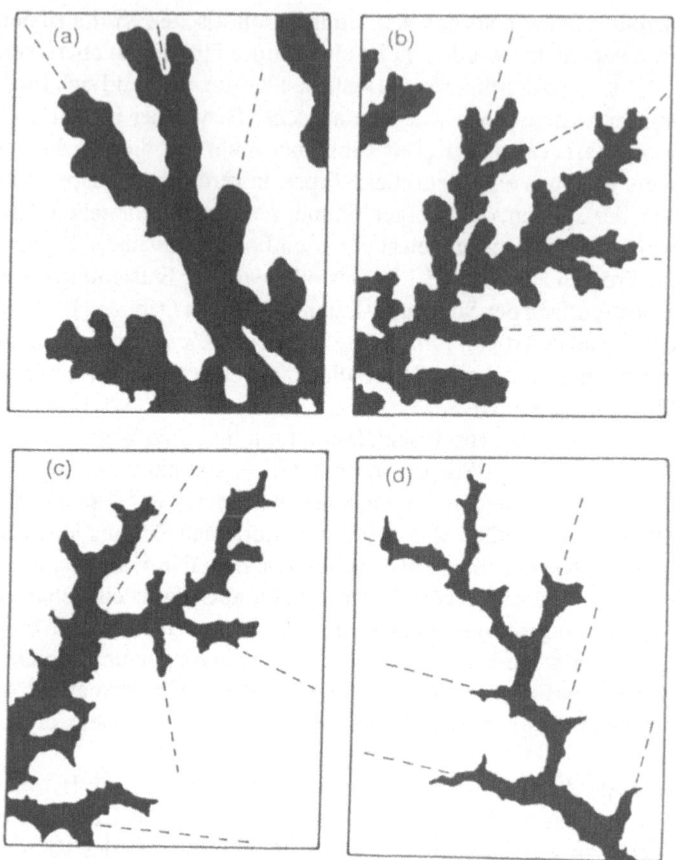

Bild 5.17 Vergrößerung von fraktalen Mustern bei der Verdrängung einer Kaolin-Suspension bzw. Paste durch eine mit ihr mischbare Flüssigkeit (Wassser) (H. van Damme 1989)

einer rhythmischen Ausfällung von $MnCrO_4$, das sich unter diesen Bedingungen zu Braunstein MnO_2 umwandelt.

Die Ausfällungen bilden ein Muster stark gezackter „Kreise", die sehr dicht aufeinander folgen. Der Abstand dieser Kreise nimmt mit der Entfernung von der laufenden Front zu. Wenn man aber genau hinschaut, dann ist der ersten Fällungsfront eine hellgelbe Zone vorgelagert, die mit einem glatten, kreisrunden Rand an das Gebiet des trockenen Kaliumdichromats grenzt. Es ist dies

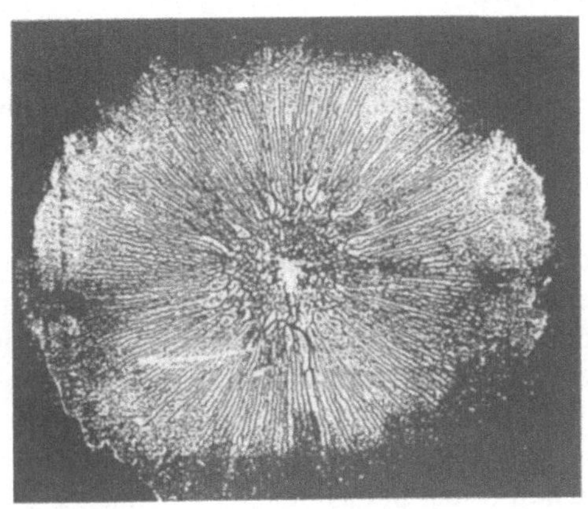

Bild 5.18 Eine Musterbildung wie beim „Struwelpeter" durch viskochemische Fingerbildung bei der Verdrängung von einer wässerigen Kaolin-Suspension durch eine wässerige Eisen(II)-Salzlösung (H. van Damme 1989)

das bereits bekannte Gebiet der viskoelastischen, kolloidalen Flüssigkeit des im Filterpapier angelösten Kaliumdichromats.

Die erste Fällungfront ist nur leicht krisselig. Sie ist sehr scharf und gut sichtbar. Hinter ihr bilden sich die „scharf gezackten Kreisfronten" aus, die qualitativ eine gewisse Ähnlichkeit haben mit den viskochemischen Fingern, von denen H. van Damme berichtet.

Warum es allerdings zu einer periodischen Musterbildung kommt, und ob es sich hier eine Analogie zu den periodischen Fällungsmustern handelt, wie sie bei den *Liesegang-Systemen* auftreten, ist auch heute noch eine offene Frage.

Worüber man aber doch noch eine Aussage zu diesem System machen kann, das ist die Wanderungsdimension d_w der scharfen Fällungsfront. In dem Fall, daß ein periodisches Fällungsmuster auftritt, ergibt sich im Mittel die Wanderungsdimension $\bar{d}_w = 2{,}79$, was einer sehr stark gehemmten Diffusion entspräche. Es stellt sich aber die Frage, ob es sich hierbei eigentlich um eine

Diffusion handelt, da der Fluß des viskochemischen Systems der wohl entscheidnede Transportmechanismus für die Bewegung der Fällungsfront ist.

5.2.1 Ein Schulbeispiel

Es gibt noch einen anderen schönen Versuch, der aus dem Grundpraktikum der anorganischen, analytischen Chemie stammt und ob seiner Einfachheit sich zu berichten lohnt. Es ist der bekannte Nachweis von Nickelionen durch die karminrote Fällungsreaktion mit Dimethylglyoxim. Ich habe eine Schülerin, die bei mir im Labor ihr „Berufspraktikum" durchführte, gebeten, neue Rungebilder „sich chemisch malen zu lassen" (Tafel 16).

Das Filterpapier wurde über eine Kapillare mit einer wässerigen Nickelsalzlösung getränkt und danach 5 min bei 95 °C im Trockenschrank getrocknet. Es ergab sich dabei ein weitgehend kreisrunder Fleck mit einer glatten Front.

Anschließend ließ sie wiederum über eine Kapillare, die im Zentrum des Nickelsalzkreises auf das Filterpapier aufsetzte, eine mit Dimethylglyoxim gesättigte, alkoholische Lösung in das trockne Filterpapier „diffundieren". Die schöne karminrote Färbung des schwerlöslichen Nickeldimethylglyoxim-Komplexes breitete sich in Form eines fast kreisrunden Fleckes aus. Aber vor dieser roten Front wurde eine stark *mäandernde* „leicht brüchige" scharfe, blaugrüne Front sichtbar. Diese Front kommt nun dadurch zustande, daß der sehr fluide Alkohol die viskoelastische Nickelsalzsuspension im Filterpapier verdrängt und dabei diesen bemerkenswerten Frontverlauf ausbildet. Manchmal durchbricht die Nickelsalzsuspension die alkoholische Front und „ergießt" sich in ihr „Hinterland", was sich an diesen Orten durch einen kleinen blaugrünen Schleier bemerkbar macht.

Das Löslichkeitsprodukt des Nickeldimethylglyoxim-Komplexes ist so gering, daß selbst geringste Nickelspuren zu der markanten roten Ausfällung führen. Aber diese rote Front der entstehenden alkoholischen Nickeldimethylglyoxim- Suspension wandert in die ihr voraneilende, weit fluidere alkoholische Dimethylglyoximlösung hinein. Dabei bleibt die rote Nickeldimethylglyoxim-Front stabil und folglich kreisrund.

Die Musterbilder Runges sind chemisch oftmals weit komplizierter, aber ihre Bildung kann sicherlich auf eine ähnliche Weise beschrieben werden.

5.2.2 Der geschlossene Kreis

Mit diesem Kapitel sind wir wieder zurückgekehrt zu den "wundersamen" historischen Experimenten, über die ich am Anfang dieses Buches berichtete. Damit ist zwar der Kreis geschlossen, aber sehr viele Fragen bleiben weiterhin unbeantwortet. Dies gilt insbesondere für dieses letzte Kapitel, aber es trifft auch auf die anderen Bereiche dieses Buches zu.

Es ist schon erstaunlich, wie wenig wir heute über die Dynamik selbst ganz einfacher Experimente wissen, die wir mit einem Reagenzglas, einer Petrischale, Filterpapier oder Gelatine, einer Taschenuhr und einem Lineal eigentlich doch ganz leicht selbst durchführen können. Oftmals sind wir als Chemiker geblendet von den tollen neuen Geräten und von ihrem Preis beeindruckt, sagt doch die Verfügung über diese Geräte auch etwas über die "Wichtigkeit" des Wissenschaftlers aus. Aber es ist zu bezweifeln, ob allein eine „großgerätige Wissenschaft" den Fortschritt der experimentellen Chemie und unserer Erkenntnisse ausmacht. Verstehen wir wirklich, womit wir fast täglich umgehen?

Es scheint mir begreiflich zu sein, daß die Menschen früher von der „Chemie der Märkte" beeindruckt waren, und es ist ermutigend zu erfahren, wie berühmte Chemiker und Physiker zu allen Zeiten sich von dieser Begeisterung anstecken ließen. Fasziniert von den wunderlichen Erscheinungen führten sie mit einfachen Geräten und sehr klug ausgedachten Versuchsanordnungen Experimente aus, mit denen sie Schritt für Schritt in die Wunderwelt der *Dynamik* eindrangen.

Literaturverzeichnis

Das Literaturverzeichnis erhebt nicht den Anspruch auf Vollständigkeit. Insbesondere wird hier nicht auf Artikel in Fachzeitschriften verwiesen, es sei denn, daß es unumgänglich ist. Dieses Verzeichnis soll dem Leser nur einen Hinweis darauf geben, wo er zu den einzelnen Kapiteln relativ leicht zugänglich weiterführende Literatur finden kann.

Zu Kapitel 1

F. Baron, *Faustus, Geschichte, Sage, Dichtung* (Winkler Verlag, München 1982)

G. Bugge, *Das Buch der großen Chemiker Bd. I. u. II* (Verlag Chemie, Weinheim 1974)

L. Geiges, *Faust's Tod in Staufen; Sage – Dokumente* (Kehrer Verlag K.G., Freiburg i.Br. 1989)

H. Haken, *Synergetik – Eine Einführung* (Springer-Verlag, Berlin, Heidelberg 1990)

H. Haken, A. Wunderlin, *Die Selbststrukturierung der Materie – Synergetik in der unbelebten Natur* (Friedr. Vieweg & Sohn Verlagsgesellschaft mbH, Braunschweig 1991)

U. Klein, *Verbindung und Affinität* (Birkhäuser Verlag, Basel, Boston, Berlin 1994)

O. Krätz, *Historische chemische Versuche; Eingebettet in den Hin- tergrund von drei Jahrhunderten* (Aulis Verlag, Deubner, Köln 1991)

L. Kuhnert, U. Niedersen, *Selbstorganisation chemischer Strukturen – Ostwalds Klassiker der exakten Wissenschaften Bd. 272* (Akademische Verlagsgesellschaft Geest & Portig K.-G., Leipzig 1987)

K. Simonyi, *Kulturgeschichte der Physik* (Urania-Verlag, Leipzig, Jena, Berlin 1990)

Zu Kapitel 2

A. Amann, J. Mathematical Chemistry **18** (1995) 247 -308

A.F. Hollemann, E.A. Wiberg, *Lehrbuch der anorganischen Chemie* (Walter de Gruyter & Co., Berlin 1960)

P.J. Plath, *Diskrete Physik molekularer Umlagerungen; Teubner Texte zur Physik Bd. 19* (BSB B.G. Teubner Verlagsgesellschaft, Leipzig 1988)

H. Primas, *Chemistry, Quantum Mechanics and Reductionism; Lecture Notes in Chemistry Vol. 24* (Springer-Verlag, Berlin, Heidelberg, New York 1981)

H. Primas, U. Müller-Herold, *Elementare Quantenchemie; Teubner Studienbücher Chemie* (B.G. Teubner, Stuttgart 1984)

Zu Kapitel 3

H.-J. Bittrich, D. Haberland, G. Just, *Leitfaden der chemischen Kinetik* (VEB Deutscher Verlag der Wissenschaften, Berlin 1973)

W. Ebeling, H. Engel, H.P. Herzel *Selbstorganisation in der Zeit* (Akademie-Verlag, Berlin 1990)

O. Gurel, D. Gurel, *Oscillations in Chemical Reactions; Topics in Current Chemistry Vol. 118* (Springer-Verlag, Berlin, Heidelberg, New York, Tokyo 1983)

H.-O. Peitgen, H. Jürgens, D. Saupe, *CHAOS – Bausteine der Ordnung* (Klett-Cotta/Springer-Verlag, Stuttgart/Berlin, Heidel- berg, New York 1994)

H.G. Schuster, *Deterministic Chaos – An Introduction* (Physik- Verlag GmbH., Weinheim 1984)

K.J. Vetter, *Elektrochemische Kinetik* (Springer-Verlag, Berlin, Göttingen, Heidelberg 1961)

Zu Kapitel 4

D. Avnir, *The Fractal Approach to Heterogeneous Chemistry – Surfaces, Colloids, and Polymers* (John Wiley & Sons, Chichester, New York, Brisbane, Toronto, Singapore 1989)

H.-O. Peitgen, H. Jürgens, D. Saupe, Fractals for the Classroom, Part I (National Council for Teachers of Mathematics, Springer- Verlag, New York 1992)

L. Pietronero, E. Tosatti, *Fractals in Physics* (North-Holland, Amsterdam, Oxford, New York, Tokyo 1986)

M.M. Slin'ko, N.I. Jaeger, *Oscillating Heterogeneous Catalytic Systems* (Elsevier, Amsterdam, Lausanne, New York, Oxford, Shannon, Tokyo 1994)

H.E. Stanley, N. Ostrowsky, *On Growth and Form – Fractal and Non- Fractal Patterns in Physics* (Martinus Nijhoff Publishers, Dor- drecht 1986)

Zu Kapitel 5

D. Avnir, *The Fractal Approach to Heterogeneous Chemistry – Surfaces, Colloids, and Polymers* (John Wiley & Sons, Chichester, New York, Brisbane, Toronto, Singapore 1989)

M. Gerhardt, H. Schuster, *Das digitale Universum – Zelluläre Automaten als Modelle der Natur* (Friedr. Vieweg & Sohn Verlagsgesellschaft mbH, Braunschweig, Wiesbaden 1995)

G. Harsch, H.H. Bussemas, *Bilder, die sich selber malen* (Dumont Buchverlag, Köln 1985)

H.K. Henisch, *Crystals in Gels and Liesegang Rings* (Cambridge University Press, Cambridge Mass. 1988)

L. Kuhnert, U. Niedersen, *Selbstorganisation chemischer Strukturen – Ostwalds Klassiker der exakten Wissenschaften Bd. 272* (Akademische Verlagsgesellschaft Geest & Portig K.-G., Leipzig 1987)

R.E. Liesegang, *Kolloidchemie* (Verlag von Theodor Steinkopf, Dresden, Leipzig 1922)

R.E. Liesegang, *Chemische Reaktionen in Gallerten* (Verlag von Theodor Steinkopf, Dresden, Leipzig 1924)

H.E. Stanley, N. Ostrowsky, *On Growth and Form – Fractal and Non- Fractal Patterns in Physics* (Martinus Nijhoff Publishers, Dor- drecht 1986)

T. Toffoli, N. Margolus, *Cellular Automata Mashines – A New Environment for Modeling* (The MIT-Press, Cambridge Mass., London 1987)

U. Wintermeyer, *Die Wurzeln der Chromatographie* (GIT-Verlag GmbH, Darmstadt 1989)

Bildnachweis

Für alle hier nicht aufgeführten Bilder liegen die Rechte beim Autor.

Bild 1.1: L. Geiges, „Faust's Tod in Staufen" , Kehrer Verlag K.G., Freiburg im Breisgau, mit freundlicher Genehmigung des Verlages.

Bild 1.3: aus: „Selbstorganisation chemischer Strukturen" , in: „Ostwalds Klassiker der exakten Wissenschaften" , Bd. 272 (hrsg. von L. Kuhnert und U. Niedersen) Akademische Verlagsgesellschaft Geest & Portig K.G. , Leipzig (1987). Mit freundlicher Genehmigung des Autors U. Niedersen.

Bild 2.1: A. Amann, J. Mathematical Chemistry 18 (1995) 247–308, mit freundlicher Genehmigung des Autors.

Bild 2.2: A. Amann, ibd.

Bild 3.7: nach: O.E. Rössler, Z. Naturforsch. 31a (1976) 256–264, mit freundlicher Genehmigung von O.E. Rössler und der Z. Naturforsch.

Bild 3.20: nach: R.J. Field, E. Körös, R. Noyes, J. Am. Chem. Soc. 94 (1972) 8649–8664.

Bild 3.24: P. Svensson, Diplomarbeit, Universität Bremen (1984).

Bild 3.25: P. Svensson, ibd.

Bild 3.27: P. Svensson, ibd.

Bild 3.28: P. Svensson, ibd.

Bild 3.38: N.I. Jaeger, P.J. Plath, E. van Raaij, Z. Naturforsch. 36a (1981) 395–402.

Bild 4.11: M. Matsushita et al., Phys. Rev. Lett. 53 (1984) 286–289.

Bild 4.12: aus: H.-O. Peitgen, H. Jürgens, D. Saupe, „Fractals for the Classroom, Part One" , (dort: Figure 7.17), National Council of Teachers of Mathematics, Springer Verlag Berlin, Heidelberg, New York (1991) S. 402, mit freundlicher Genehmigung der

Autoren und des Verlages.

Bild 4.13: T.A. Witten, L.M. Sanders, Phys. Rev. B 27,9 (1983) 5686–5697.

Bild 4.15: H. Prüfer, Dissertation, Universität Bremen (1986).

Bild 4.16 a,b: H. Prüfer, Diplomarbeit, Universität Bremen (1981).

Bild 4.17 a,b: E. Louis et al. in: „Fractals in Physics" (hrsg. von L. Pietronero, E. Tosati) North-Holland Physics Publishing, Amsterdam (1986) S. 177 ff. (dort. Figure 1b und 2b), mit freundlicher Genehmigung des Autors und des Verlages.

Bild 4.19: E. Ignatzek, Dissertation, Universität Bremen (1987).

Bild 4.20: E. Ignatzek et al., Z. phys. Chemie, Leipzig 268,5 (1987) 859–873.

Bild 4.24 a,b: C. Ballandis, Diplomarbeit, Universität Bremen (1995).

Bild 4.25 a,b: K. Möller, Dissertation, Universität Bremen (1984).

Bild 4.26: P.J. Plath, in: „Optimal Structures in Heterogeneous Reaction Systems" (hrsg. von P.J. Plath) Springer Series in Synergetics Bd. 44 Springer-Verlag, Berlin, Heidelberg, New York (1989).

Bild 4.27: P.J. Plath, ibd.

Bild 4.28: P.J. Plath in: „Large-Scale Molecular Systems" (hrsg. von W. Gans, A. Blumen und A. Amann) NATO-ASI-Series, B, Physics Vol. 258, Plenum Press New York und London, NATO Scientific Affairs Division (1991) S. 245–556. Mit freundlicher Genehmigung des Verlages.

Bild 4.29: C. Ballandis, Diplomarbeit, Universität Bremen (1995).

Bild 4.30: P.Plath und J. Schwietering, ©(1990).

Bild 5.2: aus: „Selbstorganisation chemischer Strukturen" , in: „Ostwalds Klassiker der exakten Wissenschaften" , Bd. 272 (hrsg. von L. Kuhnert und U. Niedersen) Akademische Verlagsgesellschaft Geest & Portig K.G. , Leipzig (1987). Mit freundlicher Genehmigung des Autors U. Niedersen.

Bild 5.10: C. Müller, Diplomarbeit, Universität Bremen (1993).

Bild 5.14: aus: H. Van Damme „Flow and Interfacial Instabilities in Newtonian and Colloidal Fluids" in: „The Fractal Approach to Heterogeneous Chemistry" (hrsg. von

D. Avnir) John Wiley & Sons Ltd. Chichester, New York, Brisbane, Toronto, Singapore (1989) S. 199 ff. Mit freundlicher Genehmigung des Autors und des Verlages.

Bild 5.15–5.18: H. Van Damme, ibd.

Tafel 5: R.G. Brewer, E.L. Hahn, Spektrum der Wissenschaften, Februar (1985), mit freundlicher Genehmigung des Verlages.

Tafel 8: J. Schietering, P.J. Plath, Videofilm „Fraktale Klänge" ©(1990).

Tafel 9: J. Schwietering, Diplomarbeit, Universität Bremen (1992).

Tafel 11: E. Ignatzek, P.J. Plath, U. Hündorf, Z. Phys. Chemie Leipzig 268,5 (1987) 859–873.

Namen- und Sachwortverzeichnis

Tafel 1: Chemischer Garten mit üppiger Vegetation

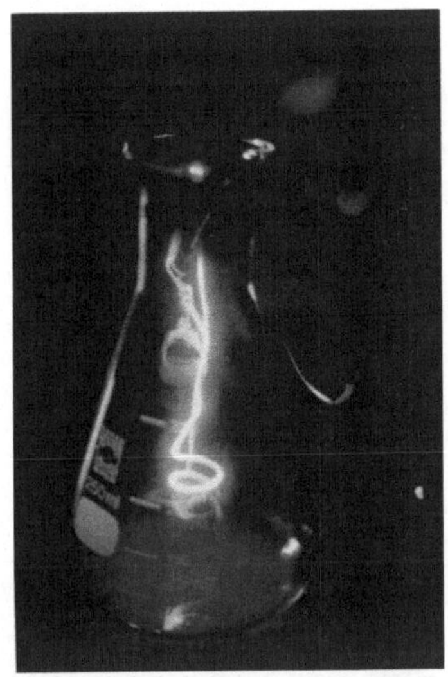

Tafel 2: Die schwingende Verbrennung von Alkohol an einer Platinspirale – der Versuch von M. Tausch und D. Paterkievic *(Versuch: P. Plath, Photo: D. Göhler (1990))*

Tafel 3: Runge-Bild: Das mit gelbem Blutlaugensalz (Kaliumhexacyanoferrat-II) getränkte Filterpapier wurde zuerst mit Eisen-II-sulfat „entwickelt", wobei „Berliner Blau" ($Fe_4[Fe(Cn)_6]_3$) als schwerlöslicher, langsam wandernder Komplex entstand. Durch nachträgliche Zugabe von Kupfersulfat entstand das rotbraune „Hattchettes Braun" ($Cu_2Fe(CN)_6$) *(Versuch: T. Pott, Photo: P.Plath)*.

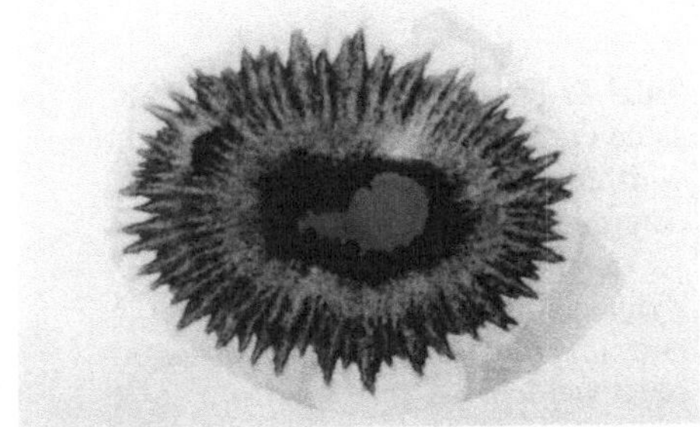

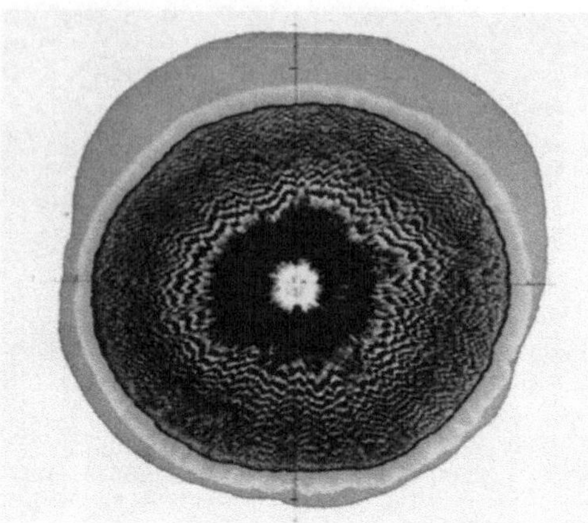

Tafel 4: Periodisches Runge-Bild nach E. Dreiß *(Versuch und Photo: A. Wittkopf und P. Plath).*

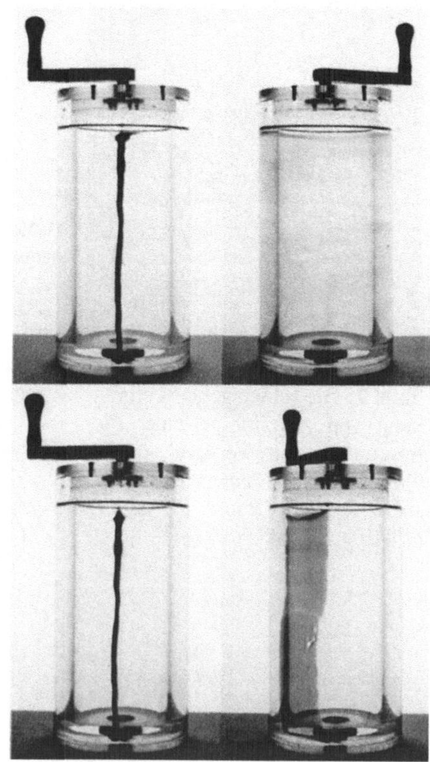

Tafel 5: Phasengedächtnis: Eine Farbsäule in der zähen Flüssigkeit Glycerin wird durch Drehen des inneren Zylinders mit dem Glycerin „vermischt" (a - c) und kann durch Zückdrehen des Zylinders „entmischt" (d) und damit in ihrer ursprünglichen Gestalt wieder erzeugt werden.

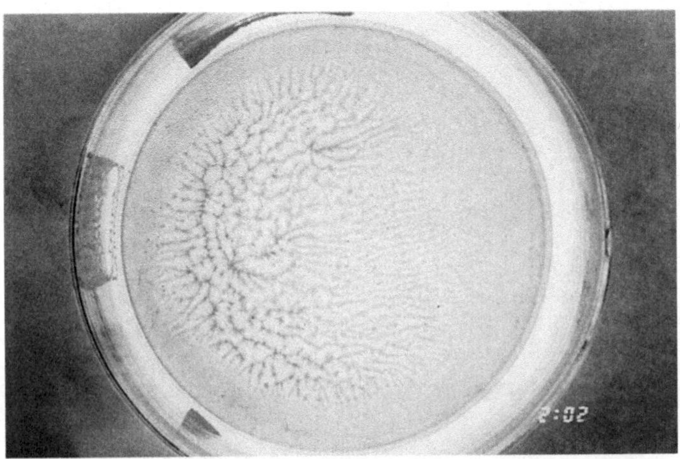

Tafel 6: Katalytisches Gedächtnis: In einer Petrischale entsteht in einer einstmals gerührten und jetzt ruhenden, zähen, alkalischen Glucoselösung ein räumliches Muster, das durch den Eintritt des Luftsauerstoffes beim Rühren der Lösung und die noch lange fortwährende Oxidation des entstehenden, farblosen Leukomethylenblaus zum blauen Katalysator Methylenblau verursacht wird *(Versuch und Photo: M. Schröder und P. Plath)*.

Tafel 7: Chemisch erzeugte Konvektionsmuster: In einer Petrischale entsteht in der ruhenden, zähen, alkalischen Glucoselösung ein feingliedriges Konvektionsmuster in der Oberflächenschicht, das durch den Eintritt des Luftsauerstoffes durch die Oberfläche der Lösung hindurch und die Wiederoxidation des farblosen Leukomethylenblaus zum blauen Methylenblau verursacht wird *(Versuch und Photo: M. Schröder und P. Plath)*.

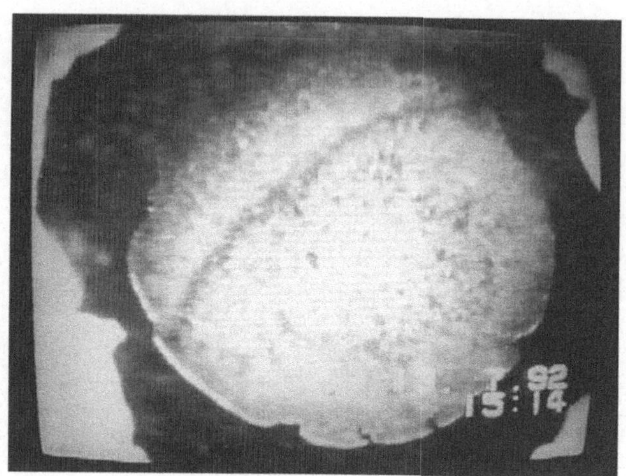

Tafel 8: Eine „Aktivitätswelle" auf einer hängenden Kobalt-Elektrode, die sich in einer gepufferten Phosphatlösung befindet (pH = 2.55; Gesamt-Phosphat-Konzentration: 1 M; Potential: 850 mV/GKE). Der Abstand der Bezugselektrode von der Kobalt-Arbeitselektrode betrug 45 mm (*Versuch: R. Otterstedt*).

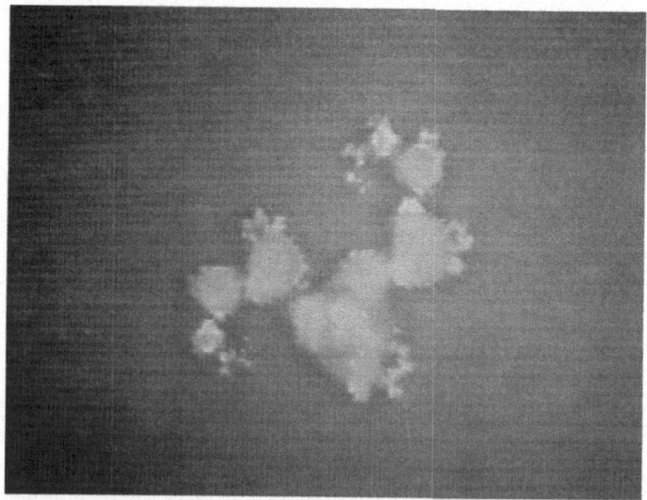

Tafel 9: Ein fraktales Bild, das zur Erzeugung eines fraktalen Klanges dient. Mit diesem Bild läßt sich ein Klang generieren, der dem Schlagen einer Weidenrute in der Luft entspricht.

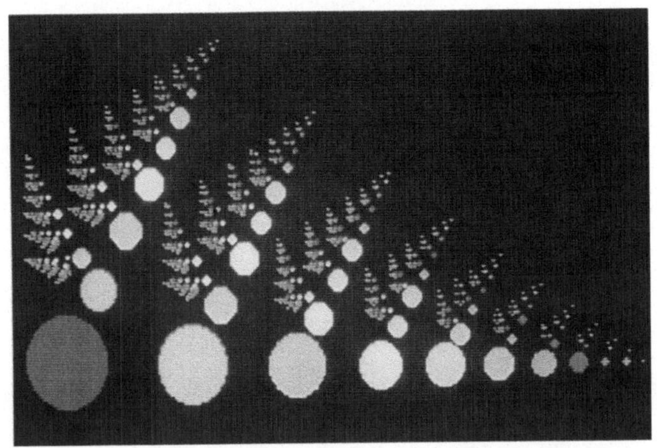

Tafel 10: Ein fraktales Bild für eine komplexe fraktale Klangstruktur.

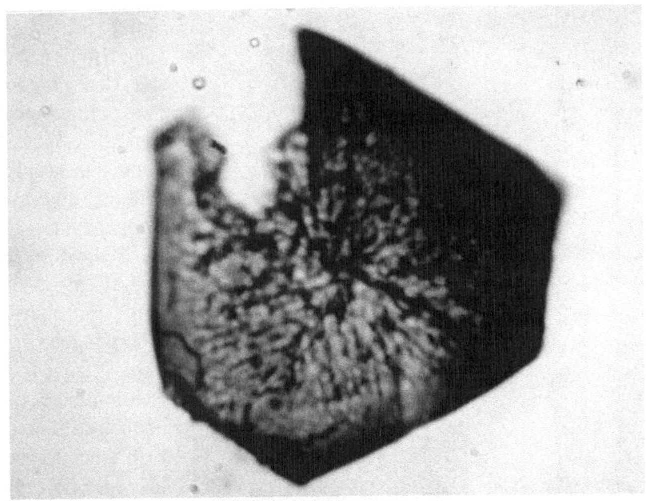

Tafel 11: Fraktale Kobalt-Phthalocyanin-Flüsse (Copc) in einer Scheibe eines Zeolith-X Einkristalles

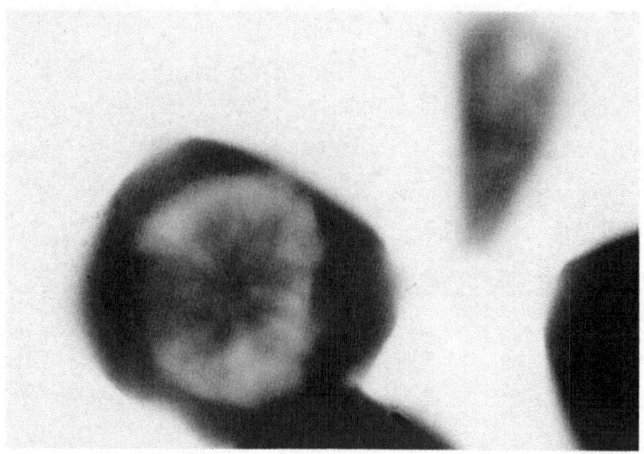

Tafel 12: Ein kleiner Zeolith-X-Kristall mit deutlich erkennbaren (gelben) Bereichen, in denen *Triazin*, das Trimere des Dicyanobenzols entstanden ist. Die grünlich-blaue Farbgebung im Zentrum des Kristalls kommt durch die Farbmischung des blauen Copc und des gelben Trianzins zustande.

Tafel 13: a) Bleijodidfällung im Agar-Agar-Gel mit Übergängen von einer Schraubenfläche zu einem Ringsystem und dann zur körnigen Ausfällung innerhalb eines Reagenzglases; *Versuch: U. Sydow.* b) Bleichromatfällung in Agar-Agar-Gel mit strukturellen Übergängen von „zweifachen" zu „einfachen" Schraubenflächen und endlich zu Scheiben innerhalb eines Reagenzglases *(Versuch: W. Jacobi).*

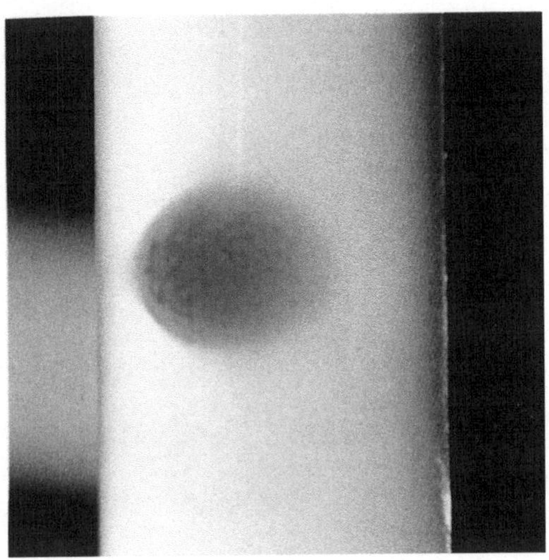

Tafel 14: Bild einer fraktalen Liesegang-Kugel bei der Fällung von Bleijodid im Agar-Agar-Gel. Über eine Glaskapillare kann die Kaliumjodidlösung wie von einem Punkt aus in das bleihaltige Gel hinein diffundieren (*Versuch: S. Hollatz und T. Plikat*).

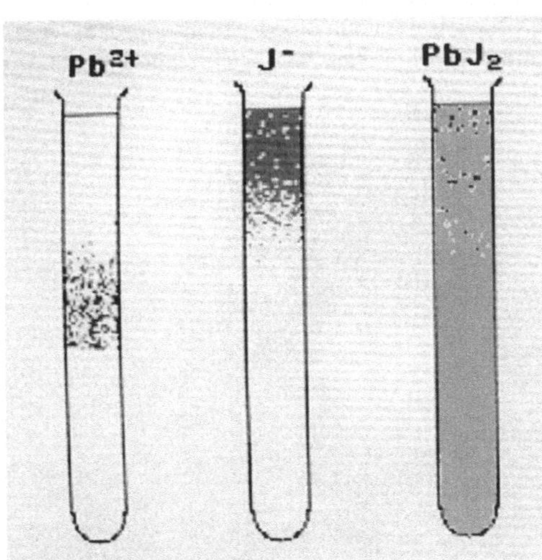

Tafel 15: Simulation der Strukturbildung der Bleijodidfällung im Gel. In dem Maße, wie die Bleiionen (links, grau) (die Bleiionen im unteren Teil des Reagenzglases sind hier nicht dargestellt) mit den von oben kommenden Jodionen (mitte, blau) reagieren, entstehen noch diffundierende Bleijodidkeime (rechts, gelb), die bei stärkerer Agglomerisation als Bleijodidkristalle (rechts, rot) lokal fixiert werden.

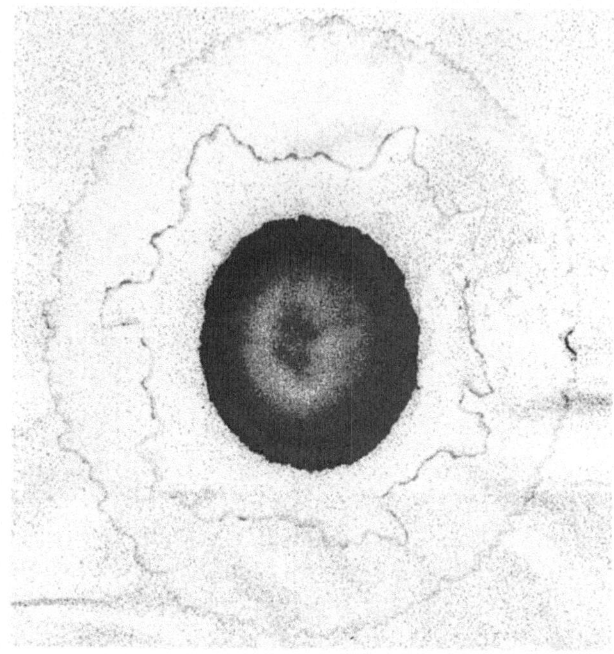

Tafel 16: Schulversuch: Nickelnachweis auf Filterpapier. Während die Bildung des karminroten Nickeldimethylglyoximkomplexes mit einer stabilen kreisrunden Front verbunden ist, führt die Auswaschung des Nickelsalzes durch den „vorauseilenden" Alkohol zu einer instabilen, stark mäandernden Front *(Versuch: R. Schnakenberg).*